**Programme d'Évaluation Rapide
Rapid Assessment Program**

Une Évaluation Biologique de
Deux Forêts Classées du Sud-
ouest de la Côte d'Ivoire

A Rapid Biological Assessment
of Two Classified Forests in
South-Western Côte d'Ivoire

Leeanne E. Alonso, Francis Lauginie et
Guy Rondeau (Editeurs)

RAP

Bulletin
of Biological
Assessment

Bulletin RAP
d' Évaluation
Rapide
34

Center for Applied Biodiversity
Science (CABS)

Conservation International

SODEFOR, Société de
Développement des Forêts

Université de Cocody

Université d'Abobo Adjamé

Afrique Nature Internationale

Les *RAP Bulletin of Biological Assessment* sont publiés par :
Conservation International
Center for Applied Biodiversity Science
1919 M Street NW, Suite 600
Washington, DC 20036
Etats-Unis
202-912-1000 tel
202-912-1030 fax
www.conservation.org
www.biodiversityscience.org

Editeurs: Leeanne E. Alonso, Francis Lauginie et Guy Rondeau
Editeur Assistant: Fanja Andriamialisoa
Design: Glenda P. Fábregas
Carte 1: Mark Denil
Traductions: Français: Fanja Andriamialisoa
              Anglais: Leeanne E. Alonso

ISBN 1-881173-87-9
©2005 Conservation International
Numéro du fichier Bibliothèque du Congrès/Library of Congress Card Catalog Number: 2005932685

Citation Proposée:
Alonso, L.E., F. Lauginie et G. Rondeau (eds). 2005. Une évaluation biologique de deux forêts classées du sud-ouest de la Côte d'Ivoire. Bulletin RAP d'Evaluation Rapide 34. Conservation International. Washington, D.C.

Le Critical Ecosystem Partnership Fund (CEPF) a généreusement apporté son soutien financier pour rendre cette expédition et la publication des résultats possibles.

Suggested citation:
Alonso, L.E., F. Lauginie, and G. Rondeau (eds.). 2005. A Rapid Biological Assessment of two Classified Forests in South-Western Côte d'Ivoire. RAP Bulletin of Biological Assessment No. 34. Conservation International. Washington, D.C.

Financial support for this RAP expedition and publication was generously provided by the Critical Ecosystem Partnership Fund (CEPF).

Table des matières

Préface

Les Forêts Classées de la Haute Dodo et du Cavally sont, avec le Parc National de Taï et la Réserve du N'Zo, les plus grands fragments de forêt encore existants dans le Sud-ouest de la Côte d'Ivoire.

Conservation International (CI), en collaboration avec la Société pour le Développement des Forêts (SODEFOR) et avec le support financier du *Critical Ecosystems Partnership Fund* (CEPF), a organisé en 2002, dans le cadre de son Programme d'Evaluation Rapide ou *Rapid Assessment Program* (RAP) une expédition scientifique dans les deux Forêts Classées de la Haute Dodo et du Cavally. Cette expédition conduite sur le terrain par le *Centre for Applied Biodiversity Sciences* (CABS) et le Programme Afrique de l'Ouest de CI, a réuni une trentaine d'experts originaires de douze pays dont sept africains. Elle avait pour principaux objectifs de former des experts nationaux et régionaux en matière de techniques d'évaluation biologique rapide et de fournir l'information scientifique nécessaire pour guider les décisions stratégiques pour la conservation à long terme de la biodiversité de ces massifs forestiers.

En ce qui concerne l'objectif de formation, l'expédition scientifique de la Haute Dodo et du Cavally a été l'occasion pour de nombreux experts ouest-africains de se familiariser avec les techniques d'évaluation rapide de la biodiversité. Ces techniques, qui permettent grâce à une mission de courte durée et relativement légère, d'avoir une image claire de l'importance biologique de la zone étudiée, font partie du savoir-faire mondialement reconnu de CI. Les experts ainsi formés disposent désormais d'une excellente base d'investigation pour des recherches plus poussées sur les espèces et leurs habitats non seulement dans les Forêts Classées de la Haute Dodo et du Cavally, mais dans tout l'écosystème forestier de la Haute Guinée. De ce point de vue cette opération est un succès pour CI.

Pour ce qui est de la collecte de l'information scientifique, les résultats de cette expédition sont très encourageants en ce qui concerne la diversité biologique (faune et flore) caractéristique de ces deux massifs forestiers. De nombreuses espèces d'oiseaux, de primates et d'autres mammifères d'un intérêt mondial pour la conservation de la biodiversité sont encore présentes dans ces forêts. L'intégrité des massifs forestiers, notamment dans le cas de la Forêt Classée du Cavally a pu être constatée. La conservation à long terme de tous les massifs forestiers du Sud-ouest ivoirien s'impose et s'avère aujourd'hui plus que jamais, un véritable défi écologique, économique et politique.

Véritable défi environnemental il y a trente ans, le Projet Taï du Programme de l'Homme et de la Biosphère (MAB) de l'UNESCO a propulsé sur le devant de la scène internationale le Parc National de Taï dans le Sud-ouest ivoirien. Près de deux décennies après la fin du projet MAB de Taï, le Parc National de Taï continue d'être aujourd'hui un modèle de réussite de conservation grâce à la mobilisation de la coopération allemande aux cotés de la Côte d'Ivoire. Toutefois, ce parc est en passe d'être isolé avec toutes les conséquences écologiques que cela sous-entend si rien n'est fait pour sauvegarder les autres fragments forestiers reliques du Sud-ouest ivoirien. En effet, la disparition de tous les autres blocs forestiers de cette région dont les plus importants sont la Forêt Classée de la Haute Dodo et la Forêt du Cavally, plongerait indubitablement le Parc National de Taï dans un isolement écologique sans précédent.

Les résultats de l'expédition de la Haute Dodo et du Cavally, consignés dans le présent document, doivent inciter à la recherche de solutions appropriées pour assurer le plus rapidement possible la sauvegarde de ces deux forêts et prévenir l'isolement écologique du Parc National de Taï. Cela passe par le développement des stratégies à l'échelle régionale qui favoriseraient le maintien des processus écologiques tels que la migration des espèces, les phénomènes de dispersion entre le Parc National de Taï et les Forêts Classées de la Haute Dodo et du Cavally, ainsi que le maintien de l'équilibre climatique régional.

Le maintien de l'équilibre climatique régional constitue un défi aussi bien écologique qu'économique. Le Sud-ouest ivoirien est une région de grande importance économique. L'équilibre climatique régional demeure le garant de la productivité et de la durabilité des écosystèmes forestiers et des agro-forestiers de la région. Cet équilibre climatique est aussi par conséquent un facteur important de la rentabilité des investissements par les grands groupes forestiers, agro-industriels et de la multitude de petits paysans qui ont investi dans cette région. La conservation des massifs forestiers du Sud-ouest ivoirien interpelle donc tout autant les acteurs de la conservation, les décideurs politiques, les opérateurs économiques que les communautés paysannes. Le présent document doit être interprété par toutes les parties prenantes de la région du Sud-ouest ivoirien comme l'expression d'une prise de conscience nécessaire à la sauvegarde des derniers grands massifs forestiers de cette région. Il constitue donc une étape dans cette direction, une invitation à tous les acteurs à développer une synergie autour de cet objectif commun.

La SODEFOR et CI sont, pour leur part, prêtes à œuvrer ensemble pour faciliter ce processus de développement d'une synergie régionale en faveur de la sauvegarde des Forêts Classées de la Haute Dodo et du Cavally.

Yao N'Goran   Olivier Langrand
Directeur Général   Vice-Président Senior
SODEFOR   Conservation International
Côte d'Ivoire

Participants et auteurs

CÔTE D'IVOIRE

Laurent Aké-Assi (flore)
08 BP 172
Abidjan, Côte d'Ivoire

Madison G. Billy (mammifères)
BP 88 Grabo
Côte d'Ivoire

Léonie Bonnéhin (coordinatrice)
Coordonnatrice du bureau d'Abidjan
CI-Côte d'Ivoire
Abidjan, Côte d'Ivoire
bonnehin@hotmail.com

Germain Gourène (poissons)
09 BP 801
Abidjan
Côte d'Ivoire
gourene@hotmail.com

Jérome Fahé (flore)
Parc National du mont Péko
BP 43 Duekoué
Côte d'Ivoire

Blaise Kadjo (petits mammifères)
Université de Cocody
22 BP 582
Abidjan
Côte d'Ivoire
blaise.kadjo@csrs.ci

Minty Celéstin Keulaï (flore)
Parc National de la Maraouhé
BP 623 Bouaflé
Côte d'Ivoire

Souleymane Konaté (insectes)
Station d'écologie de Lamto
BP 28 N'Douci
Côte d'Ivoire
skonate@caramail.com

Gilbert N. Kouakou
BP 2607
Daloa, Côte d'Ivoire
gilbertkouakou@yahoo.co.uk

Kouassi Kouassi (insectes)
BP 28
Abidjan, Côte d'Ivoire

Edouard Kouassi Konan (flore)
Laboratoire de Botanique
Université de Cocody
08 BP 585
Abidjan, Côte d'Ivoire

Ouattara Kpolo
BP 08 Biankouma
Parc National Mt. Sangbé
Côte d'Ivoire

Francis Lauginie (coordinateur)
Africa Nature International
01 BP 4257
Abidjan 01, Côte d'Ivoire
f.lauginie@aviso.ci

Allassane Ouattara (poissons)
20 BP 856
Abidjan 20, Côte d'Ivoire
Allassane_ouattara@hotmail.com

Soulemane Ouattara (grands mammifères)
02 BP 1170
Abidjan 02, Côte d'Ivoire
soulouat@ci.refer.org

Guy Rondeau (coordinateur)
Chef de projet
Conservation International
Parc National de la Marahoué
BP 632, Bouaflé
Côte d'Ivoire

Adresse actuelle :
630 Robichaud
Charlesbourg
Québec, Canada, G1H 2K5
guy_rondeau@hotmail.com

Lucie N'Guenan Yeboué (insectes)
22 BP 582
Abidjan, Côte d'Ivoire
yebouelucile@yahoo.fr

Kolo Yeo (insectes)
Université Pierre et Marie Curie
Laboratoire d'écologie
7 quai Saint Bernard
75005 Paris
et
Station d'écologie de Lamto
Université d'Abobo Adjamé
BP 28 N'Douci, Côte d'Ivoire
koloyeo@yahoo.fr

INTERNATIONAL

Michael Abedi-Lartey (petits mammifères)
Wildlife Division
P.O. Box M239
Accra, Ghana
abedilartey@yahoo.com

Leeanne Alonso (insectes, coordinateur)
Director, Rapid Assessment Program
Center for Applied Biodiversity Science
Conservation International
1919 M Street NW, Suite 600
Washington, D.C. 20036 USA
l.alonso@conservation.org

Mohamed Alassane Bangoura (amphibiens et reptiles)
Biologiste spécialiste en biodiversité
Chercheur indépendant
BP 1869
Conakry, Guinée
cegen@sotolgui.net.gn, mohamed_alhassane@yahoo.fr

Abdulai Barrie (grands mammifères)
Department of Biological Sciences
Faculty of Environmental Sciences
Njala University College
University of Sierra Leone
PMB, Freetown, Sierra Leone
ahbarrie@yahoo.com

William Roy Branch (reptiles et amphibiens)
Port Elizabeth Museum
P.O. Box 13147
Humbewood 6013
South Africa
pemwrb@zoo.upe.ac.za, gecko@netactive.co.za

James Coleman (grands mammifères)
Society for the Conservation of Nature of Liberia (SCNL)
P.O. Box 2628
Monrovia Zoo
Lakpazee, Sinkor
Monrovia, Liberia
scnlib2001@yahoo.com

Jan Decher (petits mammifères)
Department of Biology
University of Vermont
120A Marsh Life Science Building
Burlington, VT 05405-0086 USA
jan.decher@uvm.edu

Ron Demey (oiseaux)
Van Der Heimstraat 52,
2582 SB Den Haag,
The Netherlands
rondemey@compuserve.com

Soumaoro Kante (grands mammifères)
Division Faune et Protection de la Nature
Direction Nationale des Eaux et Forêts
BP 624
Conakry, Guinée
dfpn@sotelgui.net.gn

David Kpelle (oiseaux)
Conservation International- Ghana
P. O. Box KA 30426
Accra, Ghana
cioaa@ghana.com

Aiah Lebbie (flore)
Dept. of Biological Sciences
Njala University College
PMB, Freetown
Sierra Leone
aiahlebbie@yahoo.com

Belda Mosepele (poissons)
Conservation International – Okavango Program
P/Bag 132
Maun, Botswana
b.mosepele@conservation.org, ci okavango@info.bw

Hugo Rainey (oiseaux)
School of Biology
Blute Medical Building
University of St Andrews
St Andrews, Fife KY16 9TS
United Kingdom
Adresse actuelle :
WCS-Congo
BP 14537
Brazzaville, Congo
hugobirdman@yahoo.co.uk

Mark-Oliver Rödel (amphibiens et reptiles)
Department of Animal Ecology and Tropical Biology
Zoology III, Biocenter
Am Hubland
D-97074 Würzburg, Germany
roedel@biozentrum.uni-wuerzburg.de
Adresse en Afrique:
BP 20 Taï
Côte d'Ivoire
MORoedel@web.de

Jim Sanderson (grands mammifères)
Center for Applied Biodiversity Science
Conservation International
1919 M Street NW, Suite 600
Washington, D.C. 20036 USA
j.sanderson@conservation.org

Elhadj Ousmane Tounkara (grands mammifères)
ENRM Project
Winrock International
BP 26
Conakry, Guinée
c/o Julie Fischer: jfischer@sotelgui.net.gn

Assistants
Jean-Louis Lattes (docteur)
Yao Mathieu

Une Évaluation Biologique de Deux Forêts Classées du Sud-ouest de la Côte d'Ivoire
A Rapid Biological Assessment of two Classified Forests in South-Western Côte d'Ivoire

9

Profil des organisations

CENTER FOR APPLIED BIODIVERSITY SCIENCE (CABS)

Le *Center for Applied Biodiversity Science* (CABS) de Conservation International a pour mission de renforcer la capacité de CI et d'autres institutions à identifier et à apporter des réponses efficaces aux menaces et pressions émergentes sur la diversité biologique de la planète. Ces quatre dernières années, CABS a collecté et compilé les données de base nécessaires pour compléter nos connaissances sur la biodiversité et sur les menaces pesant sur elle. CABS travaille également sur l'analyse et la prévision de menaces spécifiques, notamment sur les impacts potentiels de facteurs socio-économiques sur la perte de la biodiversité. En résumé, la recherche effectuée par CABS permet de déclencher des signaux d'alarme sur la perte de la biodiversité tout en fournissant des outils performants pour y remédier.

Center for Applied Biodiversity Science
Conservation International (voir l'adresse ci-dessous)

CONSERVATION INTERNATIONAL

Conservation International (CI) est un organisme international non gouvernemental à but non lucratif basé à Washington, DC aux Etats-Unis. CI demeure convaincu que les générations futures ne pourront prospérer spirituellement, culturellement et économiquement que si l'héritage naturel mondial est maintenu. CI a pour mission de préserver l'héritage naturel et la diversité biologique de notre planète, ainsi que de démontrer que les êtres humains et leurs sociétés sont capables de vivre en parfaite harmonie avec la nature.

Conservation International
1919 M Street NW, Suite 600
Washington DC 20036 USA
Tel: (1) 202-912-1000
Fax: (1) 202-912-0773
www.conservation.org

SODEFOR, SOCIÉTÉ DE DÉVELOPPEMENT DES FORÊTS

Dès les premières années de l'indépendance, le gouvernement ivoirien a pris des mesures dans le sens de la reconstitution du couvert végétal en créant la Société de Développement des Plantations Forestières (SODEFOR) en septembre 1966, sous la forme d'une société d'état.

En 1993, en plus de sa mission originelle, la SODEFOR se voit confier la gestion des forêts classées et devient la Société de Développement des Forêts, unique gestionnaire des 231 forêts classées du domaine forestier permanent de l'état de Côte d'Ivoire. En sa qualité de principal instrument de la mise en œuvre de la politique forestière du gouvernement, la SODEFOR a mis en place des stratégies originales et efficaces à savoir:

• La décentralisation. Pour être plus proche des forêts à gérer, la SODEFOR est subdivisée en Centres de Gestion (ou délégations régionales au nombre de sept) eux-mêmes composés de Divisions (échelons administratifs de gestion) subdivisées en Secteurs (échelons techniques de base).

• La cogestion pour associer de façon effective les populations locales aux prises de décisions et la création d'emploi en matière de gestion forestière. La Commission Paysans - Forêts est l'instrument principal de cette cogestion.

• La sous-traitance. En vue de réduire les coûts des aménagements forestiers (pépinières, reboisement, entretien des plantations, lutte contre les feux de brousse), de nombreux travaux sont sous-traités aux groupements villageois de travailleurs forestiers ou aux coopératives forestières.

SODEFOR, Société de Développement des Forêts
Siège Social
01 BP 3770 Abidjan 01, Côte d'Ivoire
Tél: (225) 22 48 30 00 / 22 44 46 16
Fax: (225) 22 44 02 40 / 22 44 99 07
www.cotedivoire.com/sodefor
sodefor@africaonline.co.ci

UC, L'UNIVERSITÉ DE COCODY

Première université de Côte d'Ivoire créée en 1964 sous l'appellation de l'Université Nationale de Côte d'Ivoire, l'Université de Cocody dispose de plus d'une dizaine d'unités de formation et de recherche ainsi que de nombreux laboratoires et instituts de recherche dans les domaines des sciences fondamentales et expérimentales ainsi que des sciences sociales et économiques. Construite pour accueillir six milles étudiants, l'UC accueille aujourd'hui plus de quinze milles étudiants par an.

Université de Cocody
BP V 34 Abidjan, Côte d'Ivoire
Tél: (225) 22 44 08 95
Fax: (225) 22 44 14 07

www.ucocody.ci; accueil@cocody.ci

UAA, L'UNIVERSITÉ D'ABOBO ADJAMÉ

Créée en Décembre 1992 à la suite de la réforme de l'enseignement, l'UAA est la deuxième université de Côte d'Ivoire. Elle dispose de plusieurs unités de formation et de recherche parmi lesquelles les URF des Sciences de la Nature et de Gestion de l'Environnement et le Centre de Recherche en Ecologie. Elle accueille chaque année cinq milles étudiants.

L'Université d'Abobo Adajamé
02 BP 801 Abidjan, Côte d'Ivoire
Tel : (225) 20 37 81 22
www.uabobo.ci

AFRIQUE NATURE INTERNATIONALE

Afrique Nature International contribue à la protection et la valorisation durable de la flore, de la faune et des milieux naturels en Afrique, en poursuivant quatre objectifs: renforcer le réseau des parcs nationaux et réserves naturelles, sauvegarder les espèces d'intérêt particulier et leurs habitats, gérer de façon pérenne les ressources naturelles, et développer une vision plus globale de la conservation au niveau régional.

01 BP 4257 Abidjan
01 ABIDJAN
Côte d'Ivoire
Tel: 225 20 33 81 30
Fax: 225 20 33 81 30
Email: afnat@afnature.org

Une Évaluation Biologique de Deux Forêts Classées du Sud-ouest de la Côte d'Ivoire
A Rapid Biological Assessment of Two Classified Forests in South-Western Côte d'Ivoire

11

Remerciements

L'expédition scientifique, objet du présent rapport a été réalisée grâce au support et l'assistance de plusieurs institutions et individus que nous tenons à remercier sincèrement.

Nos remerciements vont en premier au *Critical Ecosystem Partnership Fund* (CEPF), sans le support financier duquel cette expédition n'aurait pu avoir lieu. Merci à Nina Marshall, CEPF Africa Grants Senior Director, pour l'intérêt porté au *hotspot* des forêts guinéennes, et en particulier à l'écosystème forestier de la Haute Guinée dont les Forêts Classées de la Haute Dodo et du Cavally constituent des fragments importants.

Nos remerciements vont ensuite à la Direction Générale, au personnel et à la Direction de la Recherche de la SODEFOR pour leur collaboration et la facilitation des procédures administratives nécessaires aux investigations scientifiques.

Merci à tous les participants scientifiques. Sans leur dévouement et leur disponibilité vis-à-vis de la conservation de la biodiversité, cette mission n'aurait pas été possible.

Dr Francis Lauginie d'Afrique Nature International, et Guy Rondeau, Chef de Projet CI – Parc National de la Marahoué, ont assuré respectivement la coordination scientifique et l'organisation logistique de l'expédition. Merci pour leurs intenses efforts en vue de l'accomplissement cette mission.

A toutes celles et tous ceux qui n'ont pu être cités et qui ont contribué d'une manière ou d'une autre à la réalisation de cette mission, les éditeurs voudraient leur exprimer ici l'expression de toute leur gratitude.

L'équipe d'inventaire des insectes tient à remercier les docteurs Roger Vuattoux et Michel Lepage pour leur aide dans l'identification de certains spécimens d'insectes. L'équipe remercie également les docteurs Brian Fisher et Christian Peeters ainsi que l'ONG Conservation International, pour avoir permis à Yéo Kolo de participer au cours de formation sur d'identification des fourmis; ce qui a facilité l'identification des spécimens de fourmis collectés lors de l'étude. Sont également remerciés, pour leur soutien sur le terrain, le personnel local de la SODEFOR et les habitants des villages environnants des forêts étudiées.

L'équipe en charge de l'inventaire herpétologique est fortement redevable à Conservation International en général et en particulier à Leeanne E. Alonso pour lui avoir donné la possibilité de participer à cette évaluation rapide. Sans l'organisation exceptionnelle de Francis Lauginie et de Guy Rondeau, la réussite de ce RAP aurait été plus difficile. Les membres de l'équipe voudraient également remercier tous les autres participants pour leur compagnie et leur assistance, en particulier Mohamed Alhassane Bangoura et Abdulai Barrie pour leur aide inestimable pendant le travail sur le terrain. SODEFOR Côte d'Ivoire a donné les autorisations d'accès aux forêts qu'elle gère. Le permis de recherche a été délivré par le Ministère de l'Enseignement Supérieur et de la Recherche Scientifique de la République de la Côte d'Ivoire.

Les membres de l'équipe d'inventaire des petits mammifères sont reconnaissants à la Société pour le Développement des Forêts (SODEFOR) de leur avoir permis d'accéder à ces forêts classées. Leurs remerciements vont également à J. Fahr et D. Kock du Musée Senckenberg de Francfort, R. Hutterer du Musée Alexander Koenig de Bonn, L. Gordon et M. Carleton du Musée National d'Histoire Naturelle à Washington, D.C., ainsi qu'à C. W. Kilpatrick de l'Université du Vermont pour leur aide dans la conservation et l'identification des spécimens.

Les auteurs du chapitre sur les grands mammifères souhaitent remercier la Société de Développement des Forêts (SODEFOR) pour avoir autorisé l'accès aux forêts. Ils remercient également le Programme d'Evaluation Rapide de Conservation International pour son assistance.

Rapport succinct

Dates des études
11 mars – 4 avril 2002

Description du site
Les Forêts Classées denses de basse altitude de la Haute Dodo (N 4° 54' 01,1", W 7° 18' 57,7") et du Cavally (N 6° 10' 26,5", W 7° 47' 16,6"), situées au sud-ouest de la Côte d'Ivoire sont les plus humides du pays avec un taux de précipitations moyen de 1900 mm. Cette région est connue pour son fort taux d'endémisme végétal et contient quelques-unes des dernières forêts de basse altitude de l'écosystème forestier de la Haute Guinée. Les deux forêts ont été exploitées et l'exploitation forestière illégale et peu contrôlée reste une menace importante. La forêt de la Haute Dodo est fortement menacée par le développement agricole illégal et par la chasse, également interdite, pour la viande de brousse.

Objectifs de l'étude et de la formation au RAP
L'atelier de définitions des priorités de conservation pour l'Afrique de l'Ouest, qui a eu lieu en 1999, a mis en exergue la nécessité de rassembler des informations biologiques supplémentaires et de renforcer les capacités scientifiques au niveau régional. Cette étude RAP et la formation des chercheurs de la région aux techniques d'évaluation biologique constituent les premières étapes dans la réalisation des objectifs de cet atelier. Les données collectées contribueront aux efforts de conservation aux niveaux local et régional, tout en permettant d'établir une base biologique pour la conception d'un corridor de biodiversité entre la Côte d'Ivoire et le Liberia. En effet, ces données permettront d'identifier les zones les plus importantes à protéger ou à gérer de manière écologiquement durable. A l'exception de quelques études botaniques, la diversité de la région a été peu étudiée avant cette évaluation RAP.

Principaux résultats de l'étude RAP
En dépit des apparences extérieures d'un habitat fortement dégradé, l'étude à révélé que les Forêts Classées de la Haute Dodo et du Cavally contiennent un nombre élevé d'espèces primordiales pour la conservation de la biodiversité en Afrique de l'Ouest et justifiant l'inclusion de ces forêts comme sites-clés du corridor de biodiversité envisagé. Ces sites présentent un fort taux d'endémisme : 23% des plantes relevées à la Haute Dodo et 13% des plantes du Cavally sont endémiques à l'Afrique de l'Ouest. Plusieurs espèces endémiques au niveau régional sont qualifiées de "sassandriennes," signifiant qu'elles n'existent qu'entre les fleuves Sassandra et Cavally en Côte d'Ivoire. La végétation de ces deux sites est donc relativement unique en comparaison avec les autres sites d'Afrique de l'Ouest qui ne présentent pas un taux aussi important d'endémisme.

Par ailleurs, 47% des espèces d'amphibiens trouvées sont endémiques aux forêts de la Haute Guinée. L'équipe du RAP a déterminé la présence de dix espèces de primates, dont plusieurs menacées d'extinction. L'inclusion des forêts de la Haute Dodo et du Cavally dans un système d'aires protégées pourrait éventuellement contribuer à l'augmentation de la population de ces espèces. Douze espèces d'oiseaux sont particulièrement concernées du point de vue des priorités de conservation. Des 15 espèces à distribution restreinte qui constituent la Zone d'Endémisme des Oiseaux de la forêt de la Haute Guinée, huit ont été trouvées à la Haute Dodo et sept au Cavally. L'importante diversité en amphibiens mise en évidence par l'étude des deux forêts montre clairement que ces deux sites ont un fort potentiel pour la conservation de la biodiversité. Cependant, la présence établie de populations reproductrices de plusieurs espèces envahissantes d'amphibiens, normalement absentes des zones forestières, est une première indication de la dégradation des communautés d'amphibiens. Une seule espèce d'oiseaux typique de la lisière forestière a été trouvée sur chaque site, ce qui indique que ces forêts présentent toujours un habitat de qualité pour les oiseaux forestiers.

Nombre d'espèces trouvées durant l'étude RAP

	Nombre combiné	Haute Dodo	Cavally
Plantes	979	716	639
Termites	27	21	24
Fourmis	71	47	45
Autres insectes	102	47	63
Poissons	33	11	26
Reptiles	24	17	11
Amphibiens	41	36	36
Oiseaux	179	147	153
Petits mammifères	24	19	16
Grands mammifères	37	25	34

Espèces endémiques trouvées durant l'étude RAP

Endémique à:	Afrique de l'Ouest	Haute Guinée	Sassandrienne*
Plantes	165 (23%) HD 84 (13%) CA		60 (8,4%) HD 23 (3,6%) CA
Poissons			1**
Reptiles	3	3	
Amphibiens	18	17	
Oiseaux		9	
Petits mammifères		3	
Grands mammifères	2		

HD – Haute Dodo
CA - Cavally

*existant uniquement entre les fleuves Sassandra et Cavally en Côte d'Ivoire
**endémique au fleuve Cavally

Espèces menacées (Liste rouge UICN)
Oiseaux: 12 espèces
Reptiles: 6 espèces
Grands mammifères: 8 espèces

Recommandations pour la conservation
Les pratiques d'exploitation forestière en cours dans les Forêts Classées de la Haute Dodo et du Cavally ont un impact négatif important sur la biodiversité, d'une grande valeur mondiale, qu'abritent ces forêts. L'exploitation forestière a ouvert la voie à la chasse illégale pour la viande de brousse et au développement illégal des plantations de cacao. Les structures concernées doivent de manière urgente prendre des actions de préservation de la biodiversité de cette région de la Côte d'Ivoire, une des plus importantes pour la conservation en Afrique de l'Ouest.

Les priorités de conservation de ces deux forêts classées sont entre autres l'arrêt ou le contrôle strict de l'exploitation forestière, qui doit suivre des pratiques d'un moindre impact sur la structure et les organismes forestiers. Les plantations qui existent doivent être supprimées et la forêt doit se régénérer. Des mesures pour arrêter la chasse illégale doivent être prises. Les espèces animales clés, comme les grands mammifères ou oiseaux chassés ou les espèces sensibles à la dégradation de leur habitat doivent être suivies. Des portions de chaque forêt doivent être intégralement et strictement consacrées à la conservation afin de garder un habitat forestier intact pour la faune et de mettre en place des zones forestières contiguës au sein du corridor de biodiversité.

Report at a Glance

A RAPID BIOLOGICAL ASSESSMENT OF TWO CLASSIFIED FORESTS IN SOUTH-WESTERN CÔTE D'IVOIRE

Dates of Studies
March 11- April 4, 2002

Description of Location
The dense lowland forests of Haute Dodo (N 4° 54' 01.1", W 7° 18' 57.7") and Cavally (N 6° 10' 26.5", W 7° 47' 16.6") Classified Forests in southwestern Côte d'Ivoire are the wettest forests in Côte d'Ivoire, with an average rainfall of 1900 mm. This area is known to have very high plant endemism and contains some of the last remaining lowland forests of the Upper Guinea forest ecosystem. Both forests have been exploited for timber; poorly controlled and illegal logging remains a threat. The Haute Dodo Forest is greatly threatened by the illegal expansion of agriculture into the forest and by illegal bushmeat hunting.

Reasons for the RAP Survey and Training
The 1999 West Africa Priority Setting Workshop (WAPS) identified the need for further collection of biological information and for scientific capacity building in the region. This RAP survey and training for regional scientists in biodiversity assessment techniques were first steps toward meeting this need. The data collected will aid local and regional conservation efforts as well as provide the biological basis for the design of a biodiversity corridor between Côte d'Ivoire and Liberia by identifying the most important areas that can be protected or managed in an ecologically sustainable manner. Except for some botanical studies, very little was known about the diversity of this region before the RAP survey.

Major Results of the RAP Survey
Despite the appearance of a greatly disturbed habitat, the Haute Dodo and Cavally Classified Forests surveyed were found to contain a high number of species of great importance to West African biodiversity conservation, thus making them key sites for inclusion in the planned biodiversity corridor. These areas contain high endemism: 23% of the plants recorded from Haute Dodo and 13% from Cavally are endemic to West Africa. Many of these are regionally endemic species called "sassandriennes," found only between the Sassandra and Cavally rivers in Côte d'Ivoire. This highlights the uniqueness of the vegetation of the two areas surveyed in comparison to other areas in West Africa that do not have such high endemism.

Similarly, 47% of the amphibians recorded are endemic to Upper Guinea forests. The RAP team documented the presence of ten primate species, many of which are threatened with extinction, suggesting that the inclusion of Haute Dodo and Cavally forests in a protected area system can act to increase the populations of these species. Twelve bird species documented are of conservation concern and of the 15 restricted-range species that make up the Upper Guinea forest Endemic Bird Area, eight were found in Haute Dodo and seven in Cavally. The high diversity of amphibians documented during the survey in both forests clearly demonstrates that these areas still have a high conservation potential. However, the established presence of breeding populations of several invasive amphibian species not normally found in forested areas indicates that the amphibian communities are already impacted. Only one typical forest edge bird species was recorded at each site which indicates that the forests are still of good quality for forest birds.

Number of Species recorded during the RAP survey

	Combined sites	Haute Dodo	Cavally
Plants	979	716	639
Termites	27	21	24
Ants	71	47	45
Insects (other)	102	47	63
Fishes	33	11	26
Reptiles	24	17	11
Amphibians	41	36	36
Birds	179	147	153
Small Mammals	24	19	16
Large Mammals	37	25	34

Endemic Species recorded during the RAP survey

Endemic to:	West Africa	Upper Guinea	Sassandrienne*
Plants	165 (23%) HD 84 (13%) CA		60 (8.4%) HD 23 (3.6%) CA
Fishes			1**
Reptiles	3	3	
Amphibians	18	17	
Birds		9	
Small Mammals		3	
Large Mammals	2		

HD – Haute Dodo
CA - Cavally
*found only between the Sassandra and Cavally rivers in Côte d'Ivoire
**endemic to the Cavally River

Threatened species (IUCN Red List)
Birds: 12 species
Reptiles: 6 species
Large Mammals: 8 species

Conservation Recommendations
Logging practices underway in the Haute Dodo and Cavally Classified Forests are having an extensive impact on the world-class biodiversity they contain. Logging activities have already opened up these forests to illegal bushmeat hunting and to the establishment of illegal cocoa plantations. It is urgent for all interested parties to engage in actions that will safeguard the biodiversity of this region of Côte d'Ivoire, which is one of the most important zones for biodiversity conservation in West Africa.

Conservation priorities for these two classified forests include halting or strictly controlling logging using practices that will have less impact on the forest structure and organisms. Existing plantations should be removed and the forests given time to recover. Efforts should be made to halt illegal hunting in the forests. Key species of wildlife, such as large mammals and birds that are hunted and other species sensitive to habitat disturbance should be monitored. Portions of each classified forest should be set aside for strict conservation to ensure some intact forest for wildlife and to provide contiguous forest within the biodiversity corridor.

Résumé exécutif

L'écosystème forestier de la Haute Guinée en Afrique de l'Ouest, recouvre géographiquement la Guinée, la Sierra Leone, le Liberia, la Côte d'Ivoire et le Ghana. Cette région présente des communautés écologiques d'une diversité exceptionnelle, une flore et une faune uniques ainsi qu'une mosaïque d'habitats forestiers d'une grande richesse qui abrite de nombreuses espèces endémiques. La fragmentation de la forêt causée par plusieurs facteurs socio-économiques menace la survie de la biodiversité de la région. La crise est réelle dans ce qui était autrefois une étendue forestière magnifique entre la Sierra Leone actuelle et le Togo, même s'il subsiste des vestiges importants de la richesse biologique de cet écosystème. La réponse adéquate aux menaces requiert une planification rapide de la conservation, en utilisant un processus basé sur la participation et le consensus, afin d'assurer une protection efficace sur le long terme de l'écosystème de la Haute Guinée.

En décembre 1999, Conservation International a organisé un atelier de définitions des priorités de conservation pour l'Afrique de l'Ouest, avec la participation de 150 personnes issues du milieu scientifique, du gouvernement et des ONG concernées par ce *hotspot* particulier. Au fil des ans, CI a été une des organisations pionnières pour l'utilisation des ateliers de définition des priorités de conservation, dont l'objectif est d'atteindre un consensus et de concentrer l'utilisation de ressources limitées sur la conservation de la biodiversité. Ces ateliers ont porté sur différents ensembles géographiques, notamment des écosystèmes ou des biomes étendus sur plusieurs pays (par exemple le bassin amazonien en 1990 ou la région forestière tropicale Maya en 1995), des sous-ensembles régionaux d'écosystèmes (par exemple la forêt atlantique du nord-est au Brésil en 1993), ou encore des pays distinctifs (la Papouasie et Nouvelle Guinée en 1992 et Madagascar en 1995).

Evaluation biologique rapide et formation

Les résultats de l'atelier de définitions des priorités pour l'Afrique de l'Ouest ont mis en exergue la nécessité de collecter des informations biologiques supplémentaires et de renforcer les capacités scientifiques pour l'écosystème forestier de la Haute Guinée. Le programme d'évaluation rapide (*Rapid Assessment Program* (RAP)) de Conservation International a été sollicité pour l'évaluation de la biodiversité de deux sites de cet écosystème ainsi que pour la formation de chercheurs locaux aux techniques d'inventaire biologique. Depuis 1990, les équipes RAP, constituées d'experts extérieurs et de chercheurs du pays d'accueil ont mené 51 inventaires biologiques rapides en milieu terrestre ou aquatique. Elles ont également contribué à renforcer les capacités scientifiques locales dans plusieurs pays notamment le Pérou, la Bolivie, Guyana, la Papouasie et Nouvelle Guinée, le Botswana et l'Indonésie.

Le programme de formation du RAP constitue un renforcement des capacités durable et sur le long terme en formant les chercheurs du pays et de la région aux techniques d'évaluation biologique au sein de leur propre zone géographique d'origine. Ces chercheurs et les équipes régionales du RAP pourront ainsi réagir plus rapidement lorsque des informations biologiques seront nécessaires, procéder à des études scientifiques et à des suivis plus étalés dans le temps, assurer la continuité des activités de conservation sur la base des données collectées et établir une communication plus efficace avec les populations locales.

Inventaires RAP à la Haute Dodo et au Cavally

La première étape des activités au sein de l'écosystème forestier de la Haute Guinée a été le renforcement des capacités et la collecte d'informations biologiques en Côte d'Ivoire, réalisés par CI et ses partenaires. Du 11 mars au 4 avril 2002, RAP et le programme Afrique de l'Ouest de CI, en collaboration avec la Société Ivoirienne pour le Développement des Forêts (SODEFOR, l'agence gouvernementale ivoirienne en charge de la gestion des forêts classées) ont organisé et réalisé un inventaire de formation de trois semaines dans les Forêts Classées de la Haute Dodo et du Cavally en Côte d'Ivoire. Douze experts internationaux et régionaux, spécialistes des plantes, des insectes, des poissons, des amphibiens, des reptiles, des oiseaux et des mammifères d'Afrique de l'Ouest ont constitué l'équipe de base du RAP, avec la responsabilité de l'inventaire de la diversité de ces groupes taxinomiques et la formation des chercheurs locaux.

Renforcement des capacités scientifiques pour l'inventaire rapide en Afrique de l'Ouest

Durant l'inventaire RAP, vingt chercheurs provenant de cinq pays d'Afrique de l'Ouest (Côte d'Ivoire, Guinée, Liberia, Sierra Leone, Ghana) et du Botswana ont été formés aux méthodes d'évaluation rapide de la biodiversité et ont travaillé en collaboration avec les experts internationaux et régionaux pour effectuer les inventaires RAP. Ces inventaires de formations avaient pour objectif de former un groupe de biologistes intéressés et qualifiés aux méthodes standard d'évaluation rapide des taxa terrestres clés. Ces chercheurs rattachés à des institutions gouvernementales et scientifiques des six pays cités ci-dessus sont maintenant mieux préparés à effectuer des évaluations biologiques dans leurs régions respectives.

La formation RAP a été couronnée de succès. Parmi les chercheurs formés, cinq continuent à travailler avec les équipes d'évaluation RAP et ont participé aux inventaires au sud-est de la Guinée en décembre 2002 et 2003, ainsi qu'au sud-ouest du Ghana en novembre 2003. Par ailleurs, trois personnes ont entrepris une formation post-diplôme en collaboration avec des experts du RAP.

Objectifs spécifiques de l'expédition de formation RAP en Côte d'Ivoire:
- Renforcer les capacités scientifiques de biologistes ouest-africains en les formant aux méthodes d'évaluation biologique rapide et en développant la collaboration avec des experts,
- Collecter des données sur la biodiversité des Forêts Classées de la Haute Dodo et du Cavally afin de contribuer à la planification de la conservation et de la gestion aux niveaux local et régional.

Les Forêts Classées de la Haute Dodo et du Cavally

Les inventaires RAP ont été menés au début de la saison sèche dans deux forêts du sud-ouest de la Côte d'Ivoire: dans la Forêt Classée de la Haute Dodo (N 4° 54' 01,1", W 7° 18' 57,7") du 14 au 21 mars 2002 et dans la Forêt Classée du Cavally (N 6° 10' 26,5", W 7° 47' 16,6") du 24 au 31 mars 2002 (voir Carte 1). Les deux sites se trouvent à environ 200 m d'altitude. Les forêts classées ivoiriennes bénéficient d'un statut de protection en tant que forêts de production de bois relevant de l'état. L'exploration et l'exploitation active se sont arrêtées trois mois avant notre étude à la Haute Dodo. Au Cavally, l'exploitation s'est interrompue une semaine avant le début de notre étude. Les cours d'eau forestiers avaient un écoulement normal pour cette période de l'année.

Les forêts denses de basse altitude de cette région sont les plus humides de la Côte d'Ivoire, avec un niveau moyen de précipitations de 1900 mm. La Forêt Classée de la Haute Dodo se situe au sud-ouest du Parc National de Taï qui est la plus grande aire protégée forestière d'Afrique de l'Ouest. La limite nord de la Haute Dodo est contiguë à la frontière sud de Taï (Carte 1). La Forêt Classée du Cavally se trouve à l'ouest du Parc National de Taï (Carte 1). L'atelier de définition des priorités de conservation pour l'Afrique de l'Ouest a montré que ces deux forêts classées sont prioritaires pour la conservation et doivent faire l'objet de collecte de données biologiques.

Il y avait peu d'informations sur ces deux forêts avant ce RAP, à l'exception des résultats d'un inventaire botanique réalisé par Ecosyn en 1999-2000 et ceux d'une étude sur le chimpanzé en 1996. La Forêt Classée de la Haute Dodo contient deux monts de faible altitude (environ 500m), le mont Kopé et le mont Kédio. Le mont Kopé se trouve près de la ville de Grabo et subit une forte menace par l'empiétement et le braconnage. Le mont Kédio est plus isolé et fait l'objet d'un plan de gestion. Les données rassemblées durant ce RAP permettront d'obtenir les informations nécessaires à la fois pour la protection et la conservation des forêts autour du mont Kopé et pour la planification de la gestion du mont Kédio. Lors de ce RAP, les responsables de la SODEFOR ont exprimé leur intérêt pour utiliser les données du RAP dans l'élaboration de plans de gestion durable et dans le renforcement des activités de conservation dans la région.

Création d'un corridor de conservation

En collaboration avec Flora and Fauna International (FFI), Birdlife International, Philadelphia Zoo, World Wild Fund for Nature (WWF), Wild Chimpanzee Foundation, et des membres d'Alliance for Conservation in Liberia (ACL) ainsi que d'autres partenaires, le programme Afrique de l'Ouest de CI œuvre à la création d'un corridor de conservation qui préserverait les connections naturelles entre le Parc National de Taï en Côte d'Ivoire et le Parc National de Sapo au Liberia (Carte 2). Les corridors de conservation sont des grandes zones qui lient les parcs, les réserves et d'autres aires protégées, définies grâce à l'identification de sites entre les aires protégées qui peuvent être protégés ou gérés de manière écologiquement durable. Le sud-ouest de la Côte d'Ivoire et le Liberia contiennent les plus grandes surfaces de forêt pluviale qui subsistent encore dans l'écosystème forestier de la Haute Guinée. La protection de ces forêts et des espèces qu'elles contiennent est fortement prioritaire avant que ces forêts ne soient fragmentées comme c'est le cas dans le reste de la région.

A cette fin, le 11 octobre 2003 marque une victoire pour la conservation. Le Président Moses Blah du Liberia, ancien vice-président sous le régime du Président Taylor et alors président par intérim, signe ce jour-là des amendements à la législation forestière libérienne : la superficie du Parc National de Sapo passe de 130 000 à 180 000 hectares, et la Réserve Naturelle de Nimba, d'une superficie de 13 500 hectares, a été créée. Ces amendements marquent le progrès le plus important de la protection de la biodiversité au Liberia depuis deux décennies et permettent de modifier des lois clés sur l'environnement pour une meilleure législation de la protection de la nature. Ce succès tient à l'important effort de collaboration entre CI et Fauna et Flora International, à travers le projet Liberia Forest Re-assessment (un projet conjoint financé par l'Union Européenne et le Critical Ecosystem Partnership Fund).

Le Parc National de Sapo au Liberia, le Parc National de Taï en Côte d'Ivoire et les Forêts Classées de la Haute Dodo et du Cavally sont des composantes clés du corridor de conservation envisagé (Carte 2). Selon le document de planification stratégique du Parc National de Taï, la Haute Dodo et le Cavally apparaissent comme les meilleures options pour connecter le parc au complexe du Parc National de Sapo au Liberia.

RÉSUMÉ DES RÉSULTATS DU RAP

Les inventaires RAP ont permis de montrer que les Forêts Classées de la Haute Dodo et du Cavally abritent des espèces de mammifères caractéristiques de l'Afrique de l'Ouest, une proportion importante des espèces strictement forestières de la Côte d'Ivoire, 80% de la faune d'amphibiens régionale, de nombreuses espèces menacées d'oiseaux, de reptiles et de mammifères, une riche diversité en insectes, plusieurs petits mammifères endémiques et une espèce de poisson endémique au fleuve Cavally.

Cependant, l'équipe du RAP a également mis en évidence la présence de populations reproductrices de plusieurs espèces invasives d'amphibiens, ainsi que de nombreuses preuves de dégradation, autant de raisons pour agir de manière urgente afin de protéger ces forêts. Les deux sites sont des concessions forestières actives, avec un impact plus important à la Haute Dodo. Les activités d'exploitation, notamment l'ouverture d'un vaste système routier, ont ouvert la voie à la collecte illégale et non durable des ressources forestières et au développement de petites plantations illicites de cacao dans les zones défrichées. Le braconnage est un problème sur les deux sites, malgré une interdiction de la chasse pour la viande de brousse sur tout le territoire ivoirien. Nous avons pu entendre des coups de feu et trouvé de nombreuses cartouches dans les deux forêts.

RÉSULTATS DU RAP PAR GROUPE TAXINOMIQUE

Flore

La région, un ancien refuge de la forêt dense lors de la dernière glaciation, est connue pour son fort taux d'endémisme. Ces deux forêts, appartenant au secteur végétal ombrophile de type dense et sempervirent, abritent trois groupes d'espèces d'intérêt particulier: les espèces endémiques à l'Afrique de l'Ouest, les espèces endémiques ivoiriennes et les espèces «sassandriennes», ces dernières caractérisant la végétation comprise entre les fleuves Sassandra et Cavally. Le total de 979 espèces végétales identifiées dans les deux forêts se répartit en 716 pour la Haute Dodo (dont 23,04% d'endémisme) et 639 pour celle du Cavally (dont 13,12% d'endémisme).

Insectes

L'inventaire des insectes dans les Forêts Classées de la Haute Dodo et du Cavally a été réalisé sur la base de protocoles standardisés pour les fourmis et les termites et de méthodes de collecte générales pour les autres insectes. Cette évaluation RAP a montré l'importante diversité en insectes des deux sites sur lesquels un total de 200 espèces ou espèces morphologiques ont été identifiées (115 espèces à la Haute Dodo et 132 au Cavally), représentant 10 ordres et 45 familles. Les inventaires se sont focalisés sur les fourmis et les termites, qui constituent un ensemble dominant et important de la macrofaune terrestre et arborée. Les listes préliminaires contiennent 71 espèces ou espèces morphologiques de fourmis (47 à la Haute Dodo et 45 au Cavally) et 27 espèces morphologiques de termites (21 à la Haute Dodo et 24 au Cavally). Malgré l'échantillonnage limité, les résultats montrent que l'exploitation forestière a un impact sur la richesse spécifique des termites et des fourmis sur les deux sites.

Poissons

Trente-trois espèces de poissons ont été identifiées, dont 23 dans la Forêt de la Haute Dodo et 18 dans celle du Cavally. Parmi ces taxons, neuf sont signalés pour la première fois dans les bassins irriguant ces deux forêts tandis que deux spécimens de l'espèce endémique stricte du bassin du Cavally, *Limbochromis cavalliensis*, ont été prélevés.

Du point de vue de l'intégrité biotique, les paramètres physico-chimiques étudiés révèlent une bonne qualité des eaux, ce constat positif étant confirmé par la présence de Mormyridae. La diversité ichtyologique n'a, de toute évidence, pas été totalement explorée dans ces forêts et elle justifie des efforts de protection, tant pour les espèces de poissons que pour les habitats qui les abritent.

Reptiles et amphibiens

Un total de 42 espèces d'amphibiens et 24 espèces de reptiles a été recensé et la présence de plus de 80% de la faune d'amphibiens de la région a été confirmée. La majorité des espèces rencontrées étaient endémiques à l'Afrique de l'Ouest ou au bloc forestier de la Haute Guinée. Les deux sites inventoriés abritent une grande proportion de la faune d'amphibiens caractéristique de la région.

De nombreuses espèces rares, inhabituelles ou discrètes ont été découvertes : c'est le quatrième enregistrement connu de l'espèce *Afrixalus vibekae*, le second et troisième enregistrement d'*Acanthixalus sonjae* et le quatrième de *Kassina lamottei*. Pour la Côte d'Ivoire, l'espèce *Geotrypetes seraphini occidentalis* a été enregistrée pour la deuxième fois et *Conraua alleni* pour la troisième fois si ce n'est une nouvelle espèce de *Conraua*. D'autres recensements permettront de clarifier les classifications taxinomiques pour: 1. le groupe d'espèces *Hyperolius fusciventris*; 2. le groupe *Hyperolius picturatus* et 3. le groupe *Ptychadena arnei/pujoli/ mascareniensis*.

L'inventaire des reptiles a été moins productif. Néanmoins, il faut noter le deuxième enregistrement pour la Côte d'Ivoire de *Cophoscincopus durus* et le recensement du scinque *Mabuya polytropis paucisquamis*, rencontré pour la deuxième fois en Côte d'Ivoire et pour la quatrième fois seulement globalement. Les espèces bien connues *Typhlops liberiensis*, *Polemon acanthias* et *Hapsidophrys lineatus* ont été trouvées.

L'importante diversité notée pendant l'inventaire des deux forêts prouve qu'elles ont toujours un fort potentiel pour la conservation. Cependant, la présence établie de populations reproductrices de plusieurs espèces invasives (comme *Phrynobatrachus accraensis*, *Hoplobatrachus occipitalis*, *Agama agama*), habituellement absentes des zones forestières, montre la sérieuse dégradation de ces forêts.

Oiseaux

En 15 jours de travaux sur le terrain, 179 espèces d'oiseaux ont été observées, 147 dans la Forêt Classée de la Haute Dodo et 153 dans la Forêt Classée du Cavally. Douze de ces espèces sont incluses dans la liste des espèces dont la protection est d'intérêt mondial (huit dans la FC de la Haute Dodo et dix dans celle du Cavally). Des 15 espèces à répartition restreinte qui composent la Zone d'Endémisme d'Oiseaux de la forêt de Haute Guinée, huit ont été trouvées dans la FC de la Haute Dodo et sept dans celle du Cavally. Un échantillon significatif des espèces forestières du pays a été rencontré, puisque 114 des 185 espèces du biome de la forêt guinéo-congolaise recensées en Côte d'Ivoire ont été trouvées dans la FC de la Haute Dodo et 117 dans celle du Cavally. Vu la valeur élevée de ces deux forêts pour la conservation, il est recommandé de poursuivre l'étude afin de compléter les listes des espèces et d'initier certaines actions de conservation pour préserver leur diversité biologique.

Petits mammifères

L'inventaire des petits mammifères (musaraignes, rongeurs et chiroptères) a été réalisé à l'aide de pièges classiques, de pièges à fosse et de filets, tout en faisant appel à diverses techniques d'observation. Six espèces de musaraignes, onze de rongeurs, un primate nocturne et six espèces de chiroptères ont fait l'objet de captures ou d'observations. Sur la base des résultats obtenus, le site de la Forêt Classée de la Haute Dodo présente une diversité en espèces de petits mammifères légèrement plus grande et un taux de succès de capture beaucoup plus important que celui de la forêt du Cavally. La raison pourrait en être attribuée à l'existence d'activités forestières plus récentes dans la forêt du Cavally. Trois des espèces capturées, la crocidure du mont Nimba *Crocidura nimbae,* le rat forestier à front plat *Hybomys planifrons* et l'écureuil d'Aubinn *Protoxerus aubinnii* sont considérées comme étant endémiques au bloc forestier guinéen. Les communautés de petits mammifères étudiées sont encore caractéristiques de forêts denses intactes mais leur composition pourrait se trouver modifiée du fait de l'importance des perturbations introduites par les récentes activités d'exploitation forestière dans ces deux sites.

Grands mammifères

Leur présence a été détectée par l'étude des traces, par les observations auditives et visuelles et par l'utilisation de pièges photographiques. La présence de 25 espèces de grands mammifères dans la Forêt Classée de la Haute Dodo et 34 espèces dans la Forêt Classée du Cavally a pu être confirmée. Au total, 37 espèces sont présentes sur les deux sites. Cinq espèces sont considérées comme En Danger et 3 comme Vulnérable. Les observations directes de grands mammifères comme les primates et les céphalophes étaient rares.

RECOMMANDATIONS POUR LA CONSERVATION

Une meilleure protection et l'inclusion dans un corridor pour la biodiversité régional sont justifiés pour les Forêts Classées de la Haute Dodo et du Cavally, compte tenu de la richesse en diversité, un important taux d'endémisme et la présence de nombreuses espèces menacées et à distribution restreinte dans ces deux forêts.

Ces deux forêts sont, à des degrés divers, dégradées par des exploitants forestiers et paysans clandestins mais elles comptent encore des zones bien conservées. Leur survie dépendra de l'arrêt de toute nouvelle exploitation forestière et plantations et de la capacité à récupérer les terres illégalement exploitées. Des zones encore biologiquement riches doivent d'urgence y être placées sous statut de réserve intégrale afin de préserver des organismes rares et en danger qui font, de ces deux forêts, des sites importants pour la conservation de la diversité biologique en Afrique de l'Ouest.

Recommandations spécifiques pour la conservation établies par l'équipe du RAP :

1) La recommandation urgente est l'arrêt ou le contrôle strict par la SODEFOR des activités d'exploitation en cours dans les deux forêts. Les activités d'exploitation doivent être mieux planifiées, exécutées et surveillées afin que les Forêts Classées de la Haute Dodo et du

Cavally ne deviennent pas uniquement de simples zones boisées ou des forêts de production.

2) Si l'exploitation de ces forêts devait être maintenue, nous recommandons que la SODEFOR exige de la part des compagnies d'exploitation l'application de méthodes moins destructrices lors de la construction des routes, de l'abattage des arbres et de leur extraction afin de réduire les dégâts sur la forêt. Les améliorations possibles sont de:

- Réduire le volume des routes et mettre en place une meilleure planification pour respecter les zones de drainage,

- Utiliser des excavateurs à la place des bulldozers pour la construction des routes,

- Utiliser des grands pneus à la place des tracteurs équipés de chaînes,

- Utiliser des systèmes de câbles et de poulies pour l'extraction des arbres lors de l'abattage sélectif,

- Utiliser des systèmes aériens de câbles pour réduire le compactage du sol,

- Fermer les routes d'exploitations afin de permettre la régénération de la flore et de la faune et empêcher le développement des plantes et des espèces animales envahissantes, et

- Enlever des lieux les bidons d'huile jetés (surtout au Cavally) et les autres déchets après l'exploitation pour empêcher la pollution et la mise en danger de la faune et des sites de reproduction des insectes non-forestiers.

3) La chasse est illégale dans les forêts classées et doit être stopée. Les mesures à considérer sont les suivantes :

- Mieux surveiller la sortie de la viande de brousse le long des routes dans les zones avoisinantes,

- Surveiller de près les compagnies forestières et veiller à ce qu'aucun des employés ne chasse,

- Etablir des patrouilles professionnelles armées pour arrêter le braconnage,

- Procéder à la relocalisation des villages illégalement situés à l'intérieur des réserves forestières, sachant que leurs habitants prélèvent certainement une bonne partie de leur consommation de viande de la forêt,

- Employer des chasseurs locaux (braconniers) qui connaissent la forêt et la faune pour les programmes de suivi de la faune. Cette action pourrait contribuer à la diminution du niveau de braconnage.

4) Mettre de coté des zones de chaque forêt classée pour une protection intégrale afin de permettre la survie des espèces animales et végétales qui ont besoin d'une forêt intacte, avec les considérations suivantes :

- Soutenir la création de réserves botaniques strictes à l'intérieur des forêts classées, avec un minimum de 5% de la surface des forêts classées, comme le propose la SODEFOR,

- Relier les zones intactes de la Haute Dodo avec le Parc National de Taï, et

- Prendre en considération la position des forêts intactes dans la Réserve Forestière voisine de Goin-Débé lors de la planification de la protection des zones près du Cavally, afin de maintenir des zones contiguës de forêts.

5) Supprimer les plantations connues dans les deux forêts et laisser les zones dégradées se régénérer.

6) Développer des actions d'information, d'éducation et de communication pour les populations bordant les forêts classées en vue, notamment, d'éviter l'implantation de cultures aux abords des rivières.

7) Mettre en place des programmes de suivi des changements de la biodiversité et les populations spécifiques et évaluer la valeur de différents systèmes de gestion sur la faune sauvage. Suivre particulièrement les espèces de mammifères et d'oiseaux qui sont chassées. Quelques espèces de termites (*Neotermes* sp.) et de fourmis (*Strumigenys* sp.) sont particulièrement intéressantes à suivre parce qu'elles sont relativement sensibles aux perturbations de la forêt et seraient de bons indicateurs de changement. Prendre également en compte les hydro-systèmes pour évaluer l'intégrité biotique, en se basant notamment sur les espèces de poissons.

8) Des activités similaires devraient être effectuées au Liberia et en Guinée afin de permettre la mise en place de corridors biologiques, nécessaires pour la sauvegarde de la diversité biologique à l'échelle de la sous-région.

Une Évaluation Biologique de Deux Forêts Classées du Sud-ouest de la Côte d'Ivoire
A Rapid Biological Assessment of Two Classified Forests in South-Western Côte d'Ivoire

21

Executive Summary

The Upper Guinea forest ecosystem in West Africa includes the countries of Guinea, Sierra Leone, Liberia, Côte d'Ivoire, and Ghana. This region contains exceptionally diverse ecological communities, distinctive flora and fauna, and a rich mosaic of forest habitat providing refuge to numerous endemic species. Forest fragmentation, the result of a variety of socioeconomic factors, threatens the viability of biodiversity in the region. While significant vestiges of the ecosystem's rich biodiversity remain, a crisis is at hand, threatening what was once a magnificent blanket of forest habitat extending from present-day Sierra Leone into Togo. Responding to this crisis requires swift conservation planning through a participatory and consensus building process that will contribute to effective long-term protection of the Upper Guinea ecosystem.

In December 1999, Conservation International organized the West Africa Priority Setting Workshop (WAPS) with over 150 scientists, government representatives and local NGOs interested in the West African Hotspot. Over the years, CI has pioneered the use of conservation priority setting workshops (CPWs) to build consensus and focus limited resources on biodiversity conservation. These workshops have looked at different geographical units, including large ecosystems or biomes encompassing several nations (e.g. Amazon Basin (1990) and Maya Tropical Forest region (1995)), regional subsets of ecosystems (e.g. the northeastern Atlantic Forest region in Brazil (1993)), and discrete countries (e.g. Papua New Guinea (1992) and Madagascar (1995)).

Rapid Biodiversity Assessment and Training

The results from the WAPS highlighted the need to collect more biological information and to build scientific capacity in the Upper Guinea forest ecosystem. The Rapid Assessment Program (RAP) of Conservation International was called upon to address this need by assessing the biodiversity of two areas within this ecosystem and by training local scientists in biodiversity survey techniques. Since 1990, RAP's teams of expert and host-country scientists have conducted 51 terrestrial and freshwater aquatic rapid biodiversity surveys and have contributed to building scientific capacity for local scientists in many countries, including Peru, Bolivia, Guyana, Papua New Guinea, Botswana, and Indonesia.

RAP's training program builds long-term sustainable scientific capacity by training local and regional scientists to conduct biodiversity surveys throughout their region. These scientists and regional RAP Teams will be able to respond more quickly to urgent calls for biodiversity information within their region, conduct longer term scientific studies and monitoring, follow through with conservation activities based on scientific data collected, and communicate more effectively with local people.

Haute Dodo and Cavally RAP Surveys

As a first step within the Upper Guinea forest, CI and partners focused on capacity building and biodiversity data collection in Côte d'Ivoire. From March 11-April 4, 2002, RAP and CI's West Africa program, in collaboration with the Société Ivoirienne pour le Développement des Forêts (SODEFOR, Côte d'Ivoire's governmental agency that oversees management of classified forests), organized and carried out a three-week RAP training survey in the Haute Dodo and Cavally Classified Forests in southwestern Côte d'Ivoire. Twelve international and regional experts on the plants, insects, fishes, amphibians, reptiles, birds, and mammals of West Africa formed the core RAP team, charged with surveying the diversity of these taxonomic groups and training local scientists.

Strengthening Scientific Capacity for Rapid Assessment in West Africa

During the RAP survey, twenty scientists from five West African countries (Côte d'Ivoire, Guinea, Liberia, Sierra Leone, and Ghana) and Botswana were trained in methods of rapid biodiversity assessment and worked with the international and regional experts to conduct the RAP surveys. The goal of these RAP training surveys was to train a group of interested and skilled regional biologists in standard methods of rapid biodiversity assessment for key terrestrial taxa. These scientists, from governmental and scientific institutions in these six countries, are now better prepared to carry out further biological assessments in their own regions.

The RAP training was a great success. Five of the trained regional scientists continue to work with the RAP survey teams and have participated in RAP surveys of southeastern Guinea in December 2002 and 2003 and of southwestern Ghana in November 2003. In addition, three of the trainees have gone on to do graduate work in collaboration with RAP expert scientists.

Specific Objectives of the RAP Training Expedition in Côte d'Ivoire:

- Strengthen the scientific capacity of West African biologists through training in methods for rapid biological assessment and through building collaborations with expert scientists,

- Collect biodiversity data for the Haute Dodo and Cavally Classified Forests to aid local and regional conservation and management planning.

Haute Dodo and Cavally Classified Forests

The RAP surveys were conducted at the beginning of the dry season in two forests in southwestern Côte d'Ivoire: Haute Dodo Classified Forest (N 4° 54' 01.1", W 7° 18' 57.7") from March 14 to March 21, 2002 and Cavally Classified Forest (N 6° 10' 26.5", W 7° 47' 16.6") from March 24 to March 31, 2002 (see Map 1). Both sites were approximately 200m in elevation. Classified forests in Côte d'Ivoire are given protection status for state sanctioned timber production forests. Within Haute Dodo active logging and surveying had stopped three months prior to our survey. Within Cavally logging had been stopped one week before our survey. Interior forests streams were flowing normally for this time of year.

The dense lowland forests of this area are the wettest forests in Côte d'Ivoire, with an average rainfall of 1900 mm. Haute Dodo Classified Forest is southwest of Taï National Park, the largest protected forested area in West Africa. The northern edge of Haute Dodo abuts the southern border of Taï (Map 1). Cavally Classified Forest is located west of Taï National Park (Map 1). These two Classified Forests were identified during the WAPSW as an area of very high priority for conservation and in need of more biological information.

Except for some botanical work conducted by Ecosyn in 1999-2000 and a survey on chimpanzees realized in 1996, very little information was available concerning the status of these two forests before this RAP survey. The Haute Dodo Classified Forest contains two low altitude hills (around 500 m), Mount Kopé and Mount Kédio. Mount Kopé is located near the town of Grabo and is thus highly threatened by encroachment and poaching. Mount Kédio is more remote and a management plan has been developed for this area. Data collected during the RAP survey will provide valuable information needed to protect and conserve the forests around Mount Kopé and will contribute to further management planning for Mount Kédio. During the RAP survey, SODEFOR officials expressed their interest in using the RAP data to develop sustainable management plans and to further conservation efforts in the region.

Creating a Conservation Corridor

Along with partners Flora and Fauna International (FFI), Birdlife International, the Philadelphia Zoo, World Wild Fund for Nature (WWF), the Wild Chimpanzee Foundation, and members of the Alliance for Conservation in Liberia (ACL) and others, CI's West Africa program is working to create a conservation corridor that will maintain natural connections between Taï National Park in Côte d'Ivoire and Sapo National Park in Liberia (Map 2). Conservation corridors are large-scale landscapes that link parks, reserves and other protected areas by identifying places between them that can be protected or managed in an ecologically sustainable manner. Southwestern Côte d'Ivoire and Liberia have the largest tracks of rainforest remaining in the Upper Guinea forest ecosystem. It is therefore of high priority to protect these forests and their species before they become fragmented like the rest of the region.

To this end, a conservation victory was obtained on October 11, 2003 when Liberian President Moses Blah, formerly President Taylor's vice president and then caretaker president, signed amendments to Liberia's forestry law expanding Sapo National Park from 130,000 ha to 180,000 ha, and establishing the Nimba Nature Reserve of 13,500 ha. Passage of these bills provides the most significant increase in biodiversity protection in Liberia in nearly two decades and reforms key environmental legislation in previous years to create a better legal framework for environmental protection. These achievements were the result of strong collaboration between CI and Fauna and Flora International through the Liberia Forest Re-assessment (a joint project funded by the European Union and the Critical Ecosystem Partnership Fund).

Sapo National Park in Liberia, Taï National Park in Côte d'Ivoire, and the Haute Dodo and Cavally Classified Forests form key components of the planned regional conservation corridor (Map 2). Haute Dodo and Cavally are considered by the Taï National Park strategic plan as the most promising possibility to connect Taï to the Sapo National Park Complex in Liberia.

OVERVIEW OF RAP RESULTS

The RAP surveys documented that the Haute Dodo and Cavally Classified Forests contain the large mammal species characteristic of West Africa, a substantial component of the forest-restricted species of Côte d'Ivoire, 80% of the region's amphibian fauna, many threatened bird, reptile and mammal species, high insect diversity, several endemic small mammals, and a fish species endemic to the Cavally River.

However, the RAP team also found presence of breeding populations of several invasive amphibian species and much evidence of disturbance, highlighting the urgency of conserving these forests. Both sites were active timber concessions with Haute Dodo more heavily impacted than Cavally. Logging activities, including a wide system of roads, have already opened up these forests to illegal and unsustainable harvesting of forest resources and the establishment of small illegal cocoa plantations in the bush clearings. At both sites poaching was prevalent despite a countrywide ban on bushmeat hunting. Shotguns were heard and numerous shotgun shells were found in both forests.

RAP RESULTS BY TAXONOMIC GROUP

Flora

The region, once a Pleistocene refuge, is characterized by a high rate of endemism. Both forests are dense lowland evergreen forests and contain three species groups of particular interest: West African endemic species, species endemic to Côte d'Ivoire, and "sassandrian" species found only between the Sassandra and Cavally rivers. A total of 979 plant species were recorded in both forests; 716 in Haute Dodo (23.04% endemic) and 639 in Cavally (13.12% endemic).

Insects

Insects were surveyed using standardized methods for termites and ants, and general collecting methods for other insects. The RAP survey revealed a rich insect diversity at both survey sites, with a total of 200 species or morphospecies identified (115 species from Haute Dodo and 132 from Cavally), consisting of 10 orders and 45 families. The surveys focused on ants and termites since they are a dominant and important component of the soil and arboreal macrofauna. The preliminary lists include 71 species or morphospecies of ants (47 from Haute Dodo and 45 from Cavally), and 27 morphospecies of termites (21 from Haute Dodo and 24 from Cavally). While the sample size was relatively small, the results suggest that timber exploitation has affected the termite and ant species richness at the two sites.

Fishes

Thirty-three species of fishes were documented, 23 in Haute Dodo Classified Forest and 18 in Cavally Classified Forest. Among these taxa, nine were found for the first time in these forest rivers. Two specimens of *Limbochromis cavalliensis*, an endemic restricted-range species only found in Cavally, were recorded.

As for biome integrity, physico-chemical parameters indicate good water quality. This result is confirmed by the presence of Mormyridae. Ichthyologic diversity has obviously not been fully researched in these two forests and merits further survey and protection of fishes and their habitats.

Reptiles and Amphibians

In total 42 amphibian species and 24 reptile species were recorded. More than 80% of the amphibian fauna in the region was confirmed. Most of the recorded species were either endemic to West Africa or to the Upper Guinean forest block and both sites contain a large proportion of the characteristic amphibian fauna of the region.

A large number of rare, secretive or unusual amphibians were discovered, particularly the fourth known record for *Afrixalus vibekae,* the second and third records for *Acanthixalus sonjae*, and the fourth record for *Kassina lamottei.* For Côte d'Ivoire the second record of *Geotrypetes seraphini occidentalis* and either the third record for *Conraua alleni* or a new *Conraua* species were discovered. The reptile survey was less successful, but did include the second record for Côte d'Ivoire of *Cophoscincopus durus* and the second record for Côte d'Ivoire and fourth known for the skink *Mabuya polytropis paucisqamis*. Additionally we found the largest documented individuals of *Typhlops liberiensis, Polemon acanthias* and *Hapsidoprys lineatus.*

The high diversity documented during the survey in both forests clearly demonstrated that these areas still have a high conservation potential. However, the established presence of breeding populations of several invasive species not normally found in forested areas (e.g. *Phrynobatrachus accraensis, Hoplobatrachus occipitalis, Agama agama*) indicates that the forests are already seriously impacted.

Birds

During 15 days of field work, 179 bird species were recorded, 147 in Haute Dodo and 153 in Cavally. Of these, 12 were of conservation concern, (eight in Haute Dodo and ten in Cavally). Of the 15 restricted-range species that make up the Upper Guinea forest Endemic Bird Area, eight were found in Haute Dodo and seven in Cavally. A substantial component of the forest-restricted species in the country was found, as 114 of the 185 species of the Guinea-Congo Forests biome occurring in Côte d'Ivoire were recorded in Haute Dodo and 117 in Cavally. Considering the high conservation value of both forests, it is recommended to conduct further surveys in order to complete the species lists, and to undertake conservation actions to preserve their biodiversity.

Small Mammals

Small mammals (shrews, rodents, and bats) were sampled during the RAP using traps, pitfalls, mist nets and various observation techniques. Six shrew, eleven rodent, one nocturnal primate, and six bat species were captured or observed. The Haute Dodo Classified Forest had slightly higher species diversity and considerably higher trap success than the Cavally Classified Forest, perhaps due to more recent logging activities at Cavally. Three species captured, the Nimba Shrew *Crocidura nimbae,* Miller's Striped Mouse *Hybomys planifrons,* and the Slender-tailed Squirrel *Protoxerus aubinii* are considered endemic to the Upper Guinea forest block. The small mammal communities sampled were characteristic of intact high forest but may not persist in that composition given the serious disturbances introduced by recent logging practices in both forests.

Large Mammals

Tracks, sound and visual observations, and camera phototraps were used to survey for the presence of large mammals. The presence of 25 large mammal species was recorded in Haute Dodo and 34 species in Cavally. In total, the existence of 37 large mammal species in these forests was confirmed. Of these mammals five are listed as Endangered and three are considered Vulnerable by the IUCN. Large mammals such as primates and duikers were only rarely directly observed.

CONSERVATION RECOMMENDATIONS

Based on their high levels of diversity and endemism and the presence of many threatened and restricted range species, both the Haute Dodo and Cavally Classified Forests merit increased protection and inclusion in a regional biodiversity corridor.

Both forests have been more or less impacted by logging and agricultural encroachment, but many areas are still well preserved. Their conservation relies on halting all new logging and plantation and on restoring the land already exploited. Areas of biological importance must be urgently set aside for strict protection in order to conserve rare and endangered species in these two classified forests, both of which are key sites for biodiversity conservation in West Africa.

Specific Conservation Recommendations from the RAP team include:

1) The highest conservation priority is for SODEFOR to stop or strictly control ongoing logging activities in the two classified forests. Logging activities need to be better planned, executed, and controlled so that the Haute Dodo and Cavally Classified Forests do not become open woodlands or solely production forests.

2) If logging is to continue in these forests, we recommend that SODEFOR require logging companies to utilize less destructive methods of building roads, cutting and felling trees, and extracting trees in order to reduce damage to the forests. Some suggestions include:

- Reduce and better plan logging roads with respect to water drainage lines,
- Use excavators rather than bulldozers for building forest roads,
- Use large (balloon) tires rather than chain-equipped caterpillars,
- Use cable-and-pulley systems to extract felled trees from the treefall site in selective logging,
- Use aerial cable systems to reduce soil compaction,
- Close logging roads to human access to help the recovery of fauna and flora and prevent the spread of invasive plant and animal species, and
- Remove discarded oil drums (especially at Cavally) and other rubbish after logging to avoid pollution and the creation of hazards to wildlife or breeding sites for non-forest insects.

3) Hunting in the classified forests is illegal and should be curtailed. Measures to achieve this could involve:

- Better control the export of bushmeat along the roads through the adjoining areas,
- Closely monitor timber contractors to ensure that they and their staff do not participate in hunting,
- Establish professional armed patrols to stop illegal poaching,
- Relocate villages illegally sited within the forest reserves since the inhabitants are likely to derive a substantial proportion of their meat from the forest, and
- Employ local hunters (poachers) who know the forests and their wildlife in wildlife monitoring programs. Their employment could reduce poaching rates.

4) Set aside portions of each classified forest for strict protection in order to aid survival of plant and animal species that require primary forest, with the following considerations:

Une Évaluation Biologique de Deux Forêts Classées du Sud-ouest de la Côte d'Ivoire
A Rapid Biological Assessment of Two Classified Forests in South-Western Côte d'Ivoire

25

- Support the creation of strict botanical reserves within the classified forests that will contain a minimum of 5% of the area of the classified forests, as has been proposed by SODEFOR,

- Link intact areas in Haute Dodo with Taï National Park, and

- Consider the location of intact forest areas in the adjoining Goin-Débé Forest Reserve when protecting areas near Cavally so as to maintain contiguous forest.

5) Remove plantations known to exist within the two classified forests and allow disturbed areas to recover with native vegetation.

6) Launch information, awareness, and communication actions geared towards local people in the vicinity of both classified forests, particularly to prevent the establishment of agricultural plantations near rivers.

7) Establish monitoring programs to assess changes in biodiversity and species populations, and evaluate the value of particular management regimes to wildlife. Particularly monitor mammals and birds that are hunted. Other good indicators to monitor include several species of termites (*Neotermes* sp.) and ants (*Strumigenys* sp.), which are particularly sensitive to changes and to degradation of their habitat. Hydrological systems, including fish species, should be considered to evaluate biome integrity.

8) Similar actions should be taken in Liberia and Guinea in order to establish the conservation corridors needed to safeguard the rich biological diversity of the whole region.

Carte 1

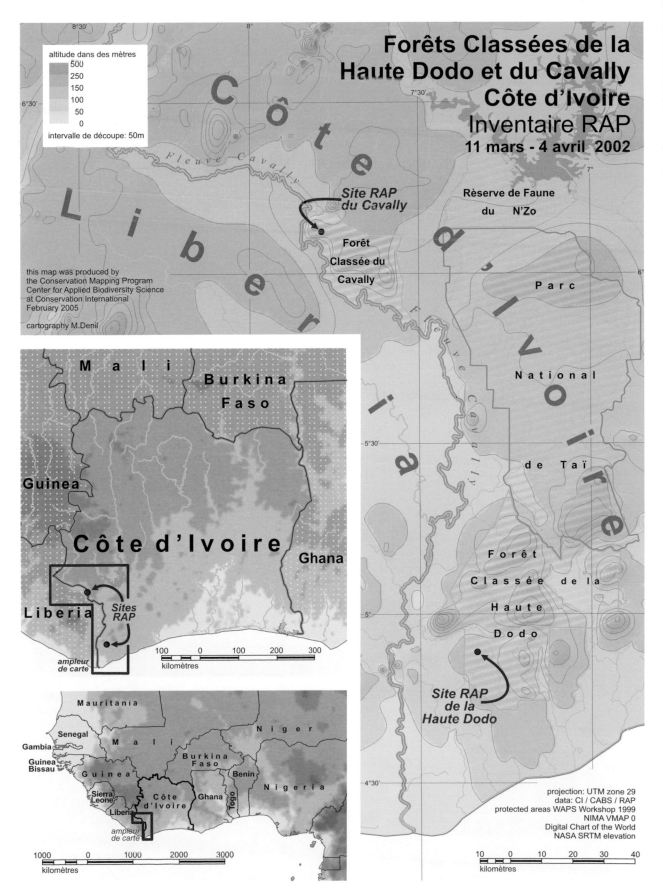

Forêts Classées de la Haute Dodo et du Cavally Côte d'Ivoire
Inventaire RAP
11 mars - 4 avril 2002

altitude dans des mètres
500
250
150
100
50
0
intervalle de découpe: 50m

this map was produced by
the Conservation Mapping Program
Center for Applied Biodiversity Science
at Conservation International
February 2005

cartography M.Denil

Fleuve Cavally

Site RAP du Cavally

Forêt Classée du Cavally

Rèserve de Faune du N'Zo

Parc National de Taï

Forêt Classée de la Haute Dodo

Site RAP de la Haute Dodo

Mali
Burkina Faso
Guinea
Côte d'Ivoire
Ghana
Liberia
Sites RAP
ampleur de carte

100 0 100 200 300
kilomètres

Mauritania
Senegal
Gambia
Guinea Bissau
Mali
Niger
Guinea
Burkina Faso
Sierra Leone
Côte d'Ivoire
Ghana
Togo
Benin
Nigeria
Liberia
ampleur de carte

1000 0 1000 2000 3000
kilomètres

projection: UTM zone 29
data: CI / CABS / RAP
protected areas WAPS Workshop 1999
NIMA VMAP 0
Digital Chart of the World
NASA SRTM elevation

10 0 10 20 30 40
kilomètres

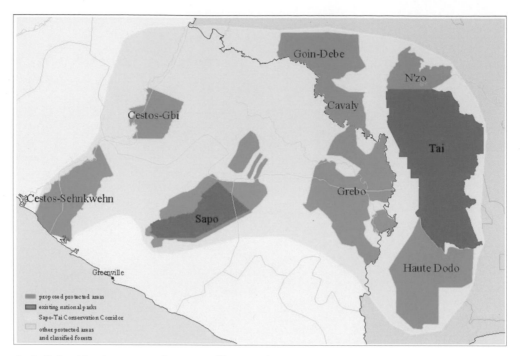

Goin-Debe
N'zo
Cavaly
Cestos-Gbi
Tai
Cestos-Sehnkwehn
Grebo
Sapo
Greenville
Haute Dodo

proposed protected areas
existing national parks
Sapo-Tai Conservation Corridor
other protected areas
and classified forests

Carte 2: Corridor de conservation proposé/proposed conservation corridor. Carte par Tyler Christie avec la participatión de / Map by Tyler Christie with participation from: Conservation International, Flora and Fauna International (FFI), Birdlife International, the Philadelphia Zoo, World Wildlife Fund for Nature (WWF), the Wild Chimpanzee Foundation, and members of the Alliance for Conservation in Liberia (ACL).

Mark-Oliver Rödel

Acanthixalus sonjae, une grenouille rare. Il s'agit du second et troisième recensement de cette espèce / A rare frog, RAP records constitute only the second and third global records for this species

Mark-Oliver Rödel

Le plus grand individu de Polemon acanthias a été trouvé à Haute Dodo / The largest recorded individual of *Polemon acanthias* was found at Haute Dodo.

Jim Sanderson

Arbres abattus dans une clairière abandonneé après l'exploitation forestière de la forêt de la Haute Dodo / Downed logs in a clearing left behind after logging operations in Haute Dodo

Aiah Lebbie

Whitfieldia lateritia (Acanthaceae), une espèce «sassandrienne» trouvée a la fois à Haute Dodo et Cavally / "sassandrian" plant species documented at both Haute Dodo and Cavally

Jim Sanderson

Cercopithecus petaurista, observé dans un village près de Haute Dodo / Lesser spot nosed monkey found in a village near Haute Dodo

Jim Sanderson

Photo de chimpanzee (*Pan troglodytes*) prise à l'aide d'un piège photographique à Cavally / Chimpanzee photo taken by CamTrakker phototrap at Cavally

Piotr Naskrecki

La fourmi légionnaire, *Dorylus* sp., commune dans les forêts de Haute Dodo et Cavally / A driver ant species common in Haute Dodo and Cavally forests

Peter Hoke

Stiphrornis erythrothorax, l'une des 179 espèces d'oiseaux documentées pendant l'inventaire RAP / Forest Robin, one of 179 bird species documented during the RAP survey

Une Évaluation Biologique de Deux Forêts Classées du Sud-ouest de la Côte d'Ivoire
A Rapid Biological Assessment of two Classified Forests in South-Western Côte d'Ivoire

29

L'equipe du Programme d'Evaluation Rapide à Haute Dodo / Haute Dodo RAP team

Aiah Lebbie

Triphyophyllum peltatum (Dioncophyllaceae), l'une des 23 espèces «sassandriennes», caractérisant la végétation comprise entre les fleuves Sassandra et Cavally en Côte d'Ivoire / One of 23 "sassandrian" endemic species documented at Cavally. "Sassandrian" endemics have highly restricted ranges- only found between the Sassandra and Cavally Rivers in Côte d'Ivoire

Mark-Oliver Rödel

Geotrypetes seraphini occidentalis, un cécilièn qui a été recensé en Côte d'Ivoire pour la seconde fois seulement / A caecilian that was documented in Côte d'Ivoire for only the second time

Chapitre 1

Introduction à la Forêt Classée de la Haute Dodo et à la Forêt Classée du Cavally, Côte d'Ivoire

Léonie Bonnéhin

DIVERSITÉ ET ENDÉMISMES DES FORÊTS DU SUD-OUEST DE LA CÔTE D'IVOIRE

Les Forêts Classées (FC) de la Haute Dodo et du Cavally, objets de la présente expédition scientifique (RAP) sont situées dans le sud-ouest de la Côte d'Ivoire, à la frontière du Liberia. Le Sud-ouest de la Côte d'Ivoire et le Sud-est du Liberia constituent l'une des cinq régions prioritaires de conservation de l'écosystème forestier de la Haute Guinée (Conservation International 2001), à l'extrémité occidentale des forêts guinéennes d'Afrique de l'Ouest. Les forêts guinéennes couvraient à l'origine 1 265 000 km². Aujourd'hui, il n'en reste plus que 180 900 km² - soit environ 14% de la superficie d'origine - dont seulement 20 324 km² sont sous protection.

C'est en raison de leur diversité biologique et des endémismes qui les caractérisent que les forêts guinéennes ont été érigées en *hotspot*, l'un des 25 au monde (Myers et al. 2000). Du point de vue des plantes, le *hotspot* des forêts guinéennes compte 14 centres d'endémisme - dont le Sud-ouest de la Côte d'Ivoire et le Sud-est du Liberia - et près de 9 000 plantes vasculaires dont 25 % sont endémiques. Au niveau de la faune, il est le plus célèbre des *hotspots* de par sa grande diversité en mammifères: au total 551 espèces dont 45 endémiques. On note également la présence de 116 espèces d'amphibiens dont 89 endémiques et 514 espèces d'oiseaux dont 90 endémiques. Le *hotspot* des forêts guinéennes constitue l'une des deux régions de haute priorité pour la conservation de primates au monde; en effet cinq espèces de primates à savoir le mangabey couronné (*Cercocebus atys lunulatus*), le cercopithèque Diane de Roloway (*Cercopithecus diana roloway*), le cercopithèque hocheur de Stampfl (*Cercopithecus nictitans stampflii*), le colobe bai de Miss Waldron (*Procolobus badius waldroni*), et le gorille de la rivière Cross (*Gorilla gorilla diehli*) sont en danger critique d'extinction et inscrites sur la Liste Rouge de l'UICN.

LES FORÊTS CLASSÉES DE LA HAUTE DODO ET DU CAVALLY

Diversité et importance des habitats

La Forêt Classée de la Haute Dodo est comprise entre les latitudes 4°41′21″ et 5°26′42″ et les longitudes ouest 7° 06′13″ et 7°25′36″. La Forêt Classée du Cavally est comprise entre les latitudes nord 5°50′ et 6° 10′ et les longitudes ouest 7°30′ et 7°55′.

Les forêts denses de plaine y sont les plus humides de la Côte d'Ivoire. Les habitats sont dominés par la forêt dense humide de basse altitude. La densité du réseau hydrographique et le mauvais drainage des bas de pentes et des vallées (Van Hervaarden 1991, Rademacher 1992) expliquent la présence de forêts inondables à *Plagiosiphon emarginatus* (Caesalpiniaceae) et *Neosloetiopsis kamerunensis* (Moraceae) le long des berges des cours d'eau et de forêts marécageuses à *Raphia, Ancistrophyllum, Calamus, Eremospatha* (Arecaceae) et *Carapa procera* (Meliaceae), *Symphonia globulifera* (Guttiferae), *Spondianthus preussii* (Euphorbiaceae), *Gilbertiodendron splendidum* (Caesalpiniaceae) et nombreuses Marantaceae et herbacées comme on en rencontre dans toutes les forêts du Sud-ouest ivoirien.

Importance Economique

Le développement économique de la région est basé sur l'exploitation des ressources naturelles que sont les sols, réputés riches du point de vue agronomique, le climat favorable aux cultures pérennes de rente (cacao, café, hévéa et palmier à huile) et les forêts riches en essences nobles, matières premières pour l'industrie du bois.

La Côte d'Ivoire produit 40 % de la production mondiale de cacao. La quasi-totalité de cette production est assurée par les petites exploitations paysannes dont la superficie dans plus de 80 % des cas varie entre deux et cinq hectares. Depuis les années 1980, le Sud-ouest est devenu la première zone productrice du cacao ivoirien avec plus de 500 000 familles de petits paysans vivant de cette culture. Cette situation a favorisé l'implantation dans cette région, notamment dans le port de San Pedro, de grandes multinationales d'achat, de conditionnement et d'exportation telles que Cargill et Nestlé.

Les cultures d'hévéa et de palmier à huile, développées selon la stratégie de type filière sont soutenues par de grandes entreprises agro-industrielles telles que la Compagnie Hevéicole du Cavally (CHC), la Société Africaine des Plantations d'Hévéa (SAPH), la Société des Caoutchoucs de Grand Béréby (SOGB), et la Société des Palmeraies de Côte d'Ivoire (PALM-CI). Ces entreprises sont impliquées à la fois dans la production et la transformation. Elles disposent chacune de plusieurs unités de transformation installées dans la zone riveraine des Forêts Classées de la Haute Dodo et du Cavally. CHC exploite un domaine de plus de 15 000 hectares d'hévéa, contigu à la FC du Cavally. La PALM-CI possède 50 000 hectares de plantations de palmier à huile dont 23 % en plantations villageoises au sud et à l'ouest de la FC de la Haute Dodo; SOGB gère 15 000 hectares de plantations d'hévéa au sud-est de la FC Haute Dodo.

C'est dire que la préservation des massifs forestiers du Sud-ouest ivoirien et du Liberia voisin, dont les superficies peuvent être estimées à près de 50 % de la couverture forestière de l'Afrique de l'Ouest, est à la fois un enjeu écologique (maintien des processus écologiques) et économique (conditions agro-écologiques favorables au développement socio-économique).

La région compte de nombreuses entreprises d'exploitation forestière et de transformation du bois dont les plus importantes sont: Bois Transformé d'Afrique (BTA) à Zagné (une dizaine de kilomètres de la FC du Cavally) avec une usine de production de contreplaqués; THANRY à Guiglo (unité de sciage d'une capacité de 13 000 m³ de grumes par mois); FEXIM, Ivoire Timber Services et Scierie Baba à Tabou et Grand Béréby.

Statut légal

Les FC de la Haute Dodo et du Cavally sont deux aires protégées de la catégorie VI de l'UICN qui tirent leurs noms de cours d'eau y prenant leur source (la rivière Dodo) ou en marquant les limites (le fleuve Cavally limitant la Forêt Classée du Cavally à l'ouest et au sud). Ces massifs forestiers classés depuis l'époque coloniale (Tableau 1.1), sont gérés depuis 1992 par la Société pour le Développement des Forêts (SODEFOR). Le décret No. 471 du Ministère des Eaux et Forêts daté du 10 septembre 2003 introduit une innovation dans la mesure où il ouvre la gestion des forêts classées au secteur privé.

Diversité et importance biologique

Les FC de la Haute Dodo et du Cavally sont d'autant plus importantes qu'elles se situent au sein de la région prioritaire de conservation de l'ouest de l'écosystème forestier de la Haute Guinée et sont proches du Parc National de Taï (PNT) et de la Forêt Nationale de Grebo au Liberia.

La FC de la Haute Dodo est limitée au nord par le Parc National de Taï, une Réserve de la Biosphère, un Site du Patrimoine Mondial de l'UNESCO et le plus grand parc forestier et le site forestier le mieux connu, qui sert de référence en matière de biodiversité en Afrique de l'Ouest en étant le plus étudié (Rizebos et al. 1994).

La FC du Cavally se trouve à environ une trentaine de kilomètres au nord-ouest du Parc National de Taï. Elle est contiguë au sud à la Forêt Nationale de Grebo au Liberia, que le gouvernement libérien, en collaboration avec Conservation International, s'emploie à ériger en parc national. Tous les blocs forestiers de cette région ouest de conservation constituent les plus grandes reliques de l'écosystème forestier de la Haute Guinée. Leur proximité les uns des autres leur confère un caractère particulièrement intéressant pour le développement de corridors de biodiversité.

Climat et géologie

Les FC de la Haute Dodo et du Cavally appartiennent au secteur ombrophile. Elles sont soumises à un climat équatorial de transition à quatre saisons. Ce type de climat est caractérisé par un régime pluviométrique bimodal et alterne deux saisons de pluie (une grande de mars à juin et une petite de septembre à novembre) et deux saisons sèches (une grande de décembre à février et une petite de juillet à août). Les précipitations moyennes annuelles sont d'environ 2000 mm (secteur de la Haute Dodo) à 1800 mm (secteur FC du Cavally). Le déficit hydrique cumulé est compris entre 250 mm et 300 mm par an reparti sur trois mois (novembre à février). Les températures moyennes mensuelles varient entre 24°C et 26°C, la moyenne annuelle étant de 25°C.

Le relief est très peu accidenté pour la FC du Cavally et relativement accidenté pour la Haute Dodo. Les points les plus élevés sont des inselbergs granitiques dont l'altitude n'excède guère 500m, comme le mont Trou (404 m) dans l'ouest de la FC du Cavally et le mont Kédio (486 m) au nord-est de la FC de la Haute Dodo. Le réseau hydrographique est très dense et tributaire du fleuve Cavally (bassin versant du Cavally). La majorité des cours d'eau – dont les principaux sont les rivières Dinon, Noba, Oua,

Prouo et Doumié (FC Cavally) et Dodo, Néro, Tabou et Noba Neka (FC Haute Dodo) sont permanents.

Menaces

La FC du Cavally est la mieux conservée des deux sites en ce sens qu'elle ne compte aucune implantation humaine (site habité ou cultivé) en son sein selon le plan d'aménagement (SODEFOR 1996a). La véritable menace à laquelle est confronté ce massif est l'exploitation illégale du bois. La FC de la Haute Dodo est fortement menacée par l'expansion anarchique et illégale de petites exploitations agricoles. La SODEFOR (1996b) dénombrait 22 campements et 5542 chefs d'exploitations dans la FC de la Haute Dodo. La superficie de forêt dense intacte dans ce massif est estimée à 99 000 hectares alors que les mosaïques forêts – cultures, et cultures occupent 97 504 hectares (Direction et Contrôle des Grands Travaux 1993).

A ces menaces s'ajoute aussi l'exploitation forestière irrationnelle très souvent illégale. Certes le Sud-ouest a le taux de couverture forestière la plus élevée du pays (46 % pour le département de Guiglo et 57 % pour celui de Tabou) avec une moyenne de 35 % contre 14 % au niveau national. Mais l'envers de la médaille est que cette région est aussi la région productrice de bois du pays. Le département de Guiglo dans lequel se trouve la FC du Cavally a été classé dès 1990 premier producteur de grumes avec 13,5% du volume total produit au niveau national (Direction et Contrôle des Grands Travaux 1993), ce qui témoigne de la pression intense sur les ressources forestières.

La démographie doit être considérée comme une menace permanente pour les massifs forestiers de toute la région en ce sens que la croissance démographique en milieu rural engendre de nouvelles quêtes de terres cultivables toujours prises au détriment des forêts. Les

Tableau 1.1. Les Forêts Classées (FC) de la Haute Dodo et du Cavally: faits et figures

FC du CAVALLY	1954	Classement de la Forêt Classée du Cavally par arrêté No. 2949 SEF du 15 avril 1954 avec une superficie de 80 000 ha.
	1983	Déclassement de 15 800 ha au profit du Centre Pilote de Développement Hévéicole (CPDH) par arrêté No. 14 /MINEFOR/ DCDF/ du 17 juin 1983. Ce centre est devenu aujourd'hui la Compagnie Hévéicole du Cavally (CHC), société agro industrielle à capitaux ivoiriens et britanniques.
	1992	La gestion des forêts classées du domaine permanent de l'Etat de Côte d'Ivoire est confiée à la SODEFOR par arrêté No. 33 / MINAGRA du 13 février 1992. Depuis lors, la prise en main de l'aménagement de la FC du Cavally d'une superficie de 64 200 ha est assurée par le Centre de Gestion SODEFOR de Daloa et la Division de Duékoué.
	1996	Rédaction du premier plan d'aménagement (1997 -2006) de la FC du Cavally. Ce plan prévoit une série de protection de 10 493 ha soit environ 16 % de la superficie de la forêt. Cette dernière série est constituée des inselbergs, (2 193 ha) et des berges des fleuves Cavally et Dinon (8 300 ha) et une série de production de 53 707 ha.
	2002	Expédition scientifique pour l'évaluation rapide de la biodiversité de la FC du Cavally en mars – avril 2002
FC de la HAUTE DODO	1954	Premier Classement
	1975	Extension de la FC de la Haute Dodo jusqu'à la limite sud du Parc national de Taï.
	1992	La gestion des forêts classées du domaine permanent de l'Etat de Côte d'Ivoire est confiée à la SODEFOR par arrêté No 33 / MINAGRA du 13 février 1992. Depuis lors la gestion de la FC du de la Haute Dodo d'une superficie de 196 733 ha est assurée par le Centre de Gestion SODEFOR de Gagnoa et la Division de San Pédro.
	1993	Installation le 30 novembre 1993 de la Commission Paysans – Forêt de la Haute Dodo en vue de la cogestion de ce massif forestier.
	1996	Rédaction du premier plan d'aménagement (1995 -2019) de la FC de la Haute Dodo. Ce plan prévoit une série de protection de 45 095 ha ; une série de Production de 113 325 ha, une série de reconstitution (réhabilitation) de 17 431 ha et une série agricole de 20 882 ha.
	2002	Expédition scientifique pour l'évaluation rapide de la biodiversité de la FC de la Haute Dodo en mars – avril 2002.

taux d'accroissement des régions administratives du Bas Sassandra et du Moyen Cavally auxquelles appartiennent les FC de la Haute Dodo et du Cavally ont enregistré sur 10 ans (1988 – 1998) des taux moyens d'accroissement de la population de 7,5 % et 6 % contre 3,3 % au niveau national (Institut National de la Statistique 1998). Les tendances évolutives de la population et du taux de couverture forestière ont montré de tout temps des courbes inversement proportionnelles dans cette région. Il est donc urgent que les bases scientifiques pour la conservation de la biodiversité et l'utilisation durable des ressources soient établies pour un développement socio économique en harmonie avec la nature.

RÉFÉRENCES BIBLIOGRAPHIQUES

Conservation International. 2001. De la forêt à la mer : les liens de la biodiversité de la Guinée au Togo. Priorités scientifiques régionales pour la conservation de la biodiversité. Guinée, Sierra Leone, Liberia, Côte d'Ivoire, Ghana, Togo.

Direction et Contrôle des Grands Travaux. 1993. Le bilan forestier. DCGTx. Abidjan, Côte d'Ivoire.

Institut National de la Statistique. 1998. Recensement Général de la Population et de l'Habitat (RGPH – 1998). Abidjan, Côte d'Ivoire.

Myers, N., R. A. Mittermeier, C. G. Mittermeier, G.A. B.da Fonseca et J. Kent. 2000. Biodiversity hotspots for conservation priorities. Nature. 403: 853-858.

Rademacher, F. E. P. 1992. A detailed soil survey in the northern part of Taï National Park, southwest Côte d'Ivoire . Dept. of Soil science and geology. Agricultural University. Wageningen, Pays-Bas.

Rizebos E.P., A. P. Vooren et J.L. Guillaumet (eds.).1994. Le Parc National de Taï : synthèse des connaissances. La Fondation Tropenbos. Wageningen, Pays Bas.

SODEFOR. 1996a. Plan d'Aménagement de la Forêt Classée du Cavally. SODEFOR, Centre de Gestion de Daloa, Division de Duékoué. Abidjan, Côte d'Ivoire..

SODEFOR. 1996b. Plan d'Aménagement de la Forêt Classée de la Haute Dodo. SODEFOR, Centre de Gestion de Gagnoa, Division de la Haute Dodo. Abidjan, Côte d'Ivoire.

Van Hervaarden, G. J. 1991. Compound report on three soil survey in Taï forest (Côte d'Ivoire) UNESCO / Dept. of Soil science and geology. Agricultural University. Wageningen, Pays-Bas.

Chapitre 2

La flore des Forêts Classées de la Haute Dodo et du Cavally, Côte d'Ivoire

Laurent Aké Assi, Aiah Lebbie et Edouard Kouassi Konan

RÉSUMÉ

Une évaluation biologique rapide des Forêts Classées de la Haute Dodo et du Cavally, situées à l'ouest du Parc National de Taï, a été effectuée du 13 au 31 mars 2002. La région, un ancien refuge de la forêt dense lors de la dernière glaciation, est connue pour son fort taux d'endémisme.

Ces deux forêts, appartenant au secteur végétal ombrophile de type dense et sempervirent, abritent trois groupes d'espèces d'un intérêt particulier: les espèces endémiques à l'Afrique de l'Ouest, les espèces endémiques ivoiriennes et les espèces «sassandriennes», ces dernières caractérisant la végétation comprise entre les fleuves Sassandra et Cavally.

Le total de 979 espèces végétales identifiées dans les deux forêts se répartit en 716 pour la Haute Dodo (dont 23,04 % d'endémisme) et 639 pour celle du Cavally (dont 13,12 % d'endémisme).

Ces deux forêts sont, à des degrés divers, dégradées par des exploitants forestiers et des paysans clandestins mais elles comptent encore des zones bien conservées. Leur survie dépendra de l'interdiction de toute nouvelle plantation et de la capacité à récupérer les terres illégalement exploitées. Des zones encore biologiquement riches doivent d'urgence y être placées sous statut de réserve intégrale afin de préserver des plantes rares et en danger qui font de ces deux forêts des sites importants pour la conservation de la diversité biologique en Afrique de l'Ouest.

INTRODUCTION

La flore ivoirienne (plantes vasculaires) telle qu'inventoriée dans la récente *Flore de la Côte d'Ivoire* (Aké Assi 2001-2002), comprend 3 853 espèces, réparties en 1 270 genres et 197 familles. Les Angiospermes représentent 96,3 % de cette flore avec 3 709 espèces, 1 210 genres et 170 familles. Les Ptéridophytes ne comptent que 25 familles, 60 genres et 144 espèces.

L'originalité de la flore ivoirienne, dans son contexte de flore afro-tropicale, est liée à l'existence d'un endémisme relativement important au niveau des familles, genres et espèces (Aubréville 1959, Hutchinson et Dalziel 1954-1972, Aké Assi 1984). On sait, depuis longtemps, que le corridor entre les fleuves Sassandra et Cavally (à la frontière avec le Liberia) est beaucoup plus riche en espèces que les régions forestières centrale ou orientale du pays. Guillaumet (1967) a longuement étudié, parmi les espèces dites «sassandriennes», celles n'existant qu'entre ces deux fleuves. Créé par Mangenot, le terme «sassandriens» désigne les taxons végétaux qui donnent un faciès particulier aux forêts hygrophiles du Sud-ouest ivoirien. Certaines de ces espèces sont endémiques à l'interfluve Cavally-Sassandra, parfois même à l'arrière-pays de Tabou; d'autres ont une aire de répartition discontinue et peuvent se rencontrer, soit à l'est de la Côte d'Ivoire et à l'ouest du Ghana, soit dans le massif forestier du Cameroun et du Congo ou encore dans ces deux autres régions à la fois.

Mangenot admet, après Aubréville (1962), que cette région a été le refuge («bastion-refuge du cap des Palmes») de la forêt dense lors de la dernière glaciation ressentie, dans les régions tropicales, par un épisode aride ayant conduit à une vaste régression de la flore ; à partir de ce refuge, la flore a, peu à peu, reconquis le territoire perdu, sans que toutes les espèces participent à la reconquête (Aké Assi 2001-2002). L'important taux d'endémisme qui caractérise ainsi la région justifie pleinement la décision d'évaluer la valeur biologique des deux Forêts Classées de la Haute Dodo et du Cavally.

Sur chacun des deux sites retenus pour réaliser le RAP, l'équipe de botanistes s'est efforcée de dresser une liste aussi complète que possible des espèces de plantes présentes et d'identifier les principales formations végétales. Cette mission avait également pour objectif, d'une part, d'évaluer la diversité de ces plantes et l'abondance relative d'espèces particulières, dans le but de fournir des informations pouvant faciliter un suivi écologique et, d'autre part, d'émettre des recommandations pour la protection et la gestion de ces forêts.

MATÉRIEL ET MÉTHODES

Située entre 4°41' et 5°26' de latitude nord et entre 7°06' et 7°25' de longitude ouest, la Forêt Classée de la Haute Dodo s'étend au sud-ouest du Parc National de Taï. D'une superficie de 196 733 hectares, elle dépend des préfectures de Tabou et de San Pedro. Les moyennes annuelles de pluviométrie et de température y sont, respectivement, de 1600 mm et de 27 °C (SODEFOR 1996).

Située entre 5°50' et 6°10' de latitude nord et entre 7°30' et 7°55' de longitude ouest, la Forêt Classée du Cavally s'étend, quant à elle, au nord-est du Parc National de Taï où elle occupe 64 200 hectares dans la préfecture de Guiglo. Les précipitations y varient de 1700 à 1 900 mm et les températures de 24 à 26 °C (SODEFOR 1997).

Ces deux forêts appartiennent au secteur végétal ombrophile, de type dense et sempervirent.

Sur le terrain, le matériel est simplement constitué d'un sécateur pour la récolte des échantillons d'herbier, d'un GPS pour relever les positions géographiques des zones visitées et d'un sac plastique pour transporter les échantillons récoltés. De retour au camp, les échantillons sont mis en herbier, marqués d'une étiquette et conservés dans de l'alcool à 70°. Le séchage des échantillons se fait ultérieurement au laboratoire.

Compte tenu du temps relativement bref imparti pour ces recensements (du 13 au 31 mars 2002), la méthode des inventaires itinérants guidés a été retenue. Les déplacements se sont faits selon les quatre points cardinaux et sur les layons ouverts par la SODEFOR. Toutes les espèces végétales ont été recensées de part et d'autre de ces layons, seules les espèces présentant un intérêt particulier étant prélevées.

RÉSULTATS

La flore des Forêts Classées de la Haute Dodo et du Cavally comprend un nombre élevé de plantes particulières, notamment des espèces endémiques (Mangenot 1954, Guillaumet 1967, Aké Assi 2001-2002). La diversité d'habitats dans ces forêts offre un refuge à des plantes rares qui, du fait de la destruction intempestive actuelle du couvert végétal, sont en danger (Aké Assi 1998, Arnaud et Sournia 1980, Aubréville 1957-1958). Pour cette raison, mais aussi du fait de leurs superficies conséquentes, ces deux forêts classées ont un rôle important à jouer dans la conservation de la diversité biologique en Afrique de l'Ouest (SODEFOR 1995, Tropenbos 1992). Deux grands types de végétation ont pu être observés : d'une part, la formation à *Diospyros* spp. et *Mapania* spp. et, d'autre part, celle à *Eremospatha* sp. et *Diospyros* sp. (Mangenot 1954, Guillaumet 1967). D'autres formations ont cependant pu être notées : forêt marécageuse, forêt ripicole et forêt périodiquement inondée (Tropenbos 1992). Pour ces deux derniers types de forêts, le total des espèces végétales identifiées s'élève à 979.

La Forêt Classée de la Haute Dodo est une formation à *Diospyros* spp. et *Mapania* spp., forêt hyper humide qui constitue l'essentiel de la végétation du Sud-ouest de la Côte d'Ivoire (Guillaumet 1967, Kouadio Kouassi 2000, Kouassi Konan 2000). Le développement de cette formation est déterminé par des précipitations de plus de 1 900 mm par an et des conditions édaphiques liées à la présence de roches plutoniques riches en feldspath. La diversité floristique de ce type de formation, très riche en espèces endémiques, est la plus élevée de toutes les forêts ivoiriennes (Mangenot 1954, Guillaumet 1967, Jongkind 2002).

Les espèces caractéristiques sont, pour les strates supérieures, *Caloncoba brevipes, Gymnostemon zaizou, Triphyophyllum peltatum, Heckeldora mangenotiana, Ouratea amplectens, Polystemonanthus dinklagei, Diospyros liberiensis, Gilbertiodendron robynsianum, Cola buntingii* (Aké Assi et Guédé Lorougnon 1989). Le sous-bois et les strates moyennes de cette formation sont marqués par des espèces comme *Coffea humilis, Hutchinsonia barbata, Deinbollia cuneifolia, Guarea leonensis, Guaduella oblonga, Hypolytrum schnellianum, Piptostigma fugax* ou *Maschalocephalus dinklagei* et *Mapania* spp.

La flore de la Haute Dodo est riche de 716 espèces (voir liste en Annexe 1). Elle comprend trois groupes d'espèces d'intérêt particulier: les espèces endémiques à l'Afrique de l'Ouest, les espèces endémiques ivoiriennes et les espèces «sassandriennes» (Aké Assi 1984, Aké Assi 2001-2002). La Forêt Classée de la Haute Dodo compte 165 espèces endémiques ouest-africaines (ne se rencontrant que dans le bloc forestier à l'ouest du Togo), soit 23,04% de sa flore. Les endémiques ivoiriens, au nombre de 17, représentent 2,37% de l'ensemble des espèces de cette forêt tandis que le nombre d'espèces «sassandriennes» s'élève à 60, soit 8,38% des espèces identifiées à ce jour dans la Haute Dodo.

La Forêt Classée du Cavally, au nord-ouest de Taï, appartient au groupement des forêts sempervirentes à *Eremospatha macrocarpa* et *Diospyros mannii*. Ce type de forêt est établi sur des sols issus de granites ou de migmatites, avec des précipitations comprises entre 1 800 et 1 900 mm par an. La formation tire son nom du palmier-liane épineux et grimpant, *Eremospatha macrocarpa* et d'un arbuste de la famille des Ebenaceae, *Diospyros mannii*

(Mangenot 1954).

Les espèces ligneuses caractéristiques sont *Diospyros mannii, Chrysophyllum pruniforme, Diospyros kamerunensis, Ixora hiernii, Ouratea schoenleiniana, Warneckea guineensis, Pachypodanthium staudtii, Scytopetalum tieghemii*, ainsi que des lianes telles que *Eremospatha macrocarpa* et *Dichapetalum toxicarium*.

La liste établie pour cette forêt compte 639 espèces (voir liste en Annexe 1). Les endémiques ouest-africains, au nombre de 84, représentent 13,14% de ce total. Les 7 espèces endémiques à la Côte d'Ivoire et les 23 espèces «sassandriennes» forment respectivement 1,09% et 3,6% de l'ensemble des espèces de la Forêt Classée du Cavally.

D'autres formations floristiques, liées aux propriétés des sols, se rencontrent au sein de ces deux types principaux de forêts. C'est le cas de la forêt marécageuse à *Mitragyna ledermannii* et *Symphonia globulifera, Raphia palma-pinus* et *Gilbertiodendron splendidum,* et des forêts ripicoles qui comprennent, entre autres, *Uapaca heudelotii, Ostryocarpus riparius* et *Xylopia parviflora.* Dans les formations périodiquement inondées se développent *Hymenostegia afzelii* et *Plagiosiphon emarginatus,* avec une relative abondance de *Sacoglottis gabonensis, Parkia bicolor, Pentaclethra macrophylla* et *Cola lateritia var. maclaudi.*

DISCUSSION

Les deux forêts sont marquées par l'abondance des espèces endémiques et un nombre important (une soixantaine) d'espèces dites «sassandriennes» qui caractérisent la végétation comprise entre les fleuves Sassandra et Cavally. Dans la liste des espèces recensées (voir Annexe 1), les noms des espèces endémiques ouest-africaines non «sassandriennes» sont suivis d'un astérisque (*) et ceux des espèces endémiques ouest-africaines «sassandriennes» de deux astérisques (**) tandis que les taxons endémiques à la Côte d'Ivoire sont signalés par la mention GCi. L'expression «ouest-africaines» s'applique aux espèces du bloc forestier s'étendant de la Sierra Leone à l'ouest du Togo. Les espèces «sassandriennes» confèrent à ces deux forêts classées, au sein du massif forestier ouest-africain, une originalité certaine. Ces trois semaines d'étude ont permis de recenser un total de 979 espèces dans les deux forêts (voir la liste comparative en Annexe 1). Celle de la Haute Dodo totalise 716 espèces, alors que son homologue du Cavally en compte 639. Pour des durées d'inventaires identiques, les résultats obtenus laissent penser que la Forêt Classée de la Haute Dodo possède une flore plus riche que celle du Cavally, d'environ 80 espèces à ce jour. Il en est de même pour le nombre d'espèces endémiques, notamment pour les «sassandriennes». En terme de richesse botanique, ces résultats sont acceptables, au vu du temps effectif de récolte (une semaine pour chaque forêt).

CONCLUSION ET RECOMMANDATIONS

Les sites initialement retenus pour ce RAP n'ont pu être tous étudiés pour des questions d'accessibilité en un temps aussi limité. C'est le cas des monts Kopé et Kédjo. *Sciaphila africana* (Triuridaceae), une espèce d'endémisme strict, n'a été signalée que sur le mont Kopé. Le temps imparti n'a malheureusement pas permis d'aller vérifier si elle est toujours présente. Le mont Kédjo se localise au nord de la forêt de la Haute Dodo, sur la même chaîne que le mont Kopé et tout laisse penser qu'il offre, lui aussi, une grande valeur floristique. Il serait souhaitable de réaliser une étude pour évaluer de façon plus précise la richesse de ces deux sites. Les sites visités sont, d'une manière générale, dégradés. Les agressions sont le fait des exploitants forestiers et des paysans clandestins. En effet, les premiers ouvrent les pistes et les seconds les empruntent pour s'installer à l'intérieur des forêts classées. La survie de ces forêts passe nécessairement par la mise en place de mécanismes de contrôle permettant d'empêcher la création de nouvelles plantations tout en engageant un processus de récupération des terres illégalement exploitées dans ces sites appartenant au domaine protégé national.

Obligation devrait être faite aux exploitants forestiers de récupérer toutes les grumes coupées (de nombreux arbres abattus sont laissés, sans raison, sur place ou dans les parcs à bois).

Malgré les agressions susmentionnées, ces deux forêts possèdent encore, tout au moins en ce qui concerne les régions visitées au cours de la mission, des zones bien conservées. Il devient urgent de délimiter, dans ces zones encore biologiquement riches, des portions à placer sous statut de réserve intégrale. Il est important, pour l'avenir des forêts de Côte d'Ivoire, que chaque forêt classée abrite en son sein une réserve botanique dont la superficie serait proportionnelle à celle de la forêt concernée.

BIBLIOGRAPHIE

Aké Assi, L. 1984. Flore de la Côte d'Ivoire : étude descriptive et biogéographique avec quelques notes ethnobotaniques. Thèse de doctorat d'état et sciences naturelles. Abidjan, Côte d'Ivoire : Faculté des Sciences, Université d'Abidjan.

Aké Assi, L. 1998. Impact de l'exploitation forestière et du développement agricole sur la conservation de la diversité biologique en Côte d'Ivoire. Le Flamboyant. 48 : 20-22.

Aké Assi, L. 2001-2002. Flore de la Côte d'Ivoire : catalogue systématique, biogéographie et écologie. Boissiera, Mémoires de Botanique Systématique, vol. 57 et 58. Conservatoire et Jardin botaniques. Genève, Suisse.

Aké Assi, L. et J. Guédé Lorougnon. 1989. Une espèce nouvelle de *Heckeldora* Pierre (Meliaceae) de Côte d'Ivoire. *Bull. Soc. Bot. France.* 136 : 165-167.

Une Évaluation Biologique de Deux Forêts Classées du Sud-ouest de la Côte d'Ivoire
A Rapid Biological Assessment of Two Classified Forests in South-Western Côte d'Ivoire

37

Arnaud, J. C. et G. Sournia. 1980. Les forêts de Côte d'Ivoire. Essai de synthèse géographique. Annales de l'Université d'Abidjan. Série G. 9 : 5-93.

Aubréville, A. 1957-1958. A la recherche de la forêt en Côte d'Ivoire. Bois et Forêts des Tropiques. 56 : 17-32 et 57 : 12-27.

Aubréville, A. 1959. Flore forestière de la Côte d'Ivoire. Centre Technique Forestier Tropical. Nogent-sur-Marne, France.

Aubréville, A. 1962. L'exploration botanique de l'Afrique occidentale française. *In:* Comptes rendus de la 4ème Réunion plénière de l'Association pour l'étude taxonomique de la flore d'Afrique tropicale. Lisbonne. Portugal.

Guillaumet, J.L. 1967. Recherche sur la végétation et la flore de la région du Bas Cavally (Côte d'Ivoire). Mémoire ORSTOM, numéro 20. ORSTOM, Paris, France.

Hutchinson, J. et J. M. Dalziel. 1954-1972. Flora of West Tropical Africa (Second ed. by Keay, R. W. J. et F. N. Hepper). Crown Agents, London, UK.

Jongkind, C.C.H. 2002. A new species of *Clerodendrum* (Lamiaceae) from West Africa. Notes on African plants. Syst. Geogr. Pl. 72 : 239-240.

Kouadio Kouassi. 2000. Approche qualitative de la flore de la Forêt Classée de la Haute Dodo, dans le Sud-ouest de la Côte d'Ivoire. DEA. Abidjan, Côte d'Ivoire : Université de Cocody.

Kouassi Konan, E. 2000. Contribution à l'étude de la flore de la Forêt Classée de la Haute Dodo, dans le Sud-ouest de la Côte d'Ivoire, par une approche de relevés de surface. DEA. Abidjan, Côte d'Ivoire : Université de Cocody.

Mangenot, G. 1954. Etude sur les forêts des plaines et plateaux de la Côte d'Ivoire. Société d'Edition d'Enseignement Supérieur. Paris, France.

SODEFOR. 1995. Les partenariats pour une gestion forestière durable. Actes du premier forum international d'Abidjan sur la forêt, 24-27 mai 1994. Abidjan, Côte d'Ivoire.

SODEFOR. 1996. Plan d'aménagement de la Forêt Classée du Cavally 1995-2019. Centre SODEFOR de gestion, Daloa. Côte d'Ivoire.

SODEFOR. 1997. Plan d'aménagement de la Forêt Classée de la Haute Dodo 1997-2006. Centre SODEFOR de gestion, Gagnoa. Côte d'Ivoire.

Tropenbos. 1992. Compte rendu du Séminaire sur l'aménagement intégré des forêts denses humides et des zones agricoles périphériques, 25-28 février 1991. Tropenbos Série 1. Tropenbos. Abidjan, Côte d'Ivoire.

Chapitre 3

Evaluation rapide de la diversité des insectes des Forêts Classées de la Haute Dodo et du Cavally, Côte d'Ivoire

Souleymane Konaté, Kolo Yeo, Lucie Yoboué, Leeanne E. Alonso et Kouassi Kouassi

RÉSUMÉ

L'inventaire des insectes dans les Forêts Classées de la Haute Dodo et du Cavally a été réalisé sur la base de protocoles standardisés pour les fourmis et les termites et de méthodes de collecte générales pour les autres insectes. Cette évaluation RAP a montré l'importante diversité en insectes des deux sites sur lesquels un total de 200 espèces ou espèces morphologiques ont été identifiées (115 espèces à la Haute Dodo et 132 au Cavally), représentant 10 ordres et 45 familles. Les inventaires se sont focalisés sur les fourmis et les termites, qui constituent un ensemble dominant et important de la macrofaune terrestre et arborée. Nos listes préliminaires contiennent 71 espèces ou espèces morphologiques de fourmis (47 à la Haute Dodo et 45 au Cavally) et 27 espèces morphologiques de termites (21 à la Haute Dodo et 24 au Cavally). Malgré notre échantillonnage limité, nos résultats montrent que l'exploitation forestière a un impact sur la richesse spécifique des termites et des fourmis sur les deux sites.

INTRODUCTION

La forêt tropicale qui renferme plus de la moitié de la diversité spécifique globale, fait l'objet de pressions anthropiques croissantes conduisant à sa fragmentation et à sa destruction progressive (plus de 10% de perte par an) (Puig 2001). Cette dégradation des habitats a pour conséquence l'extinction de certaines espèces d'une importance écologique et économique inestimable (Wilson 1989). Face à cette menace ainsi qu'aux conséquences sur la qualité de la vie sur terre, il est urgent d'effectuer un état des lieux ainsi qu'un suivi rapide de la biodiversité, afin d'orienter les activités de gestion et de déterminer les modes de conservation appropriés.

Ce sont ces objectifs que vise le programme d'évaluation rapide de la biodiversité (RAP), initié par l'ONG Conservation International (CI), et son *Center for Applied Biodiversity Science* (CABS). La présente étude concerne l'évaluation rapide de la diversité biologique des massifs forestiers tropicaux de la Haute Dodo et du Cavally en Côte d'Ivoire. Notre contribution à cette étude est relative au groupe des insectes.

Avec plus de 950 000 espèces décrites, les insectes représentent actuellement le groupe taxinomique le plus prolifique du règne vivant. Ce groupe taxinomique, qui atteint sa plus forte diversité spécifique dans les forêts tropicales (Lévêque et Mououlou 2001), renferme des espèces qui se caractérisent par leur plasticité écologique, leur rôle fondamental dans les écosystèmes tropicaux et leur grande sensibilité aux perturbations environnementales.

Un programme d'évaluation rapide de la diversité biologique des Forêts Classées de la Haute Dodo et du Cavally prend donc nécessairement en compte cette composante essentielle de la biodiversité et du fonctionnement des écosystèmes que constitue l'entomofaune. Cependant, vu l'immensité et la très grande diversité du groupe des insectes, une évaluation exhaustive de toutes les espèces de cette classe apparaît impossible en deux semaines de présence effective sur le terrain. Du fait de cette contrainte, l'équipe en charge de l'évaluation de l'entomofaune a décidé de focaliser ses observations sur les termites et les fourmis, deux groupes clés d'insectes qui se singularisent par leur importance écologique dans les écosystèmes tropicaux et particulièrement en milieu forestier.

En effet, les termites et les fourmis constituent des composantes biotiques majeures des écosystèmes tropicaux où ils représentent, avec les vers de terre, de véritables ingénieurs de l'écosystème (Jones et al. 1994, Lavelle et al. 1997, Dangerfield et al. 1998, Konaté 1998). D'une manière générale, par leur abondance et par leur biomasse, les termites représentent les invertébrés dominants de la plupart des sols tropicaux (Wood et Sands 1978). L'importance écologique des termites s'observe notamment à travers leur rôle (1) dans les réseaux trophiques où ils interviennent comme principaux décomposeurs et constituent la proie de nombreux autres organismes, (2) dans la structure des sols ainsi que le stockage et la décomposition de la matière organique d'origine végétale (Bignell et al. 1983 ; Matsumoto et Abe 1979 ; Konaté et al. 1999, 2003) et, enfin, (3) comme principal organisme bioturbateur dans certains sols. Les termites représentent également un groupe idéal pour l'étude et le suivi de la diversité biologique du fait de leur abondance, de leur diversité taxinomique et fonctionnelle ainsi que de la structure de leurs nids, éléments qui permettent un échantillonnage et une classification relativement aisés. Leur importance dans la conservation de la diversité biologique tient également, comme précédemment évoqué, à leur grande sensibilité aux perturbations des écosystèmes forestiers (Eggleton et al. 2002).

Les fourmis apparaissent également comme un groupe parfaitement adapté à l'étude de la diversité biologique. En effet, elles présentent une diversité relativement élevée (plus de 15 000 espèces décrites) et exercent, par leur abondance et leur biomasse, une dominance écologique dans presque tous les habitats à travers le monde (Fittkau et Klinge 1973, Agosti et al. 1994). L'état, relativement bon, de la connaissance de leur taxinomie ainsi que leur comportement de nidification stationnaire permet leur échantillonnage au cours du temps. L'importance des fourmis s'observe particulièrement dans le domaine de la conservation, du fait de leur grande sensibilité aux changements de l'environnement et des importantes fonctions qu'elles exercent au niveau de l'écosystème, dont l'aération des sols, la prédation exercée sur une grande variété d'organismes et la dispersion de graines (Agosti et al. 2000).

Ainsi, la collecte d'informations sur les espèces rares, menacées ou écologiquement importantes, de fourmis et de termites, telles que les espèces introduites ou les espèces inféodées à des habitats spécifiques, peut être particulièrement utile pour les programmes de conservation. De plus, le nombre et la composition en espèces de fourmis d'un milieu peuvent donner une indication sur l'état de santé de l'écosystème (Kaspari et Majer 2000) et fournir des informations sur la présence d'autres organismes, dans la mesure où beaucoup de fourmis présentent des interactions obligatoires avec des plantes et d'autres animaux (Schultz et McGlynn 2000).

L'objectif principal de cette étude consiste donc à fournir une image rapide de la diversité entomologique des milieux étudiés, en vue d'évaluer leur état de conservation.

Pour ce faire, notre étude comprend deux grandes parties:

1. une estimation de l'état de la diversité spécifique des insectes dans les deux forêts étudiées, en se focalisant sur les termites et fourmis.
2. l'étude de la diversité spécifique de ces deux groupes cibles, par rapport à l'exploitation forestière, en vue d'identifier des indicateurs de l'état de la diversité biologique des milieux étudiés.

MATÉRIEL ET MÉTHODES

Cette étude a été réalisée dans des forêts classées de la SODEFOR (Société de Développement de la Forêt) situées dans le Sud-ouest de la Côte d'Ivoire. Les écosystèmes étudiés sont la forêt de la Haute Dodo localisée dans la région de Tabou et la forêt du Cavally localisée dans le département de Guiglo. Ces deux forêts incluses dans l'important massif forestier ouest-africain font l'objet d'une exploitation de type privé sous la direction de la SODEFOR.

Sites d'étude

La première activité menée par l'équipe en charge des insectes a consisté au choix des sites à échantillonner à l'intérieur de chaque forêt classée. Les sites à étudier ont été choisis à l'issue de l'analyse de cartes topographiques et d'expéditions prospectives afin de mieux appréhender l'hétérogénéité et la diversité des milieux. Cette première phase d'étude a permis de retenir la toposéquence et l'état d'exploitation de la forêt comme critères de choix des sites d'échantillonnage.

Les limites entre les parties de forêts exploitées et les zones non encore exploitées ont été indiquées par des agents de la SODEFOR et matérialisées par des marques de peinture bleue. Sur la base de ces deux critères de choix, les sites d'échantillonnages les plus représentatifs des forêts étudiées ont été localisés suivant les coordonnées GPS suivantes:

(1) forêt de la Haute Dodo: 04°/53'/24,3 de latitude Nord et 07°/20'/07,8 de longitude Ouest.
(2) forêt du Cavally: 06°/07'/14,2 de latitude Nord et 07°/47'/14,4 de longitude Ouest.

Méthodes d'échantillonnage

A l'intérieur de chaque site d'étude, les échantillons ont été collectés selon différentes méthodes complémentaires, en fonction des groupes taxinomiques (Tableau 3.1).

Méthodes d'échantillonnage des termites et des fourmis
L'essentiel de l'échantillonnage de notre étude a concerné les fourmis et les termites (les groupes cibles), selon deux protocoles standards adaptés à l'évaluation rapide de leur diversité.

Tableau 3.1. Méthodes d'échantillonnage utilisées pour la récolte des différents groupes taxinomiques d'insectes.

Méthodes d'échantillonnage		Groupes taxinomiques récoltés
Standardisée	transect ALL	Dermaptères (forficules)
		Isoptères (termites)
		Orthoptères (criquets…)
		Coléoptères
		Hyménoptères (fourmis)
		Diptères (mouches)
	transect termite	Dermaptères (forficules)
		Isoptères (termites)
		Dictyoptères (blattes)
		Coléoptères
		Hyménoptères (fourmis)
Non standardisée	piège de Malaise	Homoptères
		Hétéroptères
		Lépidoptères
		Hyménoptères
		Diptères (mouches)
	collecte générale	Phasmoptères
		Odonates
		Isoptères (termites)
		Orthoptères (criquets…)
		Hétéroptères
		Coléoptères
		Lépidoptères
		Hyménoptères
		Diptères (mouches)

et ainsi recueillir la faune contenue dans la partie fine de cette litière (Martin 1983). Le tamisat est ensuite emmené au laboratoire pour être placé dans des mini sacs Winkler pendant 48 heures afin d'en extraire la faune qui, par migration vers le bas, tombe dans un réceptacle contenant de l'alcool. Sur le terrain, à la suite du tamisage, la fraction grossière de la litière est replacée dans le quadra afin de réduire la perturbation du milieu, puis un piège-fosse (verre à boire en matière plastique de 300 ml) est placé dans le sol à proximité de chaque quadra pour la capture des fourmis fourrageuses et d'autres insectes (Bestelmeyer et al. 2000). Les pièges-fosses sont remplis au quart de leur volume avec de l'eau savonneuse pour empêcher la fuite des insectes et sont maintenus en activité pendant 48 heures.

Ce protocole permet d'échantillonner au moins 70% de faune myrmécologique de la litière (Agosti et al. 2000). Il est complété par une fouille générale le long du transect, pour la collecte des fourmis dans des microhabitats particuliers. Les températures de l'air et du sol sont également prélevées le long du transect.

Echantillonnage des termites
L'échantillonnage des termites est réalisé selon une méthode utilisée par divers auteurs (Davies 1997, Eggleton et al. 1997) et adaptée à l'évaluation rapide de la diversité des termites en forêt (Jones et Eggleton 2000). La méthode consiste à délimiter 20 sections de 10m² de surface, le long d'un transect de 100m de longueur et de 2m de largeur (20 sections de 5x2m).
Chaque section est séquentiellement échantillonnée selon le protocole suivant:

(1) 15 monolithes de sol de 12cm de côté et de 10cm de profondeur sont prélevés, les termites de la litière et du sol sont alors triés à la main puis conservés dans de l'alcool à 70%;

(2) une fouille générale de la surface du sol et de l'espace au dessus du sol jusqu'à deux mètres de hauteur dans les arbres est effectuée, pour la recherche de traces d'activités de termites et de microhabitats (nids, zones de fourrage, bois morts, taches argileuses);

(3) les températures de l'air et du sol ainsi que des échantillons de sol sont prélevés;

(4) chaque section est échantillonnée par cinq personnes et le temps d'échantillonnage par section est de quarante minutes en moyenne.

Méthodes d'échantillonnage des autres groupes d'insectes
En dehors des échantillonnages standardisés et exhaustifs des deux groupes cibles, des collectes générales de type opportuniste ont été effectuées de façon aléatoire, sur des surfaces plus importantes, pour l'estimation de la diversité des autres groupes d'insectes des forêts étudiés. De manière

Echantillonnage des fourmis
La méthode utilisée pour la collecte des fourmis correspond au protocole «ALL» (Ants of the Leaf Litter), qui signifie «fourmis de la litière», adapté à l'échantillonnage des fourmis de la litière en forêt (Agosti et al. 2000). Le protocole ALL combine deux des nombreuses méthodes de collecte des fourmis; à savoir la méthode des sacs Winkler (1974) et la technique des pièges-fosses (*pitfall traps*).

Ce protocole consiste dans un premier temps à collecter 20 échantillons de litière à l'intérieur de quadras de 1m² de surface, distants de dix mètres les uns des autres, le long d'un transect de 200 m. Pour chaque quadra, la litière collectée est tamisée sur place à l'aide d'un tamis à Winkler pour en extraire les grandes feuilles et les gros morceaux de bois

Une Évaluation Biologique de Deux Forêts Classées du Sud-ouest de la Côte d'Ivoire
A Rapid Biological Assessment of Two Classified Forests in South-Western Côte d'Ivoire

41

générale, les deux différentes méthodes de collectes suivantes ont été utilisées.

Utilisation des pièges à insectes

Un piège de Malaise a été utilisé en forêt, à proximité des transects, pour la récolte non sélective des insectes volants. Des appâts constitués de fruits en décomposition placés à l'intérieur de bouteilles plastiques d'un litre, munies d'une fenêtre de 5cm de côté, sont utilisés pour la capture des insectes volants frugivores.

Récoltes aléatoires de type opportuniste

Dans chaque type de forêt, des fouilles aléatoires ont été effectuées pendant trois heures de temps sur une distance de 1 km environ. Ces échantillonnages ont eu pour but de capturer des insectes volants dans les sous-bois et les clairières à l'aide de deux filets fauchoires. Ils ont également consisté en la recherche de fourmis et de termites dans des microhabitats particuliers en dehors des transects d'étude. Tous les échantillons récoltés sont placés dans des conservateurs puis ramenés au laboratoire pour identification.

Identification des spécimens

Les spécimens récoltés ont été, autant que possible, identifiés et classés selon leur appartenance taxinomique à l'aide de clés d'identification et d'autres publications scientifiques relatives à la systématique des insectes. Ainsi la clés de Bouillon et Mathot (1971) sur les termites africains et celle de Sands (1972) sur les termites sans soldats, complétées par les descriptions de Grassé (1984, 1986), ont permis d'identifier la plupart des spécimens de termites, au moins jusqu'au niveau du genre.

En ce qui concerne les fourmis, l'identification des spécimens a été réalisée à l'aide des clés de Bolton sur les genres (1994). Tous les spécimens de fourmis collectés ont été identifiés au niveau de l'espèce ou de l'espèce morphologique, mais seuls les spécimens de la tribu des Dacetini (Myrmicinae) ont été pris en compte dans les analyses générales et comparatives. En effet, face à la complexité de la systématique des fourmis et à la limitation de temps, les membres de l'équipe insectes ont préféré focaliser leur attention sur ce groupe de fourmis, du fait de ses caractéristiques écologiques particulières.

L'identification des autres groupes d'insectes s'est limitée le plus souvent au niveau de la famille ou parfois du genre, avec l'aide des documents de systématique sur les insectes africains dont nous disposons (Villier 1952, John 1969, Roth 1980, Delvare et Aberlenc 1989).
Tous les échantillons d'insectes collectés lors de ce travail sont conservés à la Station d'Ecologie de la Réserve de Lamto en Côte d'Ivoire. Certain spécimens n'ayant pu être identifiés seront expédiés dans des muséums pour être examinés par les experts des groupes concernés.

Méthodes d'analyse des données

L'analyse des données a été effectuée à l'aide des logiciels EstimateS-version 6.0b1 (Colwell 2001) et Ecological Methodology 2nded. (Krebs 2002). Le logiciel EstimateS a permis d'établir des courbes d'accumulation des espèces randomisées, issues de 500 simulations. Il a également permis de calculer les estimateurs de la richesse spécifique que sont l'ICE (Indice-base Coverage Estimator) et l'ACE (Abondance-base Coverage Estimator) permettant d'estimer les diversités spécifiques totales attendues dans les milieux étudiés.

Le programme Ecological Methodology a permis de calculer l'estimateur de la richesse spécifique de Jackknife (first-order Jackknife), l'indice de diversité de Shannon ainsi que les indices de similarité de Jacquard et de Sorensen. Les comparaisons entre les estimateurs et les indices des différents milieux ont été réalisées à l'aide du test non paramétrique de Kruskal-Wallis, complété par le test de Tukey (logiciel Statistica).

RÉSULTATS

Diversité des insectes dans les forêts de la Haute Dodo et du Cavally

D'une manière générale, l'ensemble des sites échantillonnés dans cette étude, toutes méthodes confondues (pour les termites et fourmis), a permis de répertorier environ 200 espèces et espèces morphologiques d'insectes repartis entre 10 ordres et 45 familles. Les résultats obtenus sont présentés en trois étapes, selon la méthode d'échantillonnage utilisée et l'importance de nos investigations.

Diversité general des insectes

L'Annexe 2 présente la liste des insectes qui ne sont ni termites ni fourmis et qui ont été récoltés selon les différentes méthodes non standardisées d'échantillonnage. Ces méthodes ont permis d'identifier 102 espèces et espèces morphologiques, classées dans 41 familles et 9 ordres. On note trois ordres dominants que sont les Lépidoptères avec 42 espèces dont 9 Lycenidae, les Coléoptères avec 22 espèces équitablement représentées et les Orthoptères avec 20 espèces dont 12 de la famille des Acrididae.

Avec 63 espèces répertoriées, la Forêt Classée du Cavally apparaît plus riche que celle de la Haute Dodo qui ne compte que 47 espèces. Des 22 espèces de Coléoptères récoltés, seulement trois sont issues de la Haute Dodo.

Diversité des termites

Dans cette étude, les termites (ordre des Isoptères) ont été récoltés de la manière la plus exhaustive possible (transect et fouille aléatoire) dans les limites du temps disponible. La liste des termites identifiés est présentée en Tableau 3.2. Dans l'ensemble des sites on obtient 27 espèces et espèces morphologiques de termites reparties entre 24 genres, 7 sous-familles et 3 familles. La famille dominante est celle des Termitidae avec 13 espèces dans la seule sous-famille des Termitinae. On obtient légèrement plus d'espèces au Cavally (24 espèces) qu'à la Haute Dodo (21 espèces). La plupart des espèces récoltées sont présentes dans les deux forêts; cependant il est à noter que le seul représentant des Kalotermitidae n'a été observé qu'au Cavally (Tableau 3.2).

Les courbes d'accumulation des espèces, obtenues à partir de l'abondance des espèces récoltées dans les transects, sont représentées par la Figure 3.1 pour la Haute Dodo et Figure 3.2 pour le Cavally. Les courbes des nombres d'espèces (Sobs) confirment que les richesses spécifiques observées sont de 21 pour la Haute Dodo et de 24 pour le Cavally. Les courbes obtenues à partir des estimateurs ACE et ICE indiquent que les nombres totaux d'espèces de ces forêts pourraient atteindre 33 pour la Haute Dodo et 34 pour le Cavally. Ces résultats montrent donc que les richesses observées représentent entre 65 à 70% des richesses attendues.

Diversité des fourmis

Un total de 70 espèces et espèces morphologiques de fourmis a été collecté sur les deux sites (Annexe 3). Du fait de la complexité de leur systématique, la totalité des spécimens de fourmis récoltés dans cette étude n'a pas pu être identifiée au niveau de l'espèce à ce jour. De manière plus précise, nos investigations ont porté sur les spécimens de la tribu des Dacetini, dont on a pu dénombrer au total 9 espèces et espèces morphologiques reparties entre 6 genres (Tableau 3.3). De ces 9 espèces, 6 ont été observées au Cavally et seulement 4 à la Haute Dodo.

Les courbes d'accumulation des espèces de fourmis dacétonines confirment que la richesse spécifique observée est plus importante à la Cavally qu'à la Haute Dodo (Figures 3.3 et 3.4). Sur la base des estimateurs ACE et ICE, on note également que le nombre d'espèces de ces fourmis pourrait

Tableau 3.2. Liste des termites récoltées dans les forêts de la Haute Dodo et du Cavally, le long d'un transect (échantillonnage standardisé) complété par des fouilles aléatoires.

FAMILLES	SOUS-FAMILLES	ESPECES	Haute Dodo	Cavally
Kalotermitidae	Kalotermitinae	*Neotermes* sp.	0	1
Rhinotermitidae	Coptotermitinae	*Coptotermes* sp.	1	1
Rhinotermitidae	Serritermitinae	*Serritermes* sp.	1	1
Termitidae	Apicotermitinae	*Apicotermes* sp.	1	1
Termitidae	Macrotermitinae	*Acanthotermes ancanthothorax*	1	1
Termitidae	Macrotermitinae	*Ancistrotermes guineensis*	0	1
Termitidae	Macrotermitinae	*Macrotermes* sp.	0	1
Termitidae	Macrotermitinae	*Megaprotermes* sp.	0	1
Termitidae	Macrotermitinae	*Microtermes* sp.	1	1
Termitidae	Macrotermitinae	*Odontotermes* sp.	1	1
Termitidae	Macrotermitinae	*Protermes* sp.	1	1
Termitidae	Nasutitermitinae	*Fulleritermes* sp.	1	1
Termitidae	Nasutitermitinae	*Nasutitermes arborum*	1	1
Termitidae	Nasutitermitinae	*Nasutitermes* sp.	1	1
Termitidae	Termitinae	*Amitermes evuncifer*	1	1
Termitidae	Termitinae	*Anoplotermes* sp.	1	0
Termitidae	Termitinae	*Basidentitermes* sp.	1	1
Termitidae	Termitinae	*Cubitermes fungifaber*	1	1
Termitidae	Termitinae	*Cubitermes* sp.	0	1
Termitidae	Termitinae	*Dicuspiditermes* sp.	1	0
Termitidae	Termitinae	*Lepidotermes* sp.	1	1
Termitidae	Termitinae	*Microcerotermes edentatus*	1	1
Termitidae	Termitinae	*Ophiotermes* sp.	1	0
Termitidae	Termitinae	*Pericapritermes sp1.*	1	1
Termitidae	Termitinae	*Pericapritermes sp2.*	1	1
Termitidae	Termitinae	*Procubitermes* sp.	1	1
Termitidae	Termitinae	*Thoracotermes macrothorax*	0	1
TOTAL			**21**	**24**

Une Évaluation Biologique de Deux Forêts Classées du Sud-ouest de la Côte d'Ivoire
A Rapid Biological Assessment of Two Classified Forests in South-Western Côte d'Ivoire

43

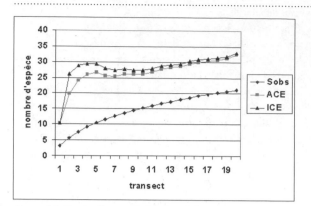

Figure 3.1. Courbe d'accumulation des espèces et estimateurs de richesse spécifique des termites de la forêt de la Haute Dodo.

Sobs : richesse spécifique observée
ACE : estimateur de richesse spécifique basé sur l'abondance
ICE : estimateur de richesse spécifique basé sur l'incidence

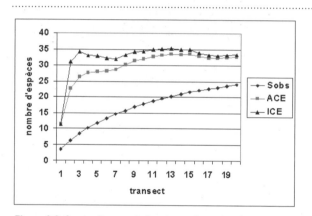

Figure 3.2. Courbe d'accumulation des espèces et estimateurs de richesse spécifique des termites de la forêt du Cavally.

Sobs : nombre d'espèces observées
ACE : estimateur de richesse spécifique basé sur l'abondance
ICE : estimateur de richesse spécifique basé sur l'incidence

être situé entre 11 et 16 pour la forêt du Cavally. On remarque donc que la richesse observée représente environ 60% de la richesse attendue.

Influence de l'exploitation forestière sur la diversité des insectes dans les forêts de la Haute Dodo et du Cavally

Pour étudier l'influence de l'exploitation forestière sur la diversité des insectes, nous avons comparé, pour chaque forêt, les richesses spécifiques obtenues dans les zones exploitées et celles des zones non encore exploitées.

Les Tableaux 3.4 et 3.5 présentent les estimateurs de richesse spécifique de premier ordre de Jackknife ainsi que les indices de diversité de Shannon des milieux étudiés. On note, aussi bien pour les termites que pour les fourmis dacétonines, que les zones non exploitées sont plus riches en espèces que les zones exploitées. Cette différence semble

plus importante pour la forêt du Cavally que pour celle de la Haute Dodo. On remarque également que les valeurs des indices sont dans l'ensemble plus élevées au niveau du Cavally.

La comparaison entre les compositions spécifiques des zones exploitées et non exploitées est présentée dans le Tableau 3.6 à l'aide des indices de similitude de Jacquard (Sj) et de Sorensens. On observe une similitude moyenne (Sj autour de 50%) entre les zones exploitées et non exploitées des deux forêts. La similitude entre les zones non exploitées de la forêt du Cavally et de la forêt de la Haute Dodo est relativement plus élevée (Sj autour de 60%), tandis que celle existant entre les zones exploitées des deux forêts est plus élevée (Sj proche de 70%). Les mêmes tendances sont observées avec l'indice de Sorensen.

Composition fonctionnelle des termites
Pour mieux comprendre l'influence de l'exploitation forestière sur la diversité des insectes, nous avons étudié la composition fonctionnelle des assemblages de termites récoltés dans les différentes zones de forêt. Les groupes fonctionnels utilisés correspondent aux principaux groupes trophiques suivants:

1) Les termites **humivores** se nourrissent de l'humus mêlé souvent au sol et vivent généralement dans des forêts bien conservées.

2) Les termites **xylophages non champignonnistes** se nourrissent du bois le plus souvent mort, vivent souvent dans les arbres et se rencontrent en forêt dans des endroits riches en bois morts.

3) Les termites **champignonnistes** vivent en exosymbiose avec un champignon qui leur permet une dégradation plus efficace de la cellulose. Ce groupe se caractérise par une forte adaptabilité écologique et se retrouve aussi bien en savane qu'en forêt où il peut donc coloniser les zones dégradées.

Les Figures 3.5 et 3.6 présentent les proportions de ces différents groupes fonctionnels en fonction de l'état d'exploitation de la forêt. On observe que les zones de forêts exploitées sont caractérisées par une domination des termites xylophages, tandis que les termites humivores sont plus importants dans les zones non dégradées.

Fourmis
Pour les fourmis, le Tableau 3.3 représente la répartition des espèces de la tribu des Dacetini en fonction de l'exploitation forestière. Cette tribu est reconnue comme étant caractéristique des forêts à canopée relativement bien fermée. La richesse spécifique est la plus élevée dans la forêt du Cavally, avec une plus grande occurrence en zone non exploitée pour le genre *Strumigenys*.

Tableau 3.3. Abondance des fourmis de la tribu des Dacetini dans les forêts de la Haute Dodo et du Cavally, en fonction de l'impact de l'exploitation forestière.

	Haute Dodo		Cavally	
	ZE	ZNE	ZE	ZNE
Glamyromyrmex sp. 1	0	0	0	1
Glamyromyrmex sp. 2	0	0	1	0
Microdaceton sp. 1	19	0	0	0
Microdaceton sp. 2	0	0	1	0
Quadristruma sp.	2	1	0	0
Serrastruma sp. 1	2	23	3	10
Serrastruma sp. 2	0	0	5	0
Smithistruma sp.	0	0	7	0
Strumigenys sp.	12	7	6	39

ZE : zone exploitée
ZNE : zone non exploitée

Tableau 3.4. Comparaison des diversités spécifiques des termites dans les forêts de la Haute Dodo et du Cavally en fonction de l'impact de l'exploitation forestière.

	Jackknife 1		Indice de Shannon	
	Haute Dodo	Cavally	Haute Dodo	Cavally
ZE	21,4(a)	22,3(ab)	2,18(a)	2,23(a)
ZNE	24,9(b)	26,1(c)	2,32(b)	2,5(c)

Jackknife 1 : estimateur de premier ordre de Jackknife
ZE : zone exploitée
ZNE : zone non exploitée
Les lettres entre parenthèses indiquent des différences significatives (p=0,05)

DISCUSSION

Estimation de la diversité des insectes

Les résultats obtenus dans cette étude indiquent une relative importante diversité de l'entomofaune dans les deux forêts étudiées. En effet, on note que cette étude a permis de répertorier, au niveau des principaux ordres d'insectes, 14 familles de Lépidoptères sur 28 décrites pour l'ensemble de la Côte d'Ivoire; 13 familles de Coléoptères sur 42 décrites, 3 familles d'Orthoptères sur 11 décrites et 3 familles d'Isoptères sur trois décrites. Il convient cependant de noter que les échantillonnages effectués dans notre étude étaient très limités (une récolte au piège de Malaise et des échantillonnages opportunistes) alors qu'un échantillonnage plus exhaustif aurait certainement permis de collecter davantage d'espèces.

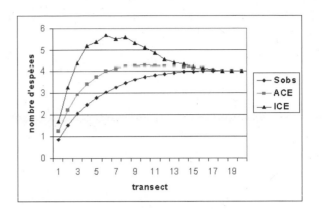

Figure 3.3. Courbe d'accumulation des espèces et estimateurs de richesse spécifique des fourmis Dacetini de la forêt de la Haute Dodo.

Sobs : nombre d'espèces observées
ACE : estimateur de richesse spécifique basé sur l'abondance
ICE : estimateur de richesse spécifique basé sur l'incidence

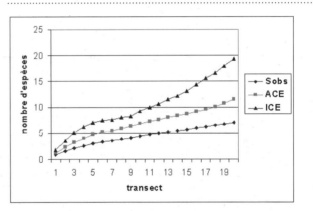

Figure 3.4. Courbe d'accumulation des espèces et estimateurs de richesse spécifique des fourmis Dacetini de la forêt du Cavally.

Sobs : richesse spécifique observée
ACE : estimateur de richesse spécifique basé sur l'abondance
ICE : estimateur de richesse spécifique basé sur l'incidence

En plus de l'importante diversité des insectes, on observe également des espèces particulièrement intéressantes. C'est le cas du termite du genre *Neotermes* de la famille peu commune des Kalotermitidae (fossiles vivants), ainsi que des genres *Serritermes* et *Discupiditermes* généralement répertoriés sur le continent asiatique.

Au niveau de la diversité des termites, nos résultats indiquent une richesse spécifique potentielle de plus de trente espèces. Ces valeurs se rapprochent de celles de Sangaré et Bodo (1980) dans la forêt de Taï (Tableau 3.7). On note également une correspondance parfaite dans la composition taxinomique, entre nos résultats (pour la forêt du Cavally) et ceux de forêt de Taï (Figure 3.7). Ces résultats

Une Évaluation Biologique de Deux Forêts Classées du Sud-ouest de la Côte d'Ivoire
A Rapid Biological Assessment of Two Classified Forests in South-Western Côte d'Ivoire

45

sont également comparables à ceux obtenus au Cameroun par Jones et Eggleton (2000). Ces deux auteurs indiquent également dans leur étude que la méthode d'évaluation des termites permet de retrouver environ 30% de la composition spécifique totale du milieu. Avec une méthode similaire, notre étude nous a permis de répertorier plus de 50% des espèces recensées dans la forêt voisine de Taï. Il faut cependant noter que l'effort de récolte développé pour notre étude (cinq personnes pendant 45 minutes) est plus important que celui engagé par Jones et Eggleton (deux personnes expérimentées pendant 30 minutes).

Au niveau des fourmis, nos résultats encore préliminaires donnent environ 71 espèces (Annexe 3). Diomandé (1983) trouve 120 espèces de fourmis de forêt ombrophile pour toute la Côte d'Ivoire dont 90 espèces pour la forêt de Taï. Nos valeurs représentent donc environ 79% de la richesse spécifique de la forêt de Taï et cela avant même l'application des estimateurs ACE et ICE aux données. On s'attend donc à des valeurs définitives relativement proches de celles de Diomandé.

Nos résultats montrent également une similitude d'environ 50% dans les compositions taxinomiques des Forêts Classées de la Haute Dodo et du Cavally. On note cependant une richesse spécifique légèrement plus importante pour le Cavally, dont les diversités en termites et en fourmis se rapprochent de celles de la forêt primaire de Taï.

Effet de l'exploitation forestière sur la diversité des insectes

Cette étude suggère l'existence d'un impact de l'exploitation forestière sur la diversité spécifique des termites et des fourmis. En effet, l'exploitation du bois semble réduire la richesse spécifique de ces deux groupes d'insectes. Cette réduction de la richesse s'accompagne d'une modification de la composition taxinomique et fonctionnelle au niveau des termites. Cependant, du fait du nombre réduit d'échantillons collectés (seulement un itinéraire échantillon par site), des études ultérieures plus intensives seraient nécessaires pour confirmer les résultats obtenus lors de cette évaluation rapide.

Néanmoins ces résultats sont concordants avec les observations de divers auteurs (Collins 1980, Wood et al. 1982, Eggleton et al. 1995) qui montrent la réduction de la diversité spécifique des termites avec la déforestation, notamment pour le groupe fonctionnel des humivores. Cette étude révèle également une réduction de la diversité des fourmis dacétonines avec l'exploitation forestière. Différentes études ont montré les possibilités d'utilisation des fourmis

Tableau 3.5. Comparaison des diversités spécifiques des fourmis de la tribu des Dacetini dans les forêts de la Haute Dodo et du Cavally, en fonction de l'impact de l'exploitation forestière.

	Jackknife 1		Indice de Shannon	
	Haute Dodo	Cavally	Haute Dodo	Cavally
ZE	3,9(a)	3,9(a)	0,67(a)	0,59(a)
ZNE	4,9(a)	9,6(b)	1,03(b)	1,58(c)

Jackknife 1 : estimateur de premier ordre de Jackknife
ZE : zone exploitée
ZNE : zone non exploitée
Les lettres entre parenthèses indiquent des différences significatives
(p=0,05)

Tableau 3.6. Indices de similarité de Jacquard et de Sorensen pour les communautés de termites des forêts de la Haute Dodo et du Cavally, en fonction de l'exploitation forestière.
La première valeur correspond à l'indice de Jacquard, la seconde valeur, entre parenthèses, à l'indice de Sorensen.

	HDE	HDNE	CAE	CANE
HDE	--			
HDNE	**0,542 (0,703)**	--		
CAE	**0,682 (0,811)**	0,565 (0,722)	--	
CANE	0,591 (0,743)	**0,636 (0,778)**	0,458 (0,629)	--

HDE : Haute Dodo partie exploitée
HDNE : Haute Dodo partie non exploitée
CAE : Cavally partie exploitée
CANE : Cavally partie non exploitée

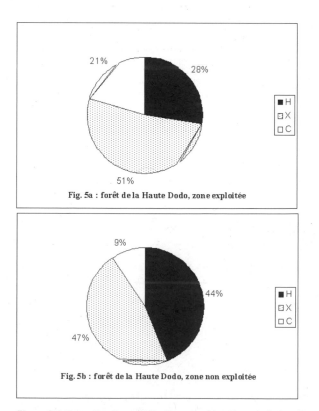

Fig. 5a : forêt de la Haute Dodo, zone exploitée

Fig. 5b : forêt de la Haute Dodo, zone non exploitée

Figure 3.5. Proportion des principaux groupes fonctionnels de termites dans la forêt de la Haute Dodo, en fonction de l'impact de l'exploitation forestière.
H : termites humivores
X : termites xylophages
C : termites champignonnistes

comme indicateur de la dégradation des agroécosystèmes (Peck et al. 1998) et de la variation des paysages (Bestelmeyer et al. 2000). De même, tout comme dans notre étude, Fisher (1999) montre, à Madagascar, que les fourmis dacétonines du genre *Strumigenys*, peuvent être considérées comme indicateurs de la richesse myrmécologique et du degré de perturbation de l'habitat.

Les résultats de notre étude militent donc en faveur d'une utilisation de ces deux groupes cibles d'insectes comme indicateurs de l'impact de l'exploitation forestière sur la diversité des insectes.

CONCLUSION ET RECOMMANDATIONS

Les objectifs de cette étude étaient, d'une part, d'estimer la diversité spécifique des insectes des Forêts Classées de la Haute Dodo et du Cavally et, d'autre part, d'évaluer l'influence de l'exploitation forestière sur ces écosystèmes. Pour atteindre ces objectifs, des méthodes d'évaluation rapide de la diversité des insectes ont été utilisées.

Sur la base de la diversité des termites et des fourmis, utilisés comme groupes cibles, notre étude montre une similitude entre la diversité des insectes des forêts étudiées

et celle de Taï. Elle suggère également une sensibilité de ces groupes cibles à l'exploitation forestière.

D'une manière plus générale, les résultats obtenus suggèrent que si la diversité des insectes est importante dans ces forêts classées, le mode d'exploitation de celles-ci constitue une menace pour la conservation de la diversité biologique.

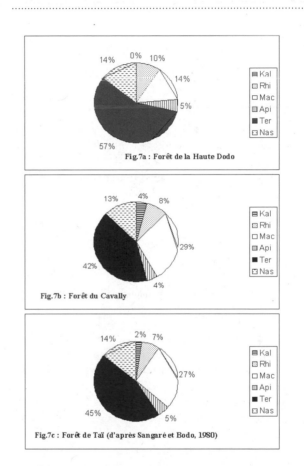

Fig.7a : Forêt de la Haute Dodo

Fig.7b : Forêt du Cavally

Fig.7c : Forêt de Taï (d'après Sangaré et Bodo, 1980)

Figure 3.7. Composition taxinomique des termites récoltées dans cette étude (Fig.5a et b), comparée à celle de la forêt de Taï (Fig.5c). Kal. : Kalitermitiae ; Rhi. : Rhinitermitinae; Mac. Macrotermitinae; Api. : Apicotermitinae ; Ter.:Termitinae; Nas. : Nasutitermitinae

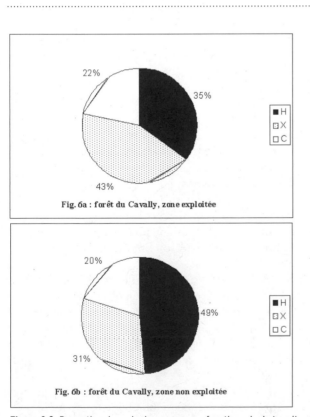

Fig. 6a : forêt du Cavally, zone exploitée

Fig. 6b : forêt du Cavally, zone non exploitée

Figure 3.6. Proportion des principaux groupes fonctionnels de termites dans la forêt du Cavally, en fonction de l'impact de l'exploitation forestière.
H : termites humivores
X : termites xylophages
C : termites champignonnistes

Tableau 3.7. Comparaison de la richesse taxinomique des termites récoltées dans cette étude, avec celle de la forêt de Taï.
Les valeurs entre parenthèses correspondent aux richesses spécifiques attendues sur la base des estimateurs ACE et ICE.

	FAMILLE	SOUS-FAMILLE	GENRE	ESPECE
HAUTE DODO	2	6	19	21(33)
CAVALLY	3	7	21	24(34)
TAI*	3	7	30	44

* : Données issues de Sangaré et Bodo (1978).

Une Évaluation Biologique de Deux Forêts Classées du Sud-ouest de la Côte d'Ivoire
A Rapid Biological Assessment of Two Classified Forests in South-Western Côte d'Ivoire

47

Il ressort de notre étude, que ce programme d'évaluation rapide, en plus de sa valeur scientifique et didactique (formation d'étudiants), apparaît comme un outil indispensable pour la gestion de la forêt tropicale. En effet, du fait de la rapidité, de la simplicité et de la fiabilité des méthodes utilisées, ce programme pourrait être utilisé par les gestionnaires et les chercheurs pour évaluer, comparer et suivre la biodiversité dans les aires protégées.

Un certain nombre de recommandations découlent également de cette étude:

*   Le type d'exploitation forestière et le rythme de fragmentation des forêts étudiées représentent une menace réelle pour la diversité de nombreux insectes, comme les fourmis et les termites, dont les rôles sont primordiaux dans le fonctionnement des écosystèmes de forêt tropicale.

*   Des études plus approfondies (de plus longue durée) des principaux massifs forestiers du Sud-ouest de la Côte d'Ivoire seraient indispensables pour confirmer les résultats obtenus et contribuer à la validation de méthodes standard utilisables pour des écosystèmes similaires.

*   Des travaux analogues devraient être effectués au Liberia et en Guinée afin de permettre la mise en place de corridors biologiques, nécessaires pour la sauvegarde de la diversité biologique à l'échelle de la sous-région.

*   La réalisation d'évaluations rapides de la diversité biologique devrait être imposée dans toute activité d'exploitation forestière durable, comme moyen de contrôle de la qualité des plans de gestion forestière et de leur mise en oeuvre.

*   Cette étude a montré la présence d'espèces de termites et de fourmis particulièrement intéressantes à suivre. C'est le cas des termites *Neotermes* sp. et des fourmis *Strumigenys* sp., qui sont relativement sensibles aux perturbations de la forêt et seraient de bons indicateurs pour la gestion future de ces sites.

*   Dans cette étude, nous avons également noté certaines pratiques dans l'exploitation forestière, qui sont de véritables menaces pour la diversité entomologique en général et pour celle des termites en particulier. La multiplicité des voies d'accès et l'abandon de nombreux arbres sur le site après l'abattage contribuent à la fragmentation du milieu ainsi qu'à la modification de sa composition spécifique marquée par la réduction des espèces forestières au profit d'espèces savanicoles. L'apparition des Macrotermitinae savanicoles au profit des humivores forestiers pourrait, par exemple, avoir des conséquences importantes sur la structure et le fonctionnement du sol et donc sur la diversité biologique globale de ces sites.

*   Malgré les menaces importantes qui pèsent sur ces deux forêts classées, du fait de leur mode d'exploitation, ces sites renferment une diversité entomologique importante méritant d'être conservée. C'est, en particulier, le cas de la forêt du Cavally qui renferme, avec le genre *Neotermes*, des espèces de termites peu communes en Côte d'Ivoire.

REFERENCES BIBLIOGRAPHIQUES

Agosti, D., M. Majer, L. Alonso et T. R. Schultz (eds.). 2000. Sampling Ground-dwelling Ants: Case Studies from the World's Rain Forests. Curtin University of Technology. Perth, Western Australia.

Agosti, D., M. Maryatia et C. Y. C. Arthur. 1994. Has the diversity of tropical ant fauna been underestimated? An indication from leaf litter studies in a West Malaysian lowland rain forest. Tropical Biodiversity. 2: 270-275.

Bestelmeyer, B. T., D. Agosti, L. Alonso, C. R. F. Brandão, L. W. Jr Brown, J. H. C. Delabie et R. Silvestre. 2000. Field techniques for the study of ground-dwelling ants. *In:* D. Agosti, J. Majer, L. E. Alonso et T. R. Schultz (eds.). Ants, Standard Methods for Measuring and Monitoring Biodiversity. Washington D.C.: Smithsonian Institution Press. Pp. 122-144

Bignell D. E., H.Oskarsson, J. M. Anderson et P. Ineson. 1983. Structure, microbial associations and function of the so-called «mixed segment» of the gut in two soil-feeding termites, *Procubitermes aburiensis* and *Cubitermes severus* (Termitidae, Termitinae). Journal of Zoology. 201: 445-480

Bolton, B. 1994. Identification Guide to the Ant Genera of the World. Harvard University Press. Cambridge, Massachusetts.

Bouillon, A. et G. Mathot. 1971. Quel est ce Termite african ? Zoology Ed. Univ. 1(2): 1-46.

Collins, N. M. 1980. The effect of logging on termite diversity and decomposition processes in lowland dipterocarp forest. Tropical Ecology and Development. 198: 113-121.

Colwell, R. K. 2001. Statistical Estimate of Species Richness and Shared Species from Samples. Version 6.0b1. Website: http://viceroy.eeb.ub conn. Edu/ estimates.

Dangerfield J. M., T. S.McCarthy et W. N. Ellery. 1998. The mound-building termite *Macrotermes michaelseni* as an ecosystem engineer. Journal of Tropical Ecology. 14: 507-520.

Davies, R. G. 1997. Termite species richness in fire-prone and fire protected dry deciduous dipterocarp forest in Doi Suthep-PuiNational Park, northern Thailand. Journal of Tropical Ecology. 13: 153-160

Delvare, G. et H. P. Aberlenc. 1989. Les insectes d'Afrique et d'Amérique tropicale. Clés pour la reconnaissance des familles. Edit. Clamecy.

Diomandé, T. 1983. Le peuplement en fourmis terricoles de deux forêts ombrophiles de Côte d'Ivoire. Annales de l'Université d'Abidjan. Série E, tome XVI : 39-55.

Eggleton, P., D. E. Bignell, W. A. Sands, B. Waite, T. G. Wood et J. H. Lawton. 1995. The species richness of termites (Isoptera) under differing levels of forest disturbance in the Mbalmayo forest reserve, southern Cameroon. Journal of Tropical Ecology. 11: 85-98.

Eggleton, P., R. Homathevi, R. Jeeva, D. T. Jones, R. G. Davies et M. Maryati. 1997. The species richness and composition of termite (Isoptera) in primary and regenerating lowland dipterocrap forest in Sabah, east Malaysia. Ecotropica. 3: 119-128.

Eggleton, P., D. E. Bignell, S. Hauser, L. Dibog, L. Norgrove, B. Madong. 2002. Termite diversity across an anthropogenic disturbance gradient in the humid forest zone of West Africa. Agriculture Ecosystems and Environment. 90 (2): 189-202.

Fisher, B. L. 1999. Improving inventory efficiency: a case study of leaf litter ant diversity in Madagascar. Ecological Application. 9: 714-731.

Fittkau, E.J. et H. Klinge. 1973. On biomass and trophic structure of the Central Amazonian rain forest ecosystem. Biotropica. 5: 2-14.

Grassé, P. P. 1984. Fondation des sociétés et construction. Termitologia. Tome II. Edit. Masson. Paris.

Grassé, P. P. 1986. Comportement, socialité, écologie, évolution, systématique. Termitologia. Tome III. Edit. Masson. Paris.

John, G. W. 1969. A field guide to butterflies of Africa. Edit. Collins. London. Jones, D. T. et P. Eggleton. 2000. Sampling termite assemblage in tropical forest: testing a rapid biodiversity assessment protocol. Journal of applied Ecology. 37: 191-203.

Jones C. G., J. H. Lawton et M. Shaghak. 1994. Organisms as ecosystem engineers. Oikos. 69: 373-386.

Kaspari, M. et J. D. Majer. 2000. Using ants to monitor environmental change. In: D. Agosti, J. Majer, L. E. Alonso and T. R. Schultz (eds.). Ants, Standard Methods for Measuring and Monitoring Biodiversity. Washington, D.C.: Smithsonian Institution Press. Pages

Krebs, C. J. 2002. Programs For Ecological Methodology. 2nd ed. Website: http://www. Zoology.ubc.ca/Krebs Pub Benjamin/Cinnings (ISBN).

Konaté, S. 1998. Structure, dynamique et rôle des buttes termitiques dans le fonctionnement d'une savane préforestière (Lamto, Côte d'Ivoire) : le termite Odontotermes comme ingénieur de l'écosystème. PhD Thesis. Paris: University de Paris 6.

Konaté, S., X. Le Roux., D. Tessier et M. Lepage. 1999. Influence of large termitaria on soil characteristics, soil water regime, and tree leaf shedding pattern in a West African savanna. Plant and Soil. 206: 47-60

Konaté, S., X. Le Roux., B. Verdier et M. Lepage. 2003. Effect of underground fungus-growing termites on carbon dioxide emission at the point - and landscape

- scales in an African savanna. Functional Ecology. 17: 305-314

Lavelle, P., D. Bignell et M. Lepage . 1997. Soil function in a changing world: the role of invertebrate ecosystem engineers. European Journal of Soil Biology. 33: 159-193

Lévêque, L. et J. C. Mououlou. 2001. Diversité biologique : Dynamique biologique et conservation. Edit. Dunod. Paris. Martin, J. E. H. 1983. Les insectes et arachnides du Canada, Partie 1 : Récoltes, Préparation et conservation des insectes, des acariens et des araignées. Publication 1643 de la Direction Générale de la recherche. Agriculture Canada. Matsumoto T. et T. Abe. 1979. The role of termites in an equatorial rain forest ecosystem of West Malaysia. II. Leaf litter consumption on the forest floor. Oecologia. 38 : 261-274.

Peck, L. S., B. Macquaid et C. L. Campbell. 1998. Community and Ecosystem Ecology

Using ant species (Hymenoptera : Formicidae) as a biological indicator of agroecosystem condition. Environmental Entomology. Vol. 27, no. 5: 1102-1110.

Puig, H. 2001. La forêt tropicale humide. Edit. Belin. Paris. Roth, M. 1980. Initiation à la morphologie, la systématique et la biologie des insectes. Edit. ORSTOM, Paris.

Sands, W. A. 1972. The soldierless Termites of Africa (Isoptera: Termitidae). Bull. Brit. Mus. Nat. Ent. 18(1): 1-20.

Sangaré, Y. et P. Bodo. 1980. Données préliminaires sur la faune des termites en forêt tropicale humide (Région de Taï, sud-ouest de la Côte d'Ivoire). Inventaire, classification, éthologie et biologie des genres et espèces répertoriés. Annales de l'Université d'Abidjan. Série E, tome XIII : 131-141.

Schultz, T. R. et T. P. McGlynn. 2000. The interactions of ants with other organisms. In: D. Agosti, J. Majer, L. E. Alonso et T. R. Schultz (eds.). Ants, Standard Methods for Measuring and Monitoring Biodiversity. Washington, DC: Smithsonian Institution Press.

Villier, A. 1952. Hémiptères de l'Afrique noire (punaises et cigales). Mémoires. IFAN, Dakar. Wilson, E. O. 1989. La diversité du vivant menacée. Pour la Science. 145: 66-73.

Winkler, J. 1974. I Coleotteri. Atlante illustrado. Edit. Nicola Teti. Milano.

Wood, T. G. et W. A. Sands. 1978. The role of termites in ecosystems. In: Brian, M. V. (ed.). Production ecology of ants and termites. Cambridge: Cambridge University Press. Pp 245-292.

Wood, T. G, R.A. Johnson, S. Bacchus, M.O. Shittu et J.M. Anderson. 1982. Abundance and distribution of termites (Isoptera) in riparian forest in Southern Guinea savanna vegetation zone of Nigeria. Biotropica. 14: 25-39.

Une Évaluation Biologique de Deux Forêts Classées du Sud-ouest de la Côte d'Ivoire
A Rapid Biological Assessment of Two Classified Forests in South-Western Côte d'Ivoire

49

Chapitre 4

Evaluation rapide de l'ichtyofaune et de
paramètres physico-chimiques des hydrosystèmes des Forêts Classées de la Haute
Dodo et du Cavally

*Germain Gourène, Allassane Ouattara
et Belda Mosepele*

RÉSUMÉ

L'évaluation biologique rapide conduite dans deux forêts classées du Sud-ouest de la Côte d'Ivoire a permis d'identifier 33 espèces de poissons, dont 22 dans la Forêt Classée de la Haute Dodo et 18 dans celle du Cavally. Parmi ces taxons, neuf sont signalés pour la première fois dans les bassins irriguant ces deux forêts tandis que deux spécimens de l'espèce endémique stricte du bassin du Cavally, *Limbochromis cavalliensis*, ont été prélevés.

Du point de vue de l'intégrité biotique, les paramètres physico-chimiques étudiés révèlent une bonne qualité des eaux, ce constat positif étant confirmé par la présence de Mormyridae.

La diversité ichtyologique n'a, de toute évidence, pas été totalement explorée dans ces forêts et elle justifie des efforts de protection, tant pour les espèces de poissons que pour les habitats qui les abritent.

INTRODUCTION

Du 13 au 31 mars 2002, une mission d'évaluation biologique rapide (*Rapid Assessment Program* ou RAP), initiée par l'ONG « Conservation International », a été effectuée dans les Forêts Classées de la Haute Dodo et du Cavally situées au sud-ouest de la Côte d'Ivoire, à proximité du Parc National de Taï. L'objectif était de disposer, dans un laps de temps relativement réduit, d'un maximum d'informations sur divers taxons peuplant ces deux forêts afin d'aider à la conservation locale et régionale ainsi qu'à la planification de corridors entre les espaces protégés. Le renforcement de la capacité scientifique des biologistes ouest-africains par la formation à des méthodes d'évaluation biologique rapide était également visé.

L'eau est un constituant essentiel du vivant. Ne dit-on pas qu'elle est la source de toute vie? Ainsi, les cours d'eau qui drainent les forêts de la Haute Dodo et du Cavally jouent-ils un rôle essentiel pour la diversité du vivant dans ces écosystèmes, soit comme source d'apport en eau, soit comme milieu de vie (temporaire ou permanent). Si le maintien de l'intégrité biotique des rivières drainant ces forêts est essentiel pour tous les taxons (surtout animaux), celle-ci reste évidemment vitale pour les poissons. C'est d'ailleurs, à juste titre, que Karr (1981) considère ceux-ci comme étant les meilleurs indicateurs de la qualité écologique des bassins lotiques (eaux courantes).

La présente contribution vise à donner un aperçu de la diversité ichtyologique et des caractéristiques physico-chimiques des eaux qui drainent les Forêts Classées de la Haute Dodo et du Cavally.

Généralités sur les poissons africains

La faune ichtyologique des eaux douces comprend, dans le monde, 10 500 espèces dont environ 3 000, regroupées en 88 familles, peuplent les eaux africaines (Nelson 1994). La région ouest-africaine, qui s'étend au sud du Sahara, du bassin du Sénégal (au nord-ouest) au bassin tchadien (au nord-est) et à la rivière Cross (au sud-est), a fait l'objet de nombreux programmes de recherche au cours des quinze dernières années. L'effort consenti permet aujourd'hui de dresser un bilan assez exhaustif de l'ichtyofaune de cette la région qui, de ce fait, se trouve être l'une des mieux connues d'Afrique. Soixante-deux familles de poissons, comptant

Evaluation rapide de l'ichtyofaune et de paramètres
physico-chimiques des hydrosystèmes des Forêts Classées
de la Haute Dodo et du Cavally

558 espèces réparties entre 180 genres, y sont actuellement répertoriées (Paugy et al. 1994). Selon Teugels et al. (1988), la faune ichtyologique de la Côte d'Ivoire est probablement la mieux connue à l'heure actuelle. Selon Gourène (1998), 337 espèces appartenant à 130 familles ont pu y être recensées. Parmi ces espèces, 166 sont exclusivement marines contre 19 présentes en eaux saumâtres et 152 fréquentant les eaux douces.

Selon leur origine et selon le fait que les espèces soient plus ou moins inféodées aux eaux douces, les ichtyologues distinguent habituellement trois grandes catégories parmi les poissons des eaux continentales (Myers 1951) :

1) le groupe des poissons dits primaires, strictement intolérants à l'eau salée - cas des Mormyridae ;
2) le groupe des poissons dits secondaires, vivant en eau douce mais pouvant à l'occasion passer quelque temps en eau salée - cas de certains Cichlidae et Cyprinodontidae;
3) le groupe des poissons dits périphériques, comprenant des représentants de familles marines qui ont colonisé les eaux continentales- cas des Centropomidae.

La faune ichtyologique n'est pas répartie de manière homogène sur l'ensemble du continent africain (Lévêque et Paugy 1999). En effet, sur la base de la distribution des différentes familles et espèces de poissons, il est actuellement reconnu l'existence de dix grandes provinces ichtyologiques, hébergeant des peuplements caractéristiques (Roberts 1975, Howes et Teugels 1989, Lévêque 1997). Parmi celles-ci, la province nilo-soudanienne, qui s'étend de la côte atlantique jusqu'à la province de l'océan Indien, est subdivisée en deux sous-provinces : la sous-province abyssinienne, à l'est, et la sous-province éburnéo-ghanéenne à l'ouest à laquelle appartient la Côte d'Ivoire.

Daget et Iltis (1965) ont divisé la Côte d'Ivoire en trois régions ichtyogéographiques: la région soudanienne, la région sub-littorale, la région guinéenne occidentale, celle-ci étant elle-même subdivisée en un secteur éburnéo-ghanéen et un secteur guinéo-libérien. Ce dernier secteur renferme les hydrosystèmes de la partie occidentale de la Côte d'Ivoire qui comprend les rivières San-Pedro, Néro, Dodo, Tabou et le fleuve Cavally. La richesse spécifique de la faune ichtyologique du Cavally est estimée à 68 espèces contre 36 pour la rivière San-Pedro, 28 pour la rivière Néro, 25 pour la rivière Dodo et 22 pour la rivière Tabou (Gourène 1998). Selon la littérature, une espèce, *Limbochromis cavalliensis*, est strictement endémique au Cavally.

De nombreux plans d'eau sont protégés de manière traditionnelle en Côte d'Ivoire grâce aux forêts sacrées. En dehors de la conservation de certaines souches de poissons d'élevage (comme, par exemple, *Oreochromis aureus, O. mossambicus, O. machrochir* et *O. hornorum*) à des fins expérimentales par le Département Piscicole de l'IDESSA (Institut des Savanes), il n'existe pas d'institutions s'occupant de la conservation *ex situ* des poissons en Côte d'Ivoire, alors que l'importance de cette forme de conservation n'est pourtant plus à démontrer dans les pays qui la pratiquent.

MATÉRIEL ET MÉTHODES

Les deux forêts étudiées appartiennent au secteur ombrophile, de type dense et sempervirent. La forêt de la Haute Dodo est située au sud-ouest du Parc National de Taï, entre les 4 ° 41' et 5 ° 26' de latitude nord et entre les 7 ° 06' et 7 ° 25' de longitude ouest. Elle couvre une superficie de 196 733 hectares s'étendant sur les préfectures de Tabou et de San Pedro. La pluviométrie et la température moyennes y sont respectivement de 1 600 mm et de 27 °C (SODEFOR 1996).

La Forêt Classée du Cavally s'étend sur 64 200 hectares au nord-est du Parc National de Taï, dans la préfecture de Guiglo, entre les 5 ° 50' et 6 ° 10' de latitude nord et entre les 7 ° 30' et 7 ° 55" de longitude ouest. Les précipitations varient de 1 700 à 1 900 mm et les températures de 24 à 26 °C (SODEFOR 1997).

Sites d'échantillonnage

Dans la Forêt Classée de la Haute Dodo, l'échantillonnage ichtyologique et la mesure des paramètres physico-chimiques ont porté sur les rivières Noba et Tabou. Les prélèvements ont été effectués sur des tronçons des rivières concernées, aussi bien à l'intérieur qu'à la périphérie de cette forêt. Dans la Forêt Classée du Cavally, les investigations ont porté sur la rivière Dibo et l'un de ses affluents.

Les coordonnées géographiques de ces différents sites figurent dans le Tableau 4.1.

Mesure des paramètres abiotiques

Les paramètres abiotiques pris en considération sont la conductivité, la température de l'air et de l'eau, le pH, la transparence et la profondeur. Les trois premiers paramètres ont été conjointement mesurés *in situ* à l'aide d'un appareil microprocesseur portable pH/CON 10 de marque OAKTON muni d'une sonde. L'appareil étant préalablement mis sous tension pendant au moins dix minutes, la sonde est introduite dans l'eau puis, en sélectionnant le paramètre à mesurer, on obtient l'affichage automatique de sa valeur sur l'appareil.

Pour la transparence, un disque de Secchi est plongé dans l'eau jusqu'à sa complète disparition. Ensuite, il est remonté lentement jusqu'à ce qu'il devienne visible. Le fil gradué permet alors d'apprécier la valeur de la transparence. La profondeur des cours d'eau est, quant à elle, déterminée avec une sonde graduée de Stanley.
Les coordonnées des différents sites d'échantillonnages ont été relevées à l'aide d'un GPS.

Echantillonnage ichtyologique

Pour évaluer l'état actuel de la diversité biologique des poissons des hydrosystèmes des Forêts Classées de la Haute Dodo et du Cavally, deux approches de récolte de l'ichtyofaune ont été utilisées. Il s'agit des pêches active et passive.

Pour ce qui est de la pêche active, en raison des profondeurs et des tailles relativement faibles des différents cours d'eau rencontrés, des filets monofilaments de 30

Une Évaluation Biologique de Deux Forêts Classées du Sud-ouest de la Côte d'Ivoire
A Rapid Biological Assessment of Two Classified Forests in South-Western Côte d'Ivoire

51

mètres de long et de 1,5 mètres de hauteur de chute, aux mailles de 10, 12, 15, 20 et 30 mm, ont été déployés en travers des cours d'eau. Ensuite, à l'aide de branches et de gourdins, des battements de l'eau sont provoqués à environ 30 mètres des différents filets afin de rabattre les poissons dans ceux-ci. D'autres types de pêche active ont été réalisés, à l'aide de deux épuisettes dans différents microhabitats et, selon les zones accessibles, avec une senne de rivage aux mailles de 14 mm et d'une longueur de 11 mètres pour 1,70 mètres de hauteur de chute. Les durées des pêches actives ont varié entre 1h30 et 2h30, en fonction de la longueur des cours d'eau et des possibilités d'accès. Par ailleurs, il était prévu d'utiliser les appareils de pêche électrique de modèle Backpack 12 POW, Electrofisher et Deka Lord, mais malheureusement le dysfonctionnement de leurs batteries n'a pu permettre leur mise en marche.

En ce qui concerne la pêche passive, elle a consisté en la pose de filets maillants dans les cours d'eau. Suivant les zones accessibles, une portion de la longueur des filets (environ un tiers) ou leur totalité, a été posée. Les poses ont lieu le matin, entre 9 et 10 heures, et les relevés l'après-midi, entre 14 et 15 heures, à l'exception toutefois du bassin de la Dibo (affluent du Cavally), où les filets ont été posés à 15 heures et relevés le lendemain matin à 8 heures pour recueillir la pêche de nuit puis à 15 heures pour la pêche de jour.

L'identification des poissons est basée sur les clés systématiques fournies par Lévêque et al. (1990, 1992).

RÉSULTATS

Analyse des paramètres physico-chimiques

Les valeurs de température de l'air varient entre 27,1 et 33,8 °C dans la forêt de la Haute Dodo et entre 26,1 et 30, 5 °C dans celle du Cavally. Quant à la température des eaux étudiées, elle oscille entre 25,6 et 31,6 °C et entre 25,2 et 31,2 °C, respectivement dans la forêt de la Haute Dodo et dans celle du Cavally.

Les valeurs enregistrées pour la conductivité sont comprises entre 30,1 et 43,7 $\mu S.cm^{-1}$ ($\mu S. cm^{-1}$ = microsiemiens par centimètre) dans la Haute Dodo (33,6 $\mu S.cm^{-1}$ en moyenne) et entre 44 et 70,5 $\mu S.cm^{-1}$ dans le Cavally (57,2 $\mu S.cm^{-1}$ en moyenne).

Dans la Haute Dodo, la valeur maximale du pH (6,5) a été obtenue dans la rivière Noba (près du village de Bapé) et la valeur minimale (5,75) dans un affluent du Tabou (près du village de Djamahékro). Dans la forêt du Cavally, les valeurs extrêmes notées se situent entre 6,3 dans l'affluent du Dibo et 7,2 dans le fleuve Cavally.

Quant à la transparence de l'eau, les plus faibles valeurs ont été notées près du village de Djamahékro (37 cm) sur un affluent de la rivière Tabou dans la forêt de la Haute Dodo et sur l'affluent de la Dibo (36 cm) pour ce qui est de la forêt du Cavally. Quant aux valeurs maximales, elles sont identiques dans les deux forêts, s'élevant à 1,30 mètres sur la rivière Noba à Bapé (Haute Dodo) et dans le fleuve Cavally pour la forêt du même nom.

La profondeur des cours d'eau étudiés est variable d'une forêt à l'autre. Dans la Haute Dodo, elle est comprise entre 0,37 et 2,34 mètres, respectivement près des villages de Clémenkro et d'Hiré. Dans la forêt du Cavally, la plus faible profondeur (0,92 mètre) a été déterminée dans l'affluent du Dibo et la plus élevée dans le fleuve Cavally (3 mètres).

Les résultats détaillés figurent dans le Tableau 4.2.

Inventaire ichtyologique

La diversité biologique est comprise ici au sens du nombre d'espèces de poissons recensées. Au total, 33 espèces réparties en 21 genres et 14 familles ont été répertoriées dans les hydrosystèmes des Forêts Classées de la Haute Dodo et du

Tableau 4.1. Coordonnées géographiques des différents sites d'échantillonnage dans les Forêts Classées de la Haute Dodo et du Cavally

Coordonnées	HAUTE DODO							CAVALLY		
	Tabou					Noba		Dibo		Cavally
	1	2	3	4	5	6	7	8	9	10
Latitude N	4°53'25"	4°53'59"	-	4°52'41"	4°38'38"	4°59'05"	4°54'05"	6°10'18"	6°10'59"	6°05'38"
Longitude O	7°22'28"	7°19'56"	-	7°17'21"	7°29'09"	7°30'09"	7°27'58"	7°47'24"	7°49'39"	7°48'30"
Altitude (m)	145	164	-	148	39	72	72	201	246	238

Site 1: Affluent de la rivière Tabou (près du village d'Houphouékro)
Site 2: Affluent de la rivière Tabou (près de Clémenkro)
Site 3: Affluent de la rivière Tabou (près du village de Djamahékro)
Site 4: Cours supérieur de la rivière Tabou
Site 5: Affluent de la rivière Tabou (près du village d'Hiré)
Site 6: Affluent de la rivière Noba (près du village de Bapé)
Site 7: Rivière Noba (près du village de Nigbatchi)
Site 8: Affluent de la rivière Dibo
Site 9: Rivière Dibo
Site 10: Fleuve Cavally
-: non déterminé

Evaluation rapide de l'ichtyofaune et de paramètres
physico-chimiques des hydrosystèmes des Forêts Classées
de la Haute Dodo et du Cavally

Tableau 4.2. Variation des paramètres physico-chimiques des hydrosystèmes des forêts de la Haute Dodo et du Cavally (- : *non déterminé*)

| Paramètres | HAUTE DODO | | | | | | | CAVALLY | | |
| | Tabou | | | | | Noba | | Dibo | | |
	1	2	3	4	5	6	7	8	9	10
Température air (°C)	29,5	29,4	34,5	27,1	30,5	33,8	31,4	26,1	27,9	30,5
Température eau (°C)	25,6	28,4	31,6	26	28,3	29	27,2	25,2	27,1	31,2
pH	5,95	6	5,75	6,32	6,02	6,5	6,15	6,3	6,5	7,2
Conductivité (µS.cm^{-1})	30,1	38,2	41,9	41,2	35,9	43,7	37,2	44	54	70,5
Transparence (cm)	48	37	-	70	90	130	70	36	57	130
Profondeur (cm)	48	37	-	120	234	140	90	92	97	300

Cavally. Le Tableau 4.3 fait état de leur répartition selon les sites d'échantillonnage.

Les pêches effectuées dans la forêt de la Haute Dodo et sa périphérie ont permis de dénombrer, tous sites confondus, 22 espèces de poissons regroupées en 17 genres et 11 familles. A l'intérieur de la forêt de la Haute Dodo, 9 espèces ont pu être recensées contre 13 dans le même hydrosystème mais aux alentours de cette forêt.

Dans la forêt du Cavally, 18 espèces réunies en 12 genres et 8 familles ont été répertoriées. Rappelons que la prospection n'a concerné qu'un affluent du Cavally (Dibo) et l'une de ses ramifications (voir Tableau 4.1).

Si l'on s'intéresse à l'abondance relative des différentes espèces, le peuplement ichtyologique de la forêt du Cavally est relativement dominé par le Characidae *Brycinus longipinnis* et le Mormyridae *Petrocephalus bovei*. En effet, ces deux espèces constituent respectivement 39,2% et 6,5% des captures dans la rivière Dibo et 36,5 et 33,3% dans l'un de ses affluents.

Comparativement, à la Haute Dodo, la première espèce mentionnée ci-dessus, *Brycinus longipinnis,* est de même fréquemment observée parmi les spécimens récoltés. Elle constitue entre 4,6 et 33,3% des captures dans le bassin du Noba et entre 13,4 et 76,8% dans celui du Tabou. Par ailleurs, l'espèce *Epiplatys dageti* présente une relative abondance (29,8% des captures) dans l'un des affluents du Tabou (près du village d'Houphouékro). Enfin, deux spécimens de l'espèce *Limbochromis cavalliensis*, présentant un endémisme strictement lié au Cavally, ont été prélevés au cours de l'étude (cette espèce, très peu connue, a seulement été décrite sur la base de spécimens conservés dans du formol).

DISCUSSION

L'évaluation biologique rapide de l'ichtyofaune des hydrosystèmes de la Haute Dodo et du Cavally a permis de recenser un total de 33 espèces. Or Daget et Iltis (1965), Teugels et al. (1988), Lévêque et al. (1990, 1992) s'accordent pour dire que les hydrosystèmes étudiés sont riches de 76 espèces. En d'autres termes, il est possible d'en déduire que cette mission d'évaluation rapide a permis d'identifier 43,4 % de la diversité ichtyologique potentielle des bassins étudiés. Certes, le pourcentage indiqué peut sembler relativement faible, mais il faut souligner que pour approcher la diversité spécifique totale de tels hydrosystèmes, il aurait été nécessaire d'utiliser une panoplie d'engins de pêche (dispositif de pêche électrique, deux batteries de filets maillants avec de la maille de 10 à 50 mm, épervier, etc.). L'utilisation de ces différents engins doit s'accompagner de l'exploration de tous les microhabitats répartis le long des bassins. En plus, ces investigations doivent se répéter pendant les saisons hydrologiques afin de circonscrire les variations taxinomiques liées aux saisons. Or, dans le cas présent et indépendamment d'une durée de séjour relativement courte, les possibilités se sont limitées à l'emploi très réduit de la senne, lorsque les conditions s'y prêtaient, à l'utilisation de cinq filets maillants (aux mailles de 10, 12, 15, 20 et 30 mm) et à des captures à coup d'épuisettes. Dans ce contexte, le nombre total de 33 espèces recensées, eu égard à la faiblesse des moyens de récolte, apparaît plus que satisfaisant et traduit assez bien la grande diversité ichtyologique de ces cours d'eau.

De surcroît, sur les 33 espèces recensées, 9 n'ont jamais été auparavant signalées dans ces bassins. Ce qui porte le nombre d'espèces présentes dans ces hydrosystèmes à 85 au lieu de 76. Un tel résultat traduit la spécificité des quelques microhabitats explorés, qui méritent d'être protégés dans leur état actuel. En effet, il apparaît clairement que les bassins étudiés n'ont pas encore révélé toutes leurs potentialités du point de vue de la diversité ichtyologique. De ce fait, leur dégradation serait certainement un désastre écologique. A ce propos, Teugels et al. (1988) affirment d'ailleurs que si l'Afrique de l'Ouest est la partie du continent la plus explorée du point de vue ichtyologique, la Côte d'Ivoire garde une position très privilégiée et ce, d'autant plus, que la liste des espèces de poissons recensées dans ses divers bassins n'est pas exhaustive. De plus, dans le contexte particulier des bassins de la Dodo et du Tabou, le

Tableau 4.3. Abondance des espèces de poissons dans les hydrosystèmes des Forêts Classées de la Haute Dodo et du Cavally (* : taxon signalé pour la première fois dans le milieu, # : site non échantillonné)

Taxons	HAUTE DODO							CAVALLY		
	Tabou					Noba		Dibo		
	1	2#	3	4	5	6	7	8	9	10#
Polypteridae										
Polypterus palmas		-						2		-
Notopteridae										
Papyrocranus afer*		-				1				-
Mormyridae										
Marcusenius ussheri*		-	-			1		4		-
Marcusenius senegalensis*		-							1	
Petrocephalus bovei *		-				1		42	3	-
Petrocephalus pellegrini		-						1		
Clupeidae										
Pellonula leonensis						1				
Cyprinidae										
Barbus ablabes	1					1		8	6	
Barbus parawaldroni		-				2				
Barbus wurtzi		-				3				
Barbus trispilos	29		3					5		
Labeo parvus*		-				19				-
Raiamas senegalensis*		-				1		2	2	
Hepsetidae										
Hepsetus odoe		-						1		-
Characidae										
Brycinus imberi		-						1	12	-
Brycinus longipinnis	9	-		10	5	2	1	46	20	-
Brycinus macrolepidotus		-							2	-
Claroteidae										
Chrysichthys johnelsi		-						2		
Schilbeidae										
Schilbe mandibularis*		-				7		3	2	
Amphiliidae										
Amphilius atesuensis	1	-								-
Clariidae										
Clarias anguillaris*	1	-								-
Cyprinodontidae										
Epiplatys dageti	20	-								-
Epiplatys olbrechtsi	4	-								-
Cichlidae										
Chromidotilapia güntheri		-			3					
Hemichromis bimaculatus*		-	3					1		-
Hemichromis fasciatus		-		3	1	3		4	1	
Limbochromis cavalliensis		-						2		
Sarotherodon melanotheron		-				1				
Tilapia guineensis		-					1			-
Tilapia guineensis x T. zillii		-			5		1			-
Tilapia walteri		-						2	2	
Tilapia zillii		-								
Gobiidae										
Chonophorus lateristriga		-				1				-

Evaluation rapide de l'ichtyofaune et de paramètres
physico-chimiques des hydrosystèmes des Forêts Classées
de la Haute Dodo et du Cavally

nombre d'espèces récoltées au cours de la présente étude est de 23 sur les 29 signalées dans ces deux bassins par Daget et Iltis (1965), Teugels et al. (1988) et Lévêque et al. (1990, 1992). Ce sont ainsi 79,3 % des taxons du système lotique Dodo - Tabou qui auraient été recensés par notre méthode d'évaluation rapide. En outre, sur les 23 espèces recensées, 8 n'y avaient jamais été signalées, portant ainsi à 37 le nombre total d'espèces de poissons pour ce système.

Pour ce qui est du bassin du Cavally, 18 espèces, dont une nouvellement inventoriée, *Marcusenius senegalensis*, ont été récoltées sur les 68 taxons signalés par Daget et Iltis (1965), Teugels et al. (1988) et Lévêque et al. (1990, 1992). Il n'est pas superflu de signaler que sur un ensemble de 177 spécimens capturés dans la forêt du Cavally, 28,8 % étaient des Mormyridae, une famille indicatrice de la qualité écologique de l'eau (Hugueny et al. 1996). Sur ce plan, la différence est nette entre ces deux forêts, pourtant relativement proches l'une de l'autre, puisque cette famille ne constitue que 1,3% des 145 spécimens récoltés dans la Haute Dodo. Par ailleurs, l'existence de l'espèce *Limbochromis cavalliensis* traduit, en raison de son endémisme strictement limité au Cavally, l'importance de la conservation d'un tel hydrosystème.

Les quelques paramètres physico-chimiques mesurés au cours de cette étude, bien que variant légèrement d'un site à un autre, indiquent des conditions tout à fait favorables à la survie des poissons dans les eaux drainant les deux forêts.

CONCLUSIONS ET RECOMMANDATIONS

Dans les hydrosystèmes prospectés, 33 espèces de poissons ont été identifiées, dont 23 dans la forêt de la Haute Dodo et 18 dans celle du Cavally.

Parmi les taxons récoltés, 9 sont signalés pour la première fois dans ces différents bassins. Il s'agit de *Papyrocranus afer*, *Marcusenius ussheri*, *Petrocephalus bovei*, *Labeo parvus*, *Raiamas senegalensis*, *Schilbe mandibularis*, *Clarias anguillaris* et *Hemichromis bimaculatus* pour la Haute Dodo et de *Marcusenius senegalensis* pour le Cavally. Ceci porte le nombre d'espèces à 37 pour le système Dodo-Tabou et à 69 pour le bassin du Cavally.

Par ailleurs, deux spécimens de l'espèce *Limbochromis cavalliensis*, endémique stricte au Cavally, ont été prélevés.

Du point de vue de l'intégrité biotique, les quelques paramètres physico-chimiques se situent dans une bonne gamme d'appréciation de la qualité des eaux, ce constat positif étant confirmé par la présence de Mormyridae dans les plans d'eau étudiés.

De toute évidence, la diversité ichtyologique n'a pas été totalement explorée dans ces forêts et elle justifie des efforts de protection, tant pour les espèces de poissons que pour les habitats qui les abritent.
Cette situation nous amène à faire les recommandations suivantes:

- la nécessité de prise en compte des hydrosystèmes par les gestionnaires et les responsables du suivi écologique des forêts classées lorsqu'ils veulent en évaluer l'intégrité biotique, en se basant notamment sur les espèces de poissons;

- la protection des bassins dans les forêts classées, de même qu'en dehors de celles-ci;

- le développement d'actions d'information, d'éducation et de communication pour les populations bordant les forêts classées en vue, notamment, d'éviter l'implantation de cultures aux abords des rivières.

RÉFÉRENCES BIBLIOGRAPHIQUES

Daget, J. et A. Iltis. 1965. Poissons de Côte d'Ivoire (eaux douces et saumâtres).Editions IFAN. Dakar, Sénégal.

Gourène, G. 1998. Monographie nationale sur la diversité biologique de la Côte d'Ivoire. Diversité biologique des poissons. Lab. Env. Biol. Aquat. UFR-SGE, Université d'Abobo-Adjamé. Abidjan, Côte d'Ivoire.

Howes, G. J. et C.G. Teugels. 1989. New bariliin cyprinid fishes from West Africa, with a consideration of their biogeography. J. Nat. Hist. 23: 873-902.

Hugueny, B., S. Camara, B. Samoura et M. Magassouba. 1996. Applying an index of biotic integrity based on fish assemblages in a West African river. Hydrobiologia. 331: 71-72.

Karr, J. R. 1981. Assessment of biotic integrity using fish communities. Fisheries. 6(6): 21-27.

Lévêque, C. 1997. Biodiversity dynamics and conservation: the freshwater fish of tropical Africa. Cambridge University Press, UK.

Lévêque, C. et D. Paugy (eds.). 1999. Distribution géographique et affinités des poissons d'eau douce africains. *In* Les poissons des eaux continentales africaines. Diversité, Ecologie, Utilisation par l'homme. Paris: Editions IRD. Pp. 55-68.

Lévêque, C., D. Paugy et G.G. Teugels (eds.). 1990. Faune des poissons d'eaux douces et saumâtres de l'Afrique de l'Ouest. Tome I. Faune tropicale, XXVIII, MRAC, Tervuren / ORSTOM. Paris.

Lévêque, C., D. Paugy et G.C. Teugels (eds.). 1992. Faune des poissons d'eaux douces et saumâtres de l'Afrique de l'Ouest. Tome II. Faune tropicale, XXVIII, MRAC. Tervuren / ORSTOM. Paris.

Myers, G. S. 1951. Freshwater fishes and East Indian zoogeography. Stanf. Ichtyol. Bull. 4: 11-21.

Nelson, J. S.. 1994. Fishes of the world. W. John and sons. Chichester, New-York. 3rd Edition.

Paugy, D., K.Traoré, et P.S. Diouf. 1994. Faune ichtyologique des eaux douces de l'Afrique de l'Ouest. *In* Diversité biologique des poissons des eaux douces et saumâtres d'Afrique. G.G. Teugels, J. F. Guégan et J.J.

Une Évaluation Biologique de Deux Forêts Classées du Sud-ouest de la Côte d'Ivoire
A Rapid Biological Assessment of Two Classified Forests in South-Western Côte d'Ivoire

55

Albaret (eds.). MRAC. Tervuren, Belgique. Ann. Sc. Zool. (275): 35-47.

Roberts, T. R. 1975. Geographical distribution of African freshwater fishes. Zool. J. Linn. Soc. (57): 249-319.

SODEFOR. 1996. Plan d'aménagement de la Forêt Classée du Cavally 1995-2019. Centre SODEFOR de gestion, Daloa. Côte d'Ivoire.

SODEFOR. 1997. Plan d'aménagement de la Forêt Classée de la Haute Dodo 1997-2006. Centre SODEFOR de gestion, Gagnoa. Côte d'Ivoire.

Teugels, G. G., C. Lévêque, D. Paugy et K. Traoré. 1988. Etat des connaissances sur la faune ichtyologique des bassins côtiers de la Côte d'Ivoire et de l'ouest du Ghana. Rev. Hydrobiol. Trop. 21(3): 221-237.

Chapitre 5

Inventaire herpétologique des forêts de la Haute Dodo et du Cavally à l'ouest de la Côte d'Ivoire

Mark-Oliver Rödel et William R. Branch

RÉSUMÉ

Nous avons étudié l'herpétofaune dans deux forêts classées à l'ouest de la Côte d'Ivoire, la forêt de la Haute Dodo et celle du Cavally. Nous avons recensé un total de 42 espèces d'amphibiens et 24 espèces de reptiles et avons confirmé la présence de plus de 80% de la faune d'amphibiens de la région. La majorité des espèces rencontrées étaient endémiques à l'Afrique de l'Ouest ou au bloc forestier de la Haute Guinée. Les deux sites inventoriés abritent une grande proportion de la faune d'amphibiens caractéristique de la région.

Nous avons découvert de nombreuses espèces rares, inhabituelles ou discrètes : c'est le quatrième enregistrement connu de l'espèce *Afrixalus vibekae*, le second et troisième enregistrement d'*Acanthixalus sonjae* et le quatrième de *Kassina lamottei*. Pour la Côte d'Ivoire, l'espèce *Geotrypetes seraphini occidentalis* a été enregistrée pour la deuxième fois et *Conraua alleni* pour la troisième fois si ce n'est une nouvelle espèce de *Conraua*. D'autres recensements permettront de clarifier les classifications taxinomiques pour: 1) le groupe d'espèces *Hyperolius fusciventris*; 2) le groupe *Hyperolius picturatus* et 3) le groupe *Ptychadena arnei/pujoli/mascareniensis*.

L'inventaire des reptiles a été moins productif. Néanmoins, il faut noter le deuxième enregistrement pour la Côte d'Ivoire de *Cophoscincopus durus* et le recensement du scinque *Mabuya polytropis paucisquamis*, rencontré pour la deuxième fois en Côte d'Ivoire et pour la quatrième fois seulement globalement. Nous avons également trouvé les espèces bien connues *Typhlops liberiensis*, *Polemon acanthias* et *Hapsidophrys lineatus*.

L'importante diversité notée pendant l'inventaire des deux forêts prouve qu'elles ont toujours un fort potentiel pour la conservation. Cependant, la présence établie de populations reproductrices de plusieurs espèces invasives (comme *Phrynobatrachus accraensis, Hoplobatrachus occipitalis, Agama agama*), habituellement absentes des zones forestières, montre la sérieuse dégradation de ces forêts.

INTRODUCTION

Les forêts pluviales d'Afrique de l'Ouest constituent l'un des 25 plus importants *hotspots* pour la biodiversité au monde (Myers et al. 2000). Elles sont fortement menacées par l'exploitation forestière, l'agriculture et l'augmentation de la population humaine (Bakarr et al. 2001a). Ces 20 dernières années, près de 80 % des forêts du bloc de la Haute Guinée ont été détruites en Côte d'Ivoire (Rompaey 1993, Parren et DeGraaf 1995, Chatelain et al. 1996).

Nos connaissances sur l'herpétofaune ouest africaine sont toujours limitées, même si les premiers inventaires herpétologiques dans la région remontent à plus de 100 ans (par exemple Peters 1875, 1876, 1877; Werner 1898; Ahl 1924 a, b). Hughes (1988) a présenté une revue historique des recensements herpétologiques effectués au Ghana voisin, tandis que Doucet (1963) a étudié les serpents de la Côte d'Ivoire. Cependant, les données biologiques sont inexistantes ou plus ou moins anecdotiques pour la majorité des espèces connues d'amphibiens et de reptiles d'Afrique de l'Ouest. Malgré cette absence de connaissances, l'inventaire des espèces a toujours été supposé quasi achevé, et l'Afrique de l'Ouest présentée comme une région de faible diversité relative, comme le dit Lamotte (1983) qui affirme qu'il n'existe pas d'endroit en Afrique de l'Ouest avec plus de 40 espèces d'amphibiens vivant en sympatrie.

Les études récentes effectuées en Côte d'Ivoire prouvent le contraire. Elles ont mis en évidence des communautés d'anoures comprenant plus de 30 espèces même dans des habitats de savane (Rödel 1998a, 2000a, b; Rödel et Spieler 2000). Les communautés forestières connues sont encore plus riches avec 40 à 60 espèces (Rödel 2000b, 2003; Rödel et Ernst 2003). Sept nouvelles espèces d'amphibiens d'Afrique de l'Ouest ont été décrites durant les huit dernières années et de nombreuses espèces sont en attente de description (Perret 1994; Lamotte et Ohler 1997; Rödel 1998b; Rödel et Ernst 2000, 2002; Rödel et al. 2002, 2003; Rödel et Bangoura sous presse). La diversité d'anoures est plus importante que dans la plupart des régions néotropicales (Ernst et Rödel non publ.). Une diversité similaire a été rapportée pour les serpents (Hallermann et Rödel 1995; Böhme 1999; Rödel et al. 1995, 1999; Rödel et Mahsberg 2000; Ernst et Rödel 2002; Ineich 2002).

De plus en plus souvent, les poches relativement petites d'habitat forestier ayant un statut actuel de conservation en Afrique de l'Ouest et dans d'autres aires protégées africaines (Newmark 1996) sont considérées potentiellement insuffisantes pour préserver la viabilité à long terme de la faune et de la flore. Dans un contexte de contraintes socio-économiques croissantes et de conflits fonciers, les zones de conservation doivent être agrandies ou connectées par des corridors viables qui permettront le déplacement d'espèces entre les enclaves conservées (Laurance et Laurance 1999, Gascon et al. 1999, De Lima et Gascon 1999). Lors de l'Atelier de définitions des priorités de conservation au Ghana (Bakarr et al. 2001a), A. Schiøtz et M.-O. Rödel ont désigné les forêts peu connues de l'ouest de la Côte d'Ivoire comme des zones de priorité exceptionnelle pour un inventaire rapide. Un inventaire détaillé de la faune et de la flore était notamment nécessaire dans certaines parcelles de forêts qui peuvent représenter des corridors appropriés entre le Parc National de Taï et les réserves forestières adjacentes au Liberia. Ce rapport présente les résultats d'un inventaire de l'herpétofaune sur deux de ces sites.

MÉTHODES

Sites d'étude
Lors de cet inventaire biologique rapide (*Rapid Assessment Program* ou RAP), nous avons étudié deux forêts classées situées à l'ouest de la Côte d'Ivoire. La Forêt Classée de la Haute Dodo (HD) est située au sud-ouest du Parc National de Taï (PNT) et la Forêt Classée du Cavally (CA) au nord-ouest du PNT qui constitue la plus grande aire protégée forestière d'Afrique de l'Ouest. Les deux sites se trouvent

dans la zone de forêt humide sempervirente de basse altitude. La HD se trouve dans la région de plus grande diversité floristique en Afrique de l'Ouest (Guillaumet 1967). Sur la base des relevés de précipitations dans le PNT, le niveau de précipitations à la HD pourrait être supérieur à 2200 mm par an, tandis que le niveau de précipitations annuelles à CA serait de 1 800 mm (Riezebos et al. 1994). La saison des pluies va de mars/avril à octobre/novembre. Les précipitations les plus importantes sont enregistrées en septembre/octobre. D'autres chapitres de ce rapport du RAP présentent des informations plus détaillées sur la géographie, la géologie, la climatologie, la végétation et les espèces de faune autres que les reptiles et les amphibiens. Le travail sur le terrain à la HD a eu lieu du 15 au 22 mars 2002 et au CA du 23 au 30 mars 2002. La position géographique et une brève description des caractéristiques de l'habitat des sites inventoriés sont présentées en Annexe 4.

Méthodes et effort d'échantillonnage
Les amphibiens et les reptiles ont été repérés principalement de façon opportuniste (Rödel et Ernst 2004), au cours d'inventaires visuels, sur tous les habitats, réalisés par un maximum de quatre personnes. Les inventaires ont eu lieu de jour et de nuit. Les techniques de recherche comprenaient une observation visuelle du terrain (avec une lampe la nuit) et un examen des refuges (par exemple sous les rochers et les troncs, sous les écorces ou sous la litière de feuilles mortes). Des spécimens ou observations supplémentaires ont été fournis par d'autres membres de l'équipe d'inventaire biologique. Les amphibiens ont également été repérés par suivi acoustique dans tous les types d'habitat (Heyer et al. 1993). Des échantillons de référence ont été collectés. Les amphibiens prélevés ont été anesthésiés, tués dans une solution de chlorobutanol puis conservés dans de l'éthanol à 70 %. Les reptiles ont été tués par injection d'Ethanase, fixés dans du formol et transférés dans du propanol à 50%. Ces spécimens ont été déposés dans les collections du Port Elizabeth Museum (PEM) en Afrique du Sud, dans la collection de recherche de M.-O. Rödel (MOR) et du Staatliches Museum für Naturkunde à Stuttgart (SMNS) en Allemagne.

Pour compléter la collecte opportuniste, nous avons également échantillonné les habitats en utilisant des ensembles de pièges entonnoir et *pitfall* placés le long de palissades. Les lignes de pièges ont été mises en place dans les différents types de micro-habitats. Les palissades sont constituées de tissu plastifié ou de film plastique noir de 0,5m de haut fixé verticalement à des poteaux fins en bois. Une frange laissée à la base est recouverte de terre et de feuilles mortes afin que les animaux surpris dans leur déplacement habituel se dirigent le long de la palissade vers les pièges.

Les pièges *pitfall* sont constitués de seaux en plastique (profondeur de 275 mm, diamètre supérieur de 285 mm, diamètre inférieur de 220 mm) enterrés, avec le bord juste au niveau du sol et placés de telle sorte que le film plastique affleure le bord du seau. Un piège *pitfall* a été installé au bout de chaque bande plastique et d'autres pièges placés à intervalles réguliers le long de la ligne de film plastique. Des trous à la base des seaux permettent le drainage.

Les pièges entonnoir sont en tissu moustiquaire, façonnés à la main, avec les bords maintenus par des agrafes. Les pièges font environ 60 x 25 cm avec un diamètre de 30 mm pour la bouche de l'entonnoir. Les ouvertures en entonnoir peuvent être sur un seul comme sur les deux côtés du piège. La flexibilité de la moustiquaire permet à la bouche de l'entonnoir d'être parfaitement ajustée au sol et à la palissade. Les pièges sont camouflés avec une végétation légère qui sert également de couverture aux animaux capturés. Les pièges sont vérifiés chaque matin et dans la journée si une équipe d'inventaire travaillait dans la zone. Une agrafe est enlevée pour pouvoir sortir les animaux capturés et ensuite remise. Les animaux qui n'étaient pas conservés comme échantillons ont été relâchés dans le voisinage du lieu de capture. La longueur de la barrière en film plastique, l'orientation et les ensembles de pièges ont été déterminés en fonction des conditions locales. Un piège mis en place durant une période de 24 heures est appelé «piège-jour».

Haute Dodo: deux ensembles de pièges ont été installés chacun pendant six jours près d'un petit cours d'eau forestier à 0,5 km du camp (voir Annexe 4). A HD1, deux lignes de piège ont été disposées en forme de V, chaque branche d'une longueur de 10 m, dans une forêt basse à canopée fermée le long du cours d'eau. Trois pièges *pitfall* ont été disposés au bout de chaque branche du V (le seau du milieu était commun aux deux lignes), et deux pièges entonnoir

ont été installés des deux côtés de chaque branche. Suite à des fortes pluies, le piège *pitfall* central a été inondé à cause d'un mauvais drainage. Nombre total de piège-jours : 18 *pitfall*, 48 entonnoir. A HD2, l'ensemble de pièges était placé en T avec des branches de 10 m; la branche 1 a été installée dans une zone de végétation secondaire de sous-bois, parallèlement au cours d'eau à une distance de 3 m; la branche 2 a été mise en place dans une zone de végétation secondaire de sous-bois, sur une pente s'éloignant du cours d'eau; la branche 3 était également parallèle au cours d'eau mais située dans une zone de petits arbres à canopée fermée. Cinq pièges *pitfall* ont été installés au bout de chaque branche, et deux de chaque côté du point de jonction des branches; trois pièges entonnoir ont été placés le long de chaque branche, deux du même côté et un piège de l'autre. Nombre total de piège-jours: 30 *pitfall*, 54 entonnoir. A HD3, l'ensemble de pièges était fait d'une ligne unique de bordure en film plastique (150 m) avec des pièges *pitfall* installés par l'équipe en charge de l'inventaire des petits mammifères. Nombre total de piège-jours : 85 *pitfall*.

Cavally: Deux ensembles de pièges ont été mis en place. L'ensemble de CV1 a été installé pour quatre jours à 0,5 km du camp, près d'une petite rivière dans une zone de végétation secondaire de sous-bois. Cet ensemble était constitué d'une seule ligne (20 m) avec quatre pièges entonnoir de chaque côté. Nombre total de piège-jours : 32 entonnoir. Un ensemble de pièges plus important (CV2) a été installé en collaboration avec l'équipe en charge de l'inventaire des petits mammifères. Il a été installé pour trois jours à 5 km du camp dans une forêt sèche à canopée fermée. Il était constitué d'une seule ligne (150 m) avec 20 pièges *pitfall* placés à environ 7 m d'intervalle et 17 pièges entonnoir placés à 20 m d'intervalle de chaque côté de la ligne. Nombre total de piège-jours : 60 *pitfall*, 51 entonnoir.

RÉSULTATS ET DISCUSSION

Résultats du piégeage

Le piégeage a eu un succès variable selon les conditions climatiques et l'efficacité relative des différents pièges. Au total, 93 individus ont été collectés dans les pièges, dont 70 amphibiens, 20 lézards et trois serpents. Les captures de reptiles et d'amphibiens sont respectivement présentées dans les Tableaux 5.1 et 5.2.

A quelques exceptions près, les espèces capturées dans les pièges étaient en majorité terrestres. Cependant, un serpent arboricole (*Boiga pulverulenta*) et un couple de grenouilles arboricoles amplectantes (*Leptopelis hyloides*) ont été collectés dans des pièges entonnoir. Les ensembles de pièges de Haute Dodo, situés près d'un cours d'eau forestier, ont attiré de nombreuses espèces aquatiques (*Silurana tropicalis*) ou semi aquatiques (*Cophoscincopus durus*), qui ont toutes été collectées de nuit immédiatement après de fortes pluies.

Tableau 5.1. Amphibiens attrappés dans les ensembles de pièges à la Haute Dodo et au Cavally. La determination d'*Arthroleptis* au niveau de l'espèce n'a pu être réalisée que sur la base de son cri (deux espèces concernées, comparer avec Rödel et Branch 2002).

Espèces	Nombres
Silurana tropicalis	15
Phrynobatrachus liberiensis	11
Phrynobatrachus alleni	10
Arthroleptis spp.	8
Phrynobatrachus plicatus	7
Bufo togoensis	4
Phrynobatrachus villiersi	4
Bufo maculatus	3
Leptopelis hyloides	2
Cardioglossa leucomystax	1
Ptychadena longirostris	1
Ptychadena bibroni	1
Phrynobatrachus guineensis	1
Amnirana albolabris	1
Geotrypetes seraphini	1
Total	**70**

Tableau 5.2. Reptiles pris dans les ensembles de pièges à la Haute Dodo et au Cavally.

Espèces	NOMBRE
Cophoscincopus durus	11
Mabuya affinis	7
Mabuya polytropis paucisquamis	2
Polemon acanthias	1
Hapsidophrys lineatus	1
Boiga pulverulenta	1
Total	**23**

Le nombre d'espèces attrapées et le moment des dernières pluies étaient corrélés positivement (Figure 5.1). Les captures ont été plus nombreuses la première nuit après une forte pluie que celles de toutes les autres nuits cumulées. Cette constatation est vérifiée même si les données sont corrigées pour prendre en compte les différences de fréquences entre les pluies. L'étude ayant eu lieu peu de temps avant le début de la saison des pluies, il ne se passait pas trois ou quatre jours sans pleuvoir.

L'efficacité des pièges entonnoir pour capturer les reptiles ou les amphibiens (87 individus en 185 piège-jours ; 0,47 individu par piège-jour) dépassait de loin celle des pièges *pitfall* (6 individus en 193 piège-jours; 0,03 individus par piège-jour). Ceci était vérifié sur les ensembles uniquement de pièges *pitfall* (HD3), sur les ensembles mixtes ou sur les ensembles comprenant uniquement des pièges entonnoirs (CV1).

Il n'y a pas d'études comparatives entre l'efficacité des *pitfalls* et celle des pièges entonnoir pour l'inventaire de l'herpétofaune africaine. Dans les zones boisées d'Amérique du Nord, Bury et Corn (1987) ont trouvé que les pièges *pitfall* sont plus efficaces que les pièges entonnoir pour capturer tous les vertébrés forestiers non volants autres que les serpents. Cependant, les pièges entonnoir qu'ils ont utilisés étaient plus petits (un diamètre de 12 à 15 cm) que ceux utilisés pour le présent inventaire. Hobbs et al. (1994) ont évalué différents assemblages de pièges pour la capture des reptiles australiens dans les zones arides de spinifex. Ils ont constaté que le modèle le plus efficace était une simple ligne droite de bande de film plastique avec des seaux *pitfall* placés à un intervalle d'environ 7 m. Lors d'un inventaire de l'herpétofaune du mont Doudou au Gabon (Burger et al. 2004), les ensembles de *pitfalls* utilisés ont été efficaces pour la capture des amphibiens mais n'ont pratiquement eu aucun résultat pour les reptiles. Sur 726 piège-jours, 263 amphibiens ont été capturés pour un seul reptile (une petite tortue terrestre). De plus, le taux exceptionnel de capture d'amphibiens était dû à deux espèces seulement (*Xenopus epitropicalis,* 138 individus; *Hemisus perreti,* 53 individus) qui représentaient près de 73% des captures.

Composition des espèces

Les espèces d'amphibiens les plus communes à la Haute Dodo sont (dans l'ordre décroissant du nombre de relevés): *Ptychadena longirostris* (19), *Leptopelis hyloides* (16), *Phrynobatrachus liberiensis* (15), *Arthroleptis* sp. 2 (14) et *Phlyctimantis boulengeri* (13). Les reptiles les plus communs sont: *Cophoscincopus durus* (15), *Mabuya affinis* (7) et *Agama agama* (4). Au Cavally, les espèces d'amphibiens les plus communes sont (dans l'ordre): *Arthroleptis* sp. 2 (14), *Phrynobatrachus plicatus* (14), *Ptychadena longirostris* (13), *Phrynobatrachus alleni* (11) et *Phrynobatrachus alticola* (11). Les reptiles les plus communs sont: *Mabuya affinis* (8), *Agama agama* (3) et *Mabuya polytropis paucisquamis* (2). Le nombre d'espèces pour les différents taxa enregistrés sont résumés dans Rödel et Branch (2002) et Branch et Rödel (2003).

Efficacité de l'échantillonnage

Cette méthode d'échantillonnage ne permet d'obtenir que des données qualitatives et semi quantitatives. Pour des données quantitatives exactes, l'expérimentation de marquage-recapture le long de transects standardisés ou sur des parcelles déterminées aurait été nécessaire. La durée de l'étude, une seule semaine environ pour chaque zone inventoriée, était trop limitée pour employer cette méthode. Nous avons mesuré notre effort d'échantillonnage par le temps passé à prospecter chaque zone (homme-heures).

Durant toute l'étude, 42 espèces d'amphibiens et 24 espèces de reptiles ont été relevées. Les listes d'espèces accompagnées de commentaires sur la distribution et le choix d'habitat des espèces sont présentées en Annexes 5-6. Les courbes d'accumulation des espèces montre le nombre d'espèces additionnelles chaque jour (Figure 5.2). Une pente croissante continue indique qu'il reste d'autres espèces de reptiles et d'amphibiens à découvrir dans la région.

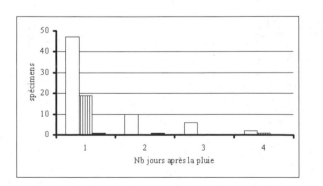

Figure 5.1: Impact de la pluie sur le succès des pièges (pièges entonnoir uniquement, 185 piège-jours), barres blanches :grenouilles; barres avec traits verticaux : scinques ; barres noires : serpents.

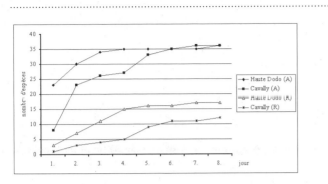

Figure 5.2: Courbes d'accumulation des espèces pour la Haute Dodo et le Cavally.
(A= amphibiens; R= reptiles)

Au total, 58 homme-heures ont été passées pour l'inventaire des reptiles et des amphibiens au CA et 73 homme-heures à la HD. Ce dernier site présentait une plus grande diversité d'habitats et le temps d'étude a été quasiment le même pour les différents types d'habitats sur les deux sites. En supposant que l'effort d'échantillonnage ait été le même pour chaque habitat, nous avons calculé le nombre total approximatif d'espèces d'amphibiens présentes dans les deux réserves forestières. Compte tenu du nombre relativement faible de reptiles, nous avons combiné les données pour les deux zones. Comme nous ne disposions pas de données quantitatives, nous avons utilisé l'estimateur Jack-knife 1, en nous basant sur la présence ou l'absence de données pour tous les habitats (programme BiodivPro du Natural History Museum de Londres).

Cette procédure a permis d'estimer la présence de 41 espèces d'amphibiens à HD et 43 à CA. Nous avons respectivement enregistré 87,8% et 83,7% des nombres calculés d'espèces. La pente raide de la courbe d'accumulation pour les reptiles indique que les espèces reptiliennes présentes dans la région n'ont pas toutes été trouvées et que le chiffre calculé de 38 espèces est trop faible. Sur la base de nos connaissances sur les serpents des régions adjacentes (Böhme 1999, Rödel et Mahsberg 2000, Ineich 2002), ces forêts devraient abriter près de 60 espèces de reptiles, dont plus de 40 espèces de serpents.

Comparaison entre la faune d'amphibiens des Forêts Classées de la Haute Dodo et du Cavally et celle d'autres régions d'Afrique de l'Ouest

Peu de régions d'Afrique de l'Ouest sont particulièrement bien connues du point de vue herpétologique, même si les études sur le sujet ont commencé au tout début du 19ème siècle. Ce n'est que dans les années 1960 que les premiers inventaires complets des amphibiens ouest africains ont été présentés par Lamotte et ses collègues (Lamto, mont Nimba, montagnes de Loma) et Schiøtz (à plusieurs endroits en Afrique de l'Ouest, études cependant centrées sur les grenouilles arboricoles). Dans les années 1990, l'un d'entre nous (MOR) a initié l'inventaire de la majorité des parcs nationaux de Côte d'Ivoire. En incluant l'étude présentée

ici, la faune d'amphibiens peut être considérée comme plus ou moins bien connue sur seulement 14 sites de la Côte d'Ivoire et du Ghana. En Annexe 7, nous présentons un résumé de tous les inventaires des amphibiens en Afrique de l'Ouest qui ont permis d'enregistrer au moins 10 espèces. En général, les zones qui sont naturellement composées de types d'habitats différents (par exemple savanes de montagne, différents types de forêts, différents types de savane) sont les plus riches spécifiquement. Ceci est évident également pour les zones relativement sèches comme le Parc National de la Comoé, qui est un lieu de rencontre des différentes zones de végétation (savanes guinéennes et soudanaises, ainsi que des forêts galeries et des blocs forestiers).

Cependant, la diversité est en général plus importante dans la zone forestière plus humide que dans la zone de savane. La partie occidentale du bloc forestier de la Haute Guinée abrite un plus grand nombre d'espèces en comparaison avec la partie orientale. Ceci est vérifié en comparant le nombre d'espèces de la Côte d'Ivoire (99 espèces; Rödel non publ.) et celui du Ghana (70 espèces dont plusieurs espèces non encore enregistrées mais qui sont censées être présentes dans ce pays; Hughes 1988).

Ces différences peuvent s'expliquer par des raisons historiques. Durant les périodes très sèches il y a près de 10 000 à 40 000 ans, la forêt ouest africaine a été morcelée en parcelles forestières relativement petites. Ces vestiges étaient plus importants dans la région de la Haute Guinée que dans celle de la Basse Guinée, ce qui a permis à un nombre plus important d'espèces de survivre et/ou d'évoluer (par exemple Moreau 1963, 1969; Jahn et al. 1998).

Les analyses de similarité montrent que les zones de savane de la Côte d'Ivoire se regroupent de manière assez rapprochée (Comoé, Marahoué, Lamto, mont Sangbé, M.-O. Rödel données non publiés). Des ensembles similaires d'anoures se rencontrent également au Ghana (lagune de Muni, Kyabobo, Wli, Apesokubi), formant un groupe dont les relations les plus proches sont dans les zones de savanes ivoiriennes. Les deux réserves forestières inventoriées (Haute Dodo et Cavally) durant le RAP sont regroupées de manière rapprochée et au sein d'un clade d'autres habitats forestiers (Taï, Mont Péko). La similarité des espèces des zones forestières est en générale moins importante que celle des espèces des zones de savane. Ainsi les sites du Ghana (Bobiri), de la Guinée (Ziama) et de la Sierra Leone (monts Loma) sont plus ou moins séparés des autres sites.

Situation de la faune d'amphibiens des Forêts Classées de la Haute Dodo et du Cavally

Nous avons relevé 37 et 36 espèces dans chaque forêt classée (HD et CA) (Annexe 5). Avec une estimation de 41 et 43 espèces au total (Rödel et Branch 2002), ces forêts classées n'atteignent pas le niveau de richesse en espèces du Parc National de Taï frontalier aux deux sites. Elles se situent cependant dans les zones les plus riches en diversité parmi celles inventoriées jusqu'à présent en Afrique de l'Ouest (Annexe 7). La composition spécifique de la HD et du CA est très similaire, et près de 86% des espèces sont communes aux deux forêts. Sur les deux sites, la majorité des espèces sont soit des espèces endémiques à la zone de forêts pluviales de la Haute Guinée (HD: 43,2%; CA: 38,91%) soit des espèces dont la distribution est limitée à l'Afrique de l'Ouest (définie comme la région allant du Sénégal à l'est du Nigeria; HD: 24,3% et CA: 27,8%). Seules douze espèces, HD (32,4%) et CA (33,3%), ont des distributions plus larges en Afrique sub-saharienne (Annexe 5).

Plusieurs espèces remarquables ont été trouvées sur les deux sites. A la HD, nous avons trouvé le quatrième lieu confirmé de présence d'*Afrixalus vibekae*, le quatrième lieu de présence de genre *Conraua* en Côte d'Ivoire (peut-être une nouvelle espèce de *Conraua*, les recherches taxinomiques sont en cours) et le deuxième lieu de présence connu en Côte d'Ivoire de *Geotrypetes seraphini*. Au CA, nous avons confirmé le quatrième lieu de présence connu de *Kassina lamottei*. Une nouvelle espèce de *Phrynobatrachus* (Rödel et Ernst 2002) a été trouvée au CA, tandis qu'une nouvelle espèce d'*Acanthixalus* (Rödel et al. 2003) a été trouvée sur les deux sites de la HD et du CA (les second et troisième lieux de présence connus pour l'espèce). Les relevés des localités et les enregistrements sonores de plusieurs groupes difficiles à identifier de grenouilles, qui ont été collectés durant les inventaires, permettront de clarifier les problèmes taxinomiques liés au groupe d'espèces *Hyperolius fusciventris* (plusieurs sous-espèces apparaîtront probablement comme des espèces à part entière); le complexe *Hyperolius picturatus* (qui pourrait être constitué de deux espèces distinctes); et le complexe *Ptychadena arnei/pujoli/mascareniensis* (la distribution et les choix d'habitat de ces espèces très similaires seraient différenciés).

Outre la découverte d'espèces forestières, plusieurs espèces typiques d'un milieu de friches agricoles (des espèces présentes dans des anciens milieux forestiers dégradés comme les forêts secondaires ou les zones défrichées pour les plantations, comme *Afrixalus dorsalis, Hyperolius concolor*) et des espèces de savane (*Hoplobatrachus occipitalis, Phrynobatrachus accraensis, Ptychadena bibroni*) ont été également enregistrées. Ces relevés indiquent que les deux réserves forestières ont déjà été envahies par des espèces qui devraient y être normalement absentes.

Aucune espèce d'amphibiens enregistrée à la Haute Dodo ou au Cavally n'est actuellement considérée menacée ou faisant partie de la Liste Rouge de 2001 (Hilton-Taylor 2001). Le commerce international de ces espèces n'est par ailleurs ni suivi ni régi par des annexes de la CITES.

Situation de la faune de reptiles des Forêts Classées de la Haute Dodo et du Cavally.

La composition spécifique des reptiles était très similaire à la Haute Dodo et au Cavally avec une faune de serpents diverse mais une faune de lézards appauvrie. Cependant, la faune de reptiles ayant été probablement sous échantillonnée durant l'inventaire, nous ne tenterons pas de refaire la même analyse faite ci-dessus sur la situation des amphibiens. Comme le montrent les courbes d'accumulation des espèces, (Figure 5.2), la faune de serpents sur les deux sites (HD 9 espèces,

CA 4 espèces) a été sous échantillonnée et est certainement plus importante que ne l'indique l'inventaire réalisé. Les zones adjacentes abritent des faunes de serpents parmi les plus riches et les plus diverses d'Afrique. Sur les 39 espèces de serpents enregistrées au Parc National de Taï (Rödel et Mahsberg 2000), 22 ont été trouvées dans un milieu de forêt primaire et 17 peuvent être considérées comme des espèces typiques d'un milieu de friches agricoles. Des faunes de serpents encore plus riches ont été trouvées au mont Nimba (52 espèces, Angel et al. 1954b, Ineich 2002) et dans la forêt de Ziama (42 espèces, Böhme 1999) en Guinée. Les autres zones riches en serpents en Afrique sont : Dinamika en République du Congo avec 45 espèces (Trape 1985); le Parc National de la Comoé en Côte d'Ivoire avec 44 espèces (Rödel et al. 1995, 1999); et le Parc National de Korup au Cameroun avec 54 espèces (Lawson 1993). Selon ce dernier auteur, la faune de serpents de Korup semble présenter plus d'affinités avec celle des forêts de la Haute Guinée, pourtant non contiguës à la zone, qu'avec la faune de la région adjacente au Congo.

Il y a relativement peu de serpents endémiques aux forêts de la Haute Guinée. Les espèces endémiques comprennent la peu connue *Typhlops manni* (connue de deux spécimens uniquement), *T. liberiensis, Gonionotophis klingi, Lycophidion nigromaculatum, Thrasops occidentalis, Aparallactus lineatus, Polemon acanthias, Pseudohaje nigra, Dendroaspis viridis, Atheris chlorechis, Atheris hirsuta* (P.N. de Taï, Ernst et Rödel 2002) et *Bitis rhinoceros* (auparavant considérée comme une version occidentale isolée de *B. gabonica*)

La faune de lézards est relativement pauvre à HD et CA. Six espèces seulement ont été enregistrées sur chaque site (huit espèces au total). Encore une fois, les sites ont été relativement sous échantillonnés, mais la faune de lézards des forêts pluviales ouest africaines est connue pour sa faible diversité (Rödel et al. 1997). Böhme (1999) n'a trouvé que 11 espèces à Ziama. Les chiffres pour le mont Nimba sont tout aussi faibles (15 espèces, Angel et al. 1954a, Ineich 2002, Böhme et al. 2000). Les affinités entre les faunes de serpents de Korup au Cameroun et celles des forêts de la Haute Guinée, remarquées par Lawson (1993), semblent peu s'appliquer aux faunes de lézards. La plupart des lézards ont des aires de distribution relativement larges dans la région (c'est le cas de *Hemidactylus fasciatus, H. murecius, Agama agama, Chamaeleo gracilis, Mabuya affinis, M. maculilabris, Varanus ornatus*, etc.). Les seuls lézards endémiques aux forêts de la Haute Guinée sont le scinque d'eau *Cophoscincopus durus* et la race occidentale du scinque forestier *Mabuya polytropis paucisquamis* (qui mérite probablement d'être élevée au rang d'espèce).

Seules deux espèces de crocodiliens (*Crocodylus cataphractus* et *Osteolaemus tetraspis*) enregistrées à la Haute Dodo et au Cavally sont actuellement considérées comme des espèces menacées (Vulnérable) et incluses dans la Liste Rouge de l'UICN 2001 (Hilton-Taylor 2001). Ces espèces et quatre autres (*Chamaeleo gracilis, Varanus ornatus, Python sebae* et *Kinixys erosa*) sont inscrites dans les annexes de la CITES et leur commerce au niveau international est suivi et fait l'objet de règlements précis. Les observations de chéloniens ou de crocodiliens étaient rares. Ils sont apparemment chassés pour la consommation par les villageois locaux. Lawson (2000) a décrit l'étendue de l'exploitation des tortues forestières *Kinixys erosa* et *K. homeana* au Cameroun et le crocodile nain *Osteolaemus tetraspis* subit également la menace due à la sur exploitation en Afrique de l'Ouest (Akani et al. 1998). Pendant l'étude, un grand python (*Python sebae*), d'environ 3 à 4 m de long, a été tué par un fermier local dans une petite plantation de cacao à la limite de Haute Dodo. La peau, la viande et le gras ont été respectivement utilisés pour le commerce, la consommation et à des fins médicinales.

CONCLUSIONS ET IMPLICATIONS POUR LA CONSERVATION

La diversité et la composition spécifiques des Forêts Classées de la Haute Dodo et du Cavally indiquent que ces sites présentent toujours un potentiel important pour la préservation des espèces de reptiles et d'amphibiens caractéristiques des forêts de la Haute Guinée. Cependant, la présence d'espèces typiques de milieu de friches agricoles et même de savane est une indication évidente de la dégradation déjà sévère des habitats. Cette situation provient surtout d'une évidente gestion forestière non durable. La présence de nombreux chemins accédant à presque toutes les parties de la forêt et la négligence lors de la manipulation des arbres coupés ont créé de nombreuses zones ouvertes avec un microclimat altéré. Les activités passées et présentes d'exploitation forestière à la HD et au CA ont provoqué l'érosion et la sédimentation de cours d'eau naturels qui, sur le terrain plus vallonné du CA, pourraient avoir un impact important sur les systèmes hydrologiques. De nombreux plans d'eau ouverts et des zones de marais ont été créés et ces habitats artificiels ont permis à des espèces non natives d'envahir des habitats forestiers qui leur étaient auparavant inaccessibles. Nos observations ont clairement permis de constater que quelques-unes de ces espèces invasives sont déjà bien implantées dans ces forêts classées. Il n'est pas impossible que ces espèces rentrent en compétition et arrivent à déplacer celles qui sont véritablement forestières.

La préservation de la diversité potentiellement importante de la HD et du CA passe en priorité par l'arrêt ou le contrôle strict des activités d'exploitation en cours. Il est maintenant prouvé que l'accès à des zones forestières auparavant inaccessibles par l'ouverture des routes pour l'exploitation a de nombreuses conséquences, y compris une augmentation massive de la collecte illégale et non durable des ressources forestières et particulièrement de la viande de brousse (voir Bakarr et al. 2001b, et les références incluses). Cette ouverture permet également la mise en place de petites plantations illégales de cacao dans les zones défrichées par les activités d'exploitation du bois. Ces deux impacts majeurs sont clairement visibles dans les deux réserves. Il faut à tout prix initier un control plus strict de l'accès

aux réserves et de ses impacts pour pouvoir y préserver la biodiversité en herpétofaune et en autres espèces. Les zones exploitées doivent bénéficier d'un temps de reprise suffisant. Ces objectifs ne seront atteints que si l'attribution des concessions forestières et le processus d'exploitation sont eux-mêmes rigoureusement contrôlés.

BIBLIOGRAPHIE

Ahl, E. 1924a. Über einige afrikanische Frösche. Zool. Anz.. 59/60: 269-273.

Ahl, E. 1924b. Neue Reptilien und Batrachier aus dem zoologischen Museum Berlin. Arch. Naturgesch. 1924, A: 246-254.

Akani, G.C., L. Luiselli, F.M. Angelici et E. Politano. 1998. Bushmen and herpetofauna: notes on amphibians and reptiles traded in bush-meat markets of local people in the Niger Delta (Port Harcourt, Rivers State, Nigeria). Anthropozoologica. 27: 21-26.

Angel, F., J. Guibé et M. Lamotte. 1954a. La Réserve Naturelle Intégrale du mont Nimba. Fas. II. XXXI. Lézards. - Mem. Inst. Fran. Afr. Noire. 40: 371-379.

Angel, F., J. Guibé, M. Lamotte et R. Roy. 1954b. La Réserve Naturelle Intégrale du mont Nimba. Fas. II. XXXII. Serpents. - Mem. Inst. Fran. Afr. Noire. 40: 381-402.

Bakarr, M., B. Bailey, D. Byler, R. Ham, S. Olivieri et M. Omland (eds.) 2001a. From the forest to the sea: Biodiversity connections from Guinea to Togo. Conservation Priority-Setting Workshop. December 1999. Conservation International, Washington D.C.

Bakarr, M., G.A.B. da Fonseca, R. Mittermeier, A.B. Rylands et K.W. Painemilla (eds.). 2001b. Hunting and Bushmeat Utilization in the African Rain Forest. Perspectives toward a blueprint for conservation action. Adv. Appl. Biodiv. Sci.. 2: 1-170. Conservation International, Washington D.C.

Böhme, W. 1994a. Frösche und Skinke aus dem Regenwaldgebiet Südost–Guineas, Westafrika. I. Einleitung; Pipidae, Arthroleptidae, Bufonidae. Herpetofauna. 16 (92): 11–19.

Böhme, W. 1994b. Frösche und Skinke aus dem Regenwaldgebiet Südost-Guineas, Westafrika. II. Ranidae, Hyperoliidae, Scincidae; faunistisch-ökologische Bewertung. Herpetofauna. 16 (93): 6–16.

Böhme, W. 1999. Diversity of a snake community in a Guinean rain forest (Reptilia, Serpentes). In: Rheinwald, G. (ed.) Isolated Vertebrate Communities in the Tropics. Proc. 4th Int. Symp., Bonn. - Bonn. zool. Monogr. Pp. 69-78.

Böhme, W., A. Schmitz et T. Ziegler. 2000. A review of the West African skink genus *Cophoscincopus* Mertens (Reptilia: Scincidae: Lygosominae): resurrection of *C. simulans* (Valliant, 1884) and description of a new species. Rev. suisse Zool. 107: 777–791.

Une Évaluation Biologique de Deux Forêts Classées du Sud-ouest de la Côte d'Ivoire
A Rapid Biological Assessment of Two Classified Forests in South-Western Côte d'Ivoire

63

Branch, W.R. et M.-O. Rödel. 2003. Herpetological survey of the Haute Dodo and Cavally forests, western Ivory Coast, Part II: Trapping results and reptiles. Salamandra. 39: 21-38.

Burger, M., W.R. Branch et A. Channing. 2004. Amphibians and reptiles of Monts Doudou, Gabon: Species turnover along an elevational gradient. Calif. Acad. Sci. Mem. 28: 145-186.

Bury, R.B. et P.S. Corn. 1987. Evaluation of pitfall trapping in northwestern forests: trap arrays with drift fences. - J. Wildl. Mangt. 51: 112-119.

Chatelain, C., L. Gautier et R. Spichiger. 1996. A recent history of forest fragmentation in southwestern Ivory Coast. Biodiv. Conserv. 5: 37-53.

De Lima, M.G. et C. Gascon. 1999. The conservation value of linear forest remnants in central Amazonia. Biol. Conser. 91: 241-247.

Doucet, J. 1963. Les serpents de la République de Côte d'Ivoire. Acta Tropica. 20: 201-259, 297-339.

Ernst, R. et M.-O. Rödel. 2002. A new *Atheris* species (Serpentes: Viperidae), from Taï National Park, Ivory Coast. Herpetol. J. 12: 55-61.

Euskirchen, O., A. Schmitz et W. Böhme. 1999. Zur Herpetofauna einer montanen Regenwaldregion in SW-Kamerun (Mt. Kupe und Bakossi-Bergland), II. Arthroleptidae, Ranidae und Phrynobatrachidae. Herpetofauna. 21 (122): 25-34.

Gascon, C., T.E. Lovejoy, R.O. Bierregaard Jr., J.R. Malcolm, P.S. Stouffer, H.L. Vasconcelos, W.F. Laurance, B. Zimmerman, M. Tocher et S. Borges. 1999. Matrix habitat and species richness in tropical forest remnants. Biol. Conser. 91: 223-229.

Guibé, J. et M. Lamotte. 1958. La Réserve Naturelle Intégrale du mont Nimba. XII. Batraciens (sauf *Arthroleptis, Phrynobatrachus* et *Hyperolius*). – Mem. Inst. fond. Afr. Noire. 53: 241–273.

Guibé, J. et M. Lamotte. 1963. La Réserve Naturelle Intégrale du mont Nimba. XXVIII. Batraciens du genre *Phrynobatrachus*. Mem. Inst. fond. Afr. Noire. 66: 601–627.

Guillaumet, J.-L. 1967. Recherches sur la végétation et la flore de la région du Bas-Cavally (Côte d'Ivoire). Mémoires O.R.S.T.O.M. 20, Paris.

Hallermann, J. et M.-O. Rödel. 1995. A new species of *Leptotyphlops* (Serpentes: Leptotyphlopidae) of the *longicaudus*-group from West Africa. Stuttgarter Beiträge zur Naturkunde. Serie A, Nr. 532: 1-8.

Heyer, W.R., M.A. Donnelly, R.W. McDiarmid, L.-A.C. Hayek et M.S. Foster. 1993. Measuring and monitoring biological diversity, standard methods for amphibians. Smithsonían Institution Press, Washington D.C.

Hilton-Taylor, C. 2001. 2001 IUCN Red List of Threatened Species. IUCN SSC, Gland, Switzerland.

Hobbs, T.J., S.R. Morton, P. Masters et K.R. Jones. 1994. Influence of pit-trap design on sampling of reptiles in arid Spinifex grassland. Wildl. Res. 21: 483-490.

Hofer, U., L.-F. Bersier et D. Borcard. 1999. Spatial organization of a herpetofauna on an elevational gradient revealed by null model tests. Ecology. 80: 976-988.

Hofer, U., L.-F. Bersier et D. Borcard. 2000. Ecotones and gradients as determinants of herpetofaunal community structure in the primary forest of Mount Kupe, Cameroon. J. Trop. Ecol. 16: 517-533.

Hughes, B. 1988. Herpetology in Ghana (West Africa). Brit. Herp. Soc. Bull. 25: 29-38.

Ineich, I. 2002. Diversité spécifique des reptiles du Mont Nimba. - unpublished manuscript.

Jahn, S., M. Hüls, et M. Sarnthein. 1998. Vegetation and climate history of west equatorial Africa based on a marine pollen record off Liberia (site GIK 16776) covering the last 400,000 years. Rev. Palaeobot. Palynology. 102: 277-288.

Joger, U. et M.R.K. Lambert (in press). Inventory of amphibians and reptiles in SE Senegal, including the Niokola-Koba National Park, with observations on factors influencing diversity.

Lamotte, M. 1967. Les batraciens de la région de Gpakobo (Côte d'Ivoire). Bull. Inst. fond. Afr. Noire. Sér. A, 29: 218–294.

Lamotte, M. 1969. Le Parc National du Niokolo–Koba, Fascicule III; XXX. Amphibiens (deuxième note). Mem. Inst. fond. Afr. Noire. 84: 420–426.

Lamotte, M. 1971. Le Massif des Monts Loma (Sierra Leone), Fascicule I; XIX. Amphibiens. Mem. Inst. fond. Afr. Noire. 86: 397-407.

Lamotte, M. 1983. Amphibians in savanna ecosystems. *In:* Bourlière, F. (Ed.): Ecosystems of the World 13, Tropical savannas, Elsevier Scientific Publishing Company, Amsterdam: 313–323.

Lamotte, M. et A. Ohler. 1997. Redécouverte de syntypes de *Rana bibroni* Hallowell, 1845, désignation d'un lectotype et description d'une espèce nouvelle de *Ptychadena* (Amphibia, Anura). Zoosystema. 19: 531-543.

Largen, M.J. et F. Dowsett-Lemaire. 1991. Amphibians (Anura) from the Kouilou River basin, République du Congo. Tauraco Research Report. 4: 145–168.

Laurance, S.G. et W.F. Laurance. 1999. Tropical wildlife corridors : use of linear rainforest remnants by arboreal mammals. Biol. Conser. 91: 231-239.

Lawson, D.P. 1993. The reptiles and amphibians of the Korup National Park project, Cameroon. Herpetol. Nat. Hist. 1: 27-90.

Lawson, D.P. 2000. Local harvest of Hingeback tortoises, *Kinixys erosa* and *K. homeana*, in southwestern Cameroon. Chelonian Conserv. Biol. 3: 722-729.

Moreau, R.E. 1963. Vicissitudes of the African biomes in the late Pleistocene. Proc. Zool. Soc. London. 141: 395-421.

Moreau, R.E. 1969. Climatic changes and the distribution of forest vertebrates in West Africa. J. Zool. London. 158: 39-61.

Myers, N., R.A. Mittermeier, C.G. Mittermeier, G.A.B. da Fonseca et J. Kent. 2000. Biodiversity hotspots for conservation priorities. Nature. 403: 853-845.

Newmark, W.D. 1996. Insularization of Tanzanian parks and the local extinction of large mammals. Conserv. Biol. 10: 1549-1556,

Parren, M.P.E. et N.R. de Graaf. 1995. The quest for natural forest management in Ghana, Côte d'Ivoire and Liberia. Tropenbos Series 13, Wageningen.

Perret, J.-L. .1994. Revision of the genus *Aubria* Boulenger 1917 (Amphibia Ranidae) with the description of a new species. Trop. Zool. 7: 255–269.

Peters, W. 1875. Über die von Hrn. Professor Dr. R. Buchholz in Westafrika gesammelten Amphibien. Mber. Königl. Akad. Wiss. Berlin, März: 196–212.

Peters, W. 1876. Eine zweite Mittheilung über die von Hrn. Professor Dr. R. Buchholz in Westafrika gesammelten Amphibien. Mber. Königl. Preuss. Akad. Wiss. Berlin, Februar: 117–123.

Peters, W. 1877. Übersicht der Amphibien aus Chinchoxo (Westafrika), welche von der Africanischen Gesellschaft dem Berliner zoologischen Museum übergeben sind. – Mber. Königl. Preuss. Akad. Wiss. Berlin, Oktober: 611–620.

Raxworthy, C.J. et D.K. Attuquayefio. 2000. Herpetofaunal communities at Muni Lagoon in Ghana. Biodiv. Conserv. 9: 501-510.

Riezebos, E.P., A.P. Vooren et J.L. Guillaumet. 1994. Le Parc National de Taï, Côte d'Ivoire. - Tropenbos Series 8, Wageningen.

Riva, de la, I. 1994. Anfibios anuros del Parque Nacional de Monte Alén, Río Muni, Guinea Ecuatorial. Rev. Esp. Herp. 8: 123-139.

Rödel, M.-O. 1998a. Kaulquappengesellschaften ephemerer Savannengewässer in Westafrika. Edition Chimaira, Frankfurt/M.

Rödel, M.-O. 1998b. A new *Hyperolius* species from Tai National Park, Ivory Coast (Anura: Hyperoliidae: Hyperoliinae). Rev. fran. Aquariol. Herpétol. 25 (3/4): 123-130.

Rödel, M.-O. 2000a. Herpetofauna of West Africa, Vol. I: Amphibians of the West African savanna. Edition Chimaira, Frankfurt/M.

Rödel, M.-O. 2000b. Les communautés d'amphibiens dans le Parc National de Taï, Côte d'Ivoire. Les Anoures comme bio-indicateurs de l'état des habitats. Sempervira, Rapport de Centre Suisse de la Recherche Scientifique, Abidjan. 9: 108-113.

Rödel, M.-O. 2003. The amphibians of Mont Sangbé National Park, Ivory Coast. Salamandra. 39: 91-110

Rödel, M.-O. et A.C. Agyei. 2003. Amphibians of the Togo-Volta highlands, eastern Ghana. Salamandra. 39: 207-234.

Rödel, M.-O. et M.A. Bangoura. 2004 in press. A conservation assessment of amphibians in the Forêt Classée du Pic de Fon, Simandou Range, southeastern Republic of Guinea, with the description of a new *Amnirana* species (Amphibia Anura Ranidae). Tropical Zoology, 17.

Rödel, M.-O. et W.R. Branch. 2002. Herpetological survey of the Haute Dodo and Cavally forests, western Ivory Coast, Part I: Amphibians. Salamandra. 38: 245-268

Rödel, M.-O. et R. Ernst. 2000. *Bufo taiensis* n. sp., eine neue Kröte aus dem Taï-Nationalpark, Elfenbeinküste. Herpetofauna. 22 (125): 9-16.

Rödel, M.-O. et R. Ernst. 2003. The amphibians of Marahoué and Mont Péko National Parks, Ivory Coast. Herpetozoa. 16: 23-39

Rödel, M.-O. et R. Ernst. 2004. Measuring and monitoring amphibian diversity in tropical forests. I. An evaluation of methods with recommendations for standardization. Ecotropica. 10: 1-14.

Rödel, M.-O. et D. Mahsberg. 2000. Vorläufige Liste der Schlangen des Tai-Nationalparks / Elfenbeinküste und angrenzender Gebiete. Salamandra. 36: 25-38.

Rödel, M.-O. et M. Spieler. 2000. Trilingual keys to the savannah-anurans of the Comoé National Park, Côte d'Ivoire. Stutt. Beitr. Naturk.. Ser. A, Nr. 620: 1-31.

Rödel, M.-O., M.A. Bangoura et W. Böhme. 2005, sous presse. The amphibians of south-eastern Republic of Guinea (Amphibia: Gymnophiona, Anura). Herpetozoa, 18.

Rödel, M.-O., K. Grabow, C. Böckheler, et D. Mahsberg. 1995. Die Schlangen des Comoé-Nationalparks, Elfenbeinküste (Reptilia: Squamata: Serpentes). Stutt. Beitr. Naturk.. Ser. A, Nr. 528: 1-18.

Rödel, M.-O., K. Grabow, J. Hallermann et C. Böckheler. 1997. Die Echsen des Comoé-Nationalparks, Elfenbeinküste. Salamandra. 33: 225-240.

Rödel, M.-O., T.U. Grafe, V.H.W. Rudolf et R. Ernst. 2002. A review of West African spotted *Kassina*, including a description of *Kassina schioetzi* sp. nov. (Amphibia: Anura: Hyperoliidae). Copeia. 2002: 800-814.

Rödel, M.-O., J. Kosuch, M. Veith et R. Ernst. 2003. First record of the genus *Acanthixalus* Laurent, 1944 from the Upper Guinean rain forest, West Africa, with the description of a new species. J. Herpetol.. 37: 43-52.

Rödel, M.-O., K. Kouadio et D. Mahsberg. 1999. Die Schlangenfauna des Comoé-Nationalparks, Elfenbeinküste: Ergänzungen und Ausblick. Salamandra. 35: 165-180.

Rompaey, van R.S.A.R. 1993. Forest gradients in West Africa. A spatial gradient analysis. PhD Thesis, Wageningen.

Schiøtz, A. 1967. The treefrogs (Rhacophoridae) of West Africa. Spolia zool. Mus. haun.. 25: 1–346.

Schmitz, A., O. Euskirchen et W. Böhme. 1999. Zur Herpetofauna einer montanen Regenwaldregion in SW-Kamerun (Mt. Kupe und Bakossi-Bergland), I. Einleitung, Bufonidae und Hyperoliidae. Herpetofauna. 21 (121): 5-17.

Une Évaluation Biologique de Deux Forêts Classées du Sud-ouest de la Côte d'Ivoire
A Rapid Biological Assessment of Two Classified Forests in South-Western Côte d'Ivoire

65

Trape, J.F. 1985. Les serpents de la région de Dimonika (Mayombe, République populaire du Congo). Rev. Zool. Bot. Afr. 99: 135-140.

Werner, F. 1898. Ueber Reptilien und Batrachier aus Togoland, Kamerun und Tunis aus dem kgl. Museum für Naturkunde in Berlin. Verhandlungen der kaiserlich-königlichen zoologisch-botanischen Gesellschaft in Wien. XLVIII: 191-230 + 1 plate.

Chapter 5

Herpetological survey of the Haute Dodo and Cavally Forests, western Côte d'Ivoire

Mark-Oliver Rödel and William R. Branch

ABSTRACT

The herpetofauna of two classified forests in western Côte d'Ivoire, namely the Haute Dodo and Cavally forests, were investigated. In total 42 amphibian species and 24 reptile species were recorded. It was calculated that the presence of more than 80% of the amphibian fauna in the region was confirmed. Most of the recorded species were either endemic to West Africa or to the Upper Guinean forest block and both sites contain a large proportion of the characteristic amphibian fauna of the region.

A large number of rare, secretive or unusual amphibians were discovered, particularly the fourth known record for *Afrixalus vibekae,* the second and third records for *Acanthixalus sonjae,* and the fourth record for *Kassina lamottei.* For Côte d'Ivoire the second record of *Geotrypetes seraphini occidentalis* and either the third record for *Conraua alleni* or a new *Conraua* species were discovered. Other records will possibly help clarifying taxonomic problems in the: 1. *Hyperolius fusciventris* species group; 2. *Hyperolius picturatus* complex, and 3. *Ptychadena arnei/pujoli/mascareniensis* complex.

The reptile survey was less successful, but did include the second record for Côte d'Ivoire of *Cophoscincopus durus* and the second record for Côte d'Ivoire and fourth known for the skink *Mabuya polytropis paucisquamis.* Additionally we found the largest documented individuals of *Typhlops liberiensis, Polemon acanthias* and *Hapsidophrys lineatus.*

The high diversity documented during the survey in both forests clearly demonstrated that these areas still have a high conservation potential. However, the established presence of breeding populations of several invasive species not normally found in forested areas (e.g. *Phrynobatrachus accraensis, Hoplobatrachus occipitalis, Agama agama*) indicates that the forests are already seriously impacted.

INTRODUCTION

West African rain forests are within the 25 most important biodiversity hotspots of the world (Myers et al. 2000). They are highly threatened by logging, agriculture and increasing human populations (Bakarr et al. 2001a). About 80% of the Upper Guinean forests in Côte d'Ivoire have been destroyed during the last 20 years (Rompaey 1993, Parren and DeGraaf 1995, Chatelain et al. 1996).

Although herpetological investigations in West Africa were initiated over 100 years ago (e.g. Peters 1875, 1876, 1877, Werner 1898, Ahl 1924 a, b), our knowledge of the herpetofauna remains poor. Hughes (1988) provided an overview of the history of herpetological investigations in adjacent Ghana, whilst Doucet (1963) reviewed the snakes of Côte d'Ivoire. However, for most of the described West African amphibians and reptiles biological data are still more or less anecdotal or completely lacking. Despite this it was generally assumed that at least the species inventory was nearly complete, and West Africa was generally seen as an area of comparatively low diversity. This was reflected in Lamotte's (1983) statement that there was no place in West Africa where more than 40 amphibian species lived in sympatry.

Recent investigations in Côte d'Ivoire have challenged this viewpoint, and have revealed anuran communities comprising more than 30 species even in savanna habitats (Rödel 1998a, 2000a, b; Rödel and Spieler 2000). Known forest communities are much richer and comprise between 40 and 60 species (Rödel 2000b, 2003; Rödel and Ernst 2003). From West Africa seven new amphibian species have been described within the last eight years, and more new species still await description (Perret 1994; Lamotte and Ohler 1997; Rödel 1998b; Rödel and Ernst 2000, 2002; Rödel et al. 2002, 2003; Rödel and Bangoura in press). The anuran diversity therefore exceeds even that of most neotropical regions (Ernst and Rödel unpubl.), and similar species diversity has also been reported for snakes (Hallermann and Rödel 1995; Böhme 1999; Rödel et al. 1995, 1997; Rödel and Mahsberg 2000; Ernst and Rödel 2002; Ineich 2002).

There is increasing awareness that the relatively small pockets of forest habitat currently conserved in West Africa, and in many other African protected areas (Newmark 1996) may be unable to maintain the long-term viability of the fauna and flora. Conserved areas must therefore expand in size, in the face of increasing socio-economic constraints and conflicting land use options, or become connected by viable corridors that allow the movement of species between the conserved enclaves (Laurance and Laurance 1999, Gascon et al. 1999, De Lima and Gascon 1999). During the Conservation Priority Setting Workshop in Ghana (Bakarr et al. 2001a), A. Schiøtz and M.-O. Rödel considered the poorly-known forests of western Côte d'Ivoire to be areas of exceptional priority for rapid assessment. As some of these forest patches may represent suitable corridor options between Taï National Park and adjacent forest reserves in Liberia a detailed inventory of their remaining fauna and flora was necessary. This report documents the results of a herpetofaunal survey of two of these sites.

METHODS

Study sites

During this Rapid Assessment survey (RAP) we investigated two classified forests in Western Côte d'Ivoire. The Forêt Classée de la Haute Dodo (HD) is situated southwest of Taï National Park (TNP), the Forêt Classée du Cavally (CA) lies northwest of this largest protected forest area in West Africa. Both areas lie within the zone of evergreen lowland rainforest. The HD is situated within the zone of highest floral diversity in West Africa (Guillaumet 1967). Judging from published precipitation measurements in TNP, precipitation in HD may exceed 2,200 mm per year, whereas precipitation in CA probably only reaches about 1,800 mm per year (Riezebos et al. 1994). The rainy season stretches from March/April to October/November. September/October receive most of the rainfall. More detailed information on geography, geology, climatology, vegetation and fauna others than herps are given in other chapters of this RAP report. Field work was conducted in HD from March 15-22, 2002 and in CA from March 23-30, 2002. The geographic

position and short habitat characterization for the localities investigated are summarized in Appendix 4.

Sampling methods and sampling effort

Amphibians and reptiles were mainly located opportunistically (Rödel and Ernst 2004), during visual surveys of all habitats by up to four people. Surveys were undertaken during the day and during the evening. Search techniques include visual scanning of terrain (using flashlight by night) and refuge examination (e.g. lifting rocks and logs, peeling away bark, scraping through leaf litter). Additional specimens or sightings were provided by other members of the biological inventory team. Amphibians were also investigated by acoustic monitoring of all available habitat types (Heyer et al. 1993). Some voucher specimens were collected. Amphibian vouchers were anesthetized and killed in a chlorbunatol solution and thereafter preserved in 70% ethanol. Reptiles were killed by 'Ethanase' injection, fixed in formalin and transferred to 50% propanol. Vouchers were deposited in the collections of the Port Elizabeth Museum (PEM), South Africa, the research collection of M.-O. Rödel (MOR) and the Staatliches Museum für Naturkunde Stuttgart (SMNS), Germany.

To supplement opportunistic collecting, habitats were also sampled using arrays of funnel and pitfall traps placed along drift fences. Trap lines were set in different micro-habitat types. Drift fences consisted of lengths of plastic shade cloth or black plastic sheeting 0.5 m high and stapled vertically onto wooden stakes. An apron left at the base was covered with soil and leaf litter to ensure that animals intercepted during their normal movements moved along the fence towards the traps.

Pitfall traps comprised plastic water buckets (275 mm deep, 285 mm top internal diameter, 220 mm bottom internal diameter) sunk with their rims flush with ground level and positioned so that the drift fences ran across the mouth of each trap. One pitfall trap was set at each end of a drift fence with other traps spaced in between at regular intervals. Holes in the base of the buckets allowed drainage.

Funnel traps were made from fine wire mosquito mesh shaped by hand and with stapled seams. Measurements were roughly 60 x 25 cm, with funnel entrances of approximately 30 mm diameter. Traps had funnel openings at one or both ends. The flexible mosquito mesh allowed the funnel entrance to be fitted flush with the ground and with the drift fence wall. Traps were covered with light vegetation to hide them and to provide cover for captured specimens. They were checked every morning and during the day if a survey team was working in the region. Captured animals were simply removed by opening a stapled seam, after which it was re-stapled. Animals not retained as voucher specimens were released in the vicinity of capture. Drift fence lengths, orientation and trap arrays were tailored to local conditions. A trap-day is defined as one trap in use for a 24-hour period.

Haute Dodo: Two trap arrays were set for six days each beside a small forest stream 0.5 km from camp (see Appendix

4). HD1 comprised a V-shaped array with 10m arms set in low-lying, closed-canopy forest alongside the stream. Three pitfall traps were set at the end of the arms (sharing a middle bucket), with two funnel traps on each side of each arm. After heavy rain the central pitfall trap was inundated due to the poor drainage. Total trap days; 18 pitfall, 48 funnel. HD2 comprised a T-shape array with 10m arms; arm 1 was set in secondary undergrowth running parallel to, and 3m from, the stream; arm 2 ran through secondary undergrowth up a slope running away from the stream; arm 3 also ran parallel to the stream, but beneath closed canopy small trees. Five pitfall traps were set at the end of the arms, with two on each side of the junction of the arms; three funnel traps were placed along each arm, with two on one side and one on the other. Total trap days; 30 pitfall, 54 funnel. HD3 was single line drift fence (150m) with pitfall traps (17) set by the small mammal survey team. Total trap days; 85 pitfall.

Cavally: Two trap arrays were set. CV1 was set for four days at 0.5km from camp beside a small river in secondary undergrowth. It comprised a single line array (20m) with four funnel traps set along either side. Total trap days; 32 funnel. A larger array (CV2) was prepared in conjunction with the small mammal survey team. It was set for three days 5 km from camp in dry, closed canopy forest. It comprised a single line array (150m) with 20 pitfall traps set at approximately 7m apart, with 17 funnel traps set approximately 20m apart on each side. The array total trap days; 60 pitfall, 51 funnel.

Table 5.1. Amphibians caught in trap arrays at Haute Dodo and Cavally. *Arthroleptis* could only be determined to species level while calling (two species involved, compare Rödel and Branch 2002).

Species	Numbers
Silurana tropicalis	15
Phrynobatrachus liberiensis	11
Phrynobatrachus alleni	10
Arthroleptis spp.	8
Phrynobatrachus plicatus	7
Bufo togoensis	4
Phrynobatrachus villiersi	4
Bufo maculatus	3
Leptopelis hyloides	2
Cardioglossa leucomystax	1
Ptychadena longirostris	1
Ptychadena bibroni	1
Phrynobatrachus guineensis	1
Amnirana albolabris	1
Geotrypetes seraphini	1
Total	**70**

RESULTS AND DISCUSSION

Trapping Results

Trapping success was variable, depending upon both climatic factors and the relative efficacy of the different traps. A total of 93 individuals were collected in traps, comprising 70 amphibians, 20 lizards and three snakes. Reptile and amphibian captures are summarized in Tables 5.1 and 5.2, respectively.

With few exceptions, most species captured in the trap arrays were of terrestrial habits. However, one arboreal snake (*Boiga pulverulenta*) and an amplectant (mating) pair of arboreal frogs (*Leptopelis hyloides*) were also collected in funnel traps. Due to their location beside a forest stream the main trap arrays at Haute Dodo collected large series of aquatic (*Silurana tropicalis*) or semi-aquatic species (*Cophoscincopus durus*), all of which were collected on nights immediately following heavy rain.

There was a positive correlation between the numbers of species caught and how recently rain had fallen (Figure 5.1). More animals were caught on the first night following heavy rain than on all other nights put together. This was true even when the data was corrected for differing frequencies in the interval between rainfalls. Due to the impending onset of the rainy season there was rarely a period of more than 3-4 days when rain did not fall.

The efficacy of funnel traps in catching reptiles or amphibians (87 individuals in 185 trap days; 0.47 individuals per trap days) far surpassed that of pitfall traps (6 individuals in 193 trap days; 0.03 individuals per trap days). This was true for arrays that comprised only pitfall traps (HD3), mixed arrays, or arrays comprising only funnel traps (CV1).

Comparative studies on the efficacy of pitfall versus funnel traps for surveying African herpetofauna are unavailable. In North American woodlands, Bury and Corn (1987) found pitfall traps more effective than funnel traps for capturing all forest non-volant vertebrates other than snakes. However, their funnel traps were much smaller (12-15 cm diameter) than those employed during this survey. Hobbs et al. (1994) assessed various designs of pitfall trap arrays for catching Australian reptiles in arid Spinifex grassland, and noted that the most effective design comprised a simple straight line drift fence with pitfall buckets placed approximately 7m apart. Pitfall arrays used during a survey of herpetofauna of Mont Doudou, Gabon (Burger et al. 2004) were effective in catching amphibians, but caught almost no reptiles. A total of 263 amphibians and only one reptile (a small tortoise) were captured in 726 trap-days. Moreover, the exceptional amphibian capture rate resulted from only two frog species (*Xenopus epitropicalis*, 138 individuals; *Hemisus perreti*, 53 individuals) that together accounted for 73% of the captures.

Species composition

The most common amphibian species at Haute Dodo were (in order of number of records): *Ptychadena longirostris* (19), *Leptopelis hyloides* (16), *Phrynobatrachus liberiensis* (15),

Arthroleptis sp. 2 (14) and *Phlyctimantis boulengeri* (13). The commonest reptiles were: *Cophoscincopus durus* (15), *Mabuya affinis* (7) and *Agama agama* (4). The most common amphibian species at Cavally were (in order): *Arthroleptis* sp. 2 (14), *Phrynobatrachus plicatus* (14), *Ptychadena longirostris* (13), *Phrynobatrachus alleni* (11) and *Phrynobatrachus alticola* (11). The most common reptiles were: *Mabuya affinis* (8), *Agama agama* (3) and *Mabuya polytropis paucisquamis* (2). Summarized species accounts for the recorded taxa are given in Rödel and Branch (2002) and Branch and Rödel (2003)

Sampling efficiency

With this kind of sampling design, only qualitative and semi quantitative data can be obtained. For exact quantitative data, mark-recapture experiments along standardized transects or on definite plots would have been necessary. Since this survey allowed only approximately one week for every region investigated, time was not sufficient to employ these methods. To evaluate our sampling effort we measured the time spent searching at each locality (man hours - m/h).

During the entire survey 42 amphibian and 24 reptile species were recorded. Species lists, including remarks on the species distribution and habitat choice, are given in Appendices 5-6. Species accumulation curves show how many new species were added each day (Figure 5.2). A continued increase of the curve's slope indicates that additional amphibian and reptile species remain to be discovered within the region.

In total, 58 man/hours were spent searching for amphibians and reptiles in CA and 73 man/hours in HD. The latter site had greater habitat diversity and search time was approximately the same for different habitat types at the two sites. Assuming that sampling effort was the same for each habitat, we calculated the approximate total number of amphibian species living in both forest reserves. Due to the relatively low numbers of reptiles we pooled data for both areas. Because we had no quantitative data available, we used the Jack-knife 1 estimator, based on presence/absence data for all habitats (program: BiodivPro from the Natural History Museum London).

This procedure estimated that about 41 amphibian species occur within HD, and 43 amphibian species within CA. We recorded 87.8% and 83.7% of the calculated spe-

cies numbers, respectively. The steep slope of the curve remaining for reptiles indicates that not all reptile species present in the region were recorded, and that the calculated number of 39 reptile species present is too low. Based on known snake faunas from adjacent regions (Böhme 1999, Rödel and Mahsberg 2000, Ineich 2002), a fauna of about 60 reptile species, including more than 40 snake species, should occur in the forests.

Comparison of the amphibian fauna from Haute Dodo and Cavally classified forests with other West African regions

Despite the fact that herpetological investigations in West Africa started early in the 19th century, very few areas are really well known. It was not until the 1960's that the first comprehensive West African amphibian inventories were presented by Lamotte and co-workers (Lamto, Mt. Nimba, Mts. Loma) and Schiøtz (several West African localities, however with the main emphasis on tree frogs). In the 1990's one of us (MOR) started to investigate most national parks of Côte d'Ivoire. All together (including the present study) no more than 14 areas in Côte d'Ivoire and Ghana can be regarded as more or less well known with respect to their amphibians fauna. In Appendix 7 we have summarized all West African amphibian inventories in which at least 10 species have been recorded. Generally areas that naturally comprise different habitat types (e.g. mountain savannas, different forest types, different savanna types) showed highest species richness. This is also obvious for relatively dry areas, e.g. Comoé National Park, where different vegetation zones meet (Guinea and Sudan savanna, as well as gallery and island forests).

However, diversity is normally higher in the more humid forest zone than in the savanna area. The western part of the Upper Guinean forest block harbors more species than the eastern part. This is also shown by comparing species numbers from Côte d'Ivoire (99 species; Rödel unpubl.) with those from Ghana (70 species, including several that have not yet been recorded but are believed to exist in the country; Hughes 1988).

Table 5.2. Reptiles caught in trap arrays at Haute Dodo and Cavally.

Species	NUMBER
Cophoscincopus durus	11
Mabuya affinis	7
Mabuya polytropis paucisquamis	2
Polemon acanthias	1
Hapsidophrys lineatus	1
Boiga pulverulenta	1
Total	**23**

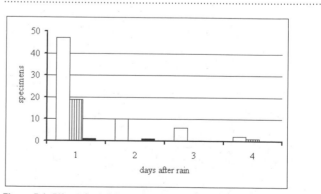

Figure 5.1: Effect of rainfall on trap success (only funnel traps, 185 trap days); white bars: frogs, bars with vertical stripes: skinks, black bars: snakes.

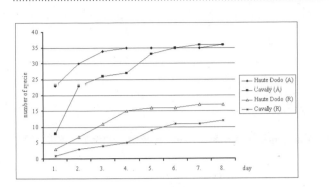

Figure 5.2: Species accumulation curves for Haute Dodo and Cavally
(A= amphibians; R= reptiles)

These differences may have historical reasons. During very dry periods some 10,000-40,000 years ago, the West African forest was split into relatively small forest remnants. These remnants were larger in the Upper Guinea region, possibly allowing more species to survive and/or to evolve into new species, than in the Lower Guinea area (e.g. Moreau 1963, 1969; Jahn et al. 1998).

In similarity analyses, savanna areas of Côte d'Ivoire clustered comparatively close (Comoé, Marahoué, Lamto, Mont Sangbé, M.-O. Rödel unpubl. data). Relatively similar anuran assemblages are also found in Ghana (Muni Lagoon, Kyabobo, Wli, Apesokubi), forming a group that has its closest affiliations to the Ivorian savanna areas. Both forest reserves investigated during the Rapid Assessment (Haute Dodo and Cavally) grouped closely together and within a cluster of other forest habitats (Taï, Mont Péko). Within forest areas species similarity was generally lower than within savanna sites, e.g. the Ghanian (Bobiri), Guinean (Ziama) and Sierra Leone (Monts Loma) sites are more or less separated from other areas.

Status of the amphibian faunas of Haute Dodo and Cavally Classified Forests.

In HD and CA we recorded 37 and 36 amphibian species, respectively (Appendix 5). With 41 and 43 estimated species (Rödel and Branch 2002), the classified forests do not reach the species richness of Taï National Park that both border, but are nevertheless well within the most diverse West African regions so far investigated (Appendix 7). The species composition of HD and CA are very similar, and both areas share about 86% of their species. In both areas the vast majority of the species were either Upper Guinean rain forest endemics (HD: 43.2%; CA: 38.9%) or at least restricted to West Africa (defined as the region from Senegal to Eastern Nigeria; HD: 24.3% and CA: 27.8%). Only 12 species in HD (32.4%) and CA 33.3%), have wider distributions in Sub-Saharan Africa (Appendix 5).

In both areas several remarkable species were recorded. In HD we found the fourth known locality for *Afrixalus vibekae*, the fourth locality for the genus *Conraua* in Côte

d'Ivoire (possibly a new *Conraua* species, taxonomic investigations are in progress), and the second known locality in Côte d'Ivoire for *Geotrypetes seraphini*. In CA we found the fourth known locality for *Kassina lamottei*. A new *Phrynobatrachus* species (Rödel and Ernst 2002) was also recorded in CA, whilst *Acanthixalus sonjae* (Rödel et al. 2003) was recorded in both HD and CA (the second and third known localities for the species). The locality records and voice recordings of several difficult frog groups collected during the surveys will also help to clarify taxonomic problems in the *Hyperolius fusciventris* species group (in which a number of subspecies are probably best regarded as full species); the *Hyperolius picturatus* complex (which may comprise two distinct species); and the *Ptychadena arnei/pujoli/mascareniensis* complex (the distribution and habitat choices of these very similar species may be distinguished).

Despite the discovery of forest specialists, a number of typical farmbush species (species that occur in altered former forest habitats like secondary forest or agricultural bushland, e.g. *Afrixalus dorsalis, Hyperolius concolor*) and savanna species (*Hoplobatrachus occipitalis, Phrynobatrachus accraensis, Ptychadena bibroni*) were also recorded. This indicates that both forest reserves have already been invaded by species that are not normally present.

No amphibian species recorded from either Haute Dodo or Cavally are currently considered threatened or included in the Red List 2001 (Hilton-Taylor 2001). Neither is their international trade monitored or regulated by inclusion in CITES appendices.

Status of the reptile faunas of Haute Dodo and Cavally Classified Forests

The reptile composition of Haute Dodo and Cavally were similar, with a diverse snake fauna but depauperate lizard fauna (Appendix 6). However, as the reptile fauna was probably undersampled during the current survey, no attempt is made here to repeat the analysis given above for amphibians. As indicated by the species accumulation curves (Figure 5.2) the snake faunas for both sites (HD 9 species, CA 4 species) were undersampled and are certainly much larger than confirmed during the current survey. Adjacent areas have some of the richest and most diverse snake faunas in Africa. Of 39 snakes recorded from Taï National Park (Rödel and Mahsberg 2000), 22 were found in primary forest, and 17 could be considered farmbush species. Even richer snake faunas have been recorded from Mt. Nimba (52 species, Angel et al. 1954b, Ineich 2002) and Ziama Forest (42 species, Böhme 1999) in Guinea. Other rich snake faunas in Africa include: 45 species from Dinamika, Congo Republic (Trape 1985); 44 species in Comoé National Park, Côte d'Ivoire (Rödel et al. 1995, 1997); and 54 species from Korup National Park, Cameroon (Lawson 1993). The latter noted that the snake fauna appeared to show greater affinities with those of the disjunct Upper Guinea forests than it did with the more contiguous Congo region.

Relatively few snakes are endemic to the Upper Guinea forests. They include the poorly-known *Typhlops manni*

Une Évaluation Biologique de Deux Forêts Classées du Sud-ouest de la Côte d'Ivoire
A Rapid Biological Assessment of Two Classified Forests in South-Western Côte d'Ivoire

71

(known from only two specimens), *T. liberiensis, Gonionoto-phis klingi, Lycophidion nigromaculatum, Thrasops occidentalis, Aparallactus lineatus, Polemon acanthias, Pseudohaje nigra, Dendroaspis viridis, Atheris chlorechis, Atheris hirsuta* (Taï N.P., Ernst and Rödel 2002), and *Bitis rhinoceros* (previously treated as an isolated western race of *B. gabonica*)

Both HD and CA had relatively depauperate lizard faunas, with only six species recorded from each site (eight in total). Although the sites were again relatively undersampled, the lizard fauna of the West African rain forests is known to be of very low diversity (Rödel et al. 1997). Böhme (1999) recorded only 11 species from Ziama, and an equally impoverished fauna is known from Mont Nimba (15 species, Angel et al. 1954a, Ineich 2002, Böhme et al. 2000). Whilst Lawson (1993) noted affinities between the snake faunas of Korup, Cameroon) and the Upper Guinea Forests, little such relationship occurs between the lizard faunas. Most lizards have relatively wide distributions within the region (e.g. *Hemidactylus fasciatus, H. murecius, Agama agama, Chamaeleo gracilis, Mabuya affinis, M. maculilabris, Varanus ornatus,* etc.). The only lizards endemic to the Upper Guinea forests are the water skink *Cophoscincopus durus* and the western race of the forest skink, *Mabuya polytropis paucisquamis* (which probably deserves specific recognition).

Only two crocodilian species (*Crocodylus cataphractus* and *Osteolaemus tetraspis*) recorded from Haute Dodo or Cavally are currently considered threatened (Vulnerable) and are included in the IUCN Red List 2001 (Hilton-Taylor 2001). These species and four others (*Chamaeleo gracilis, Varanus ornatus, Python sebae* and *Kinixys erosa*) are include in CITES appendices and their international trade monitored or regulated. Sightings of chelonians and crocodilians were rare, and local villagers reported hunting them for food. Lawson (2000) has documented the extent of exploitation of the forest tortoises *Kinixys erosa* and *K. homeana* in Cameroon, and the dwarf crocodile *Osteolaemus tetraspis* is similarly threatened by overexploitation throughout West Africa (Akani et al. 1998). During the survey period, a large (approx. 3-4m long) python (*Python sebae*) was killed by a local farmer in a small cocoa plantation on the border of Haute Dodo. The skin, meat and fat were all retained for trade, food and medicine, respectively.

CONCLUSIONS AND CONSERVATION IMPLICATIONS

Both diversity and species composition in Haute Dodo and Cavally classified forests indicate that these forests still have a very high potential for preserving amphibian and reptile species typical for the Upper Guinean forest region. In contrast, the presence of typical farmbush and even savanna species is a clear sign that the respective habitats are already seriously damaged. This concerns stems in particular from the obviously unsustainable forest management. Numerous dirt roads giving access to almost all parts of the forest and careless handling of logged trees have resulted in a great number of open areas with altered microclimate. The past and cur-

rent logging activities in both HD and CA have caused erosion and silting of natural water courses which, in the more hilly terrain of CV, could have significant impacts on aquatic systems. Numerous open water bodies and marshy areas have been created and these artificial habitats offer non-native species the opportunity to enter formerly closed forest habitats. Our observations clearly show that some of these invasive species are already well settled within the classified forests. It is not unlikely that they will compete and eventually displace true forest species.

To preserve the potentially high diversity of HD and CA, the highest priority is to stop or strictly control ongoing logging activities. It is now well-established that access to previously inaccessible forest by logging roads leads to numerous impacts, including a massive increase in the illegal and unsustainable harvesting of forest resources, especially bushmeat (see Bakarr et al. 2001b, and references therein). It also allows easy access for the establishment of small illegal cocoa plantations in the bush clearings generated by logging activities. Both of these major impacts are already very evident in both reserves. If the natural biodiversity of these reserves, both the herpetofauna and other groups, is to be preserved it is essential that stricter control of access to and impacts on the reserves be initiated. Logged areas need to be given sufficient time to recover. To achieve these goals the awarding of logging concessions and the logging process itself should be under more rigorous control.

LITERATURE CITED

Ahl, E. 1924a. Über einige afrikanische Frösche. Zool. Anz.. 59/60: 269-273.

Ahl, E. 1924b. Neue Reptilien und Batrachier aus dem zoologischen Museum Berlin. Arch. Naturgesch. 1924, A: 246-254.

Akani, G.C., L. Luiselli, F.M. Angelici, and E. Politano. 1998. Bushmen and herpetofauna: notes on amphibians and reptiles traded in bush-meat markets of local people in the Niger Delta (Port Harcourt, Rivers State, Nigeria). Anthropozoologica. 27: 21-26.

Angel, F., J. Guibé and M. Lamotte. 1954a. La Réserve Naturelle Intégrale du mont Nimba. Fas. II. XXXI. Lézards. - Mem. Inst. Fran. Afr. Noire. 40: 371-379.

Angel, F., J. Guibé, M. Lamotte, and R. Roy. 1954b. La Réserve Naturelle Intégrale du mont Nimba. Fas. II. XXXII. Serpents. - Mem. Inst. Fran. Afr. Noire. 40: 381-402.

Bakarr, M., B. Bailey, D. Byler, R. Ham, S. Olivieri, and M. Omland (eds.) 2001a. From the forest to the sea: Biodiversity connections from Guinea to Togo. Conservation Priority-Setting Workshop. December 1999. Conservation International, Washington D.C.

Bakarr, M., G.A.B. da Fonseca, R. Mittermeier, A.B. Rylands, and K.W. Painemilla (eds.). 2001b. Hunting and Bushmeat Utilization in the African Rain Forest. Perspectives toward a blueprint for conservation action.

Adv. Appl. Biodiv. Sci.. 2: 1-170. Conservation International, Washington D.C.

Böhme, W. 1994a. Frösche und Skinke aus dem Regenwaldgebiet Südost–Guineas, Westafrika. I. Einleitung; Pipidae, Arthroleptidae, Bufonidae. Herpetofauna. 16 (92): 11–19.

Böhme, W. 1994b. Frösche und Skinke aus dem Regenwaldgebiet Südost-Guineas, Westafrika. II. Ranidae, Hyperoliidae, Scincidae; faunistisch-ökologische Bewertung. Herpetofauna. 16 (93): 6–16.

Böhme, W. 1999. Diversity of a snake community in a Guinean rain forest (Reptilia, Serpentes). In: Rheinwald, G. (ed.) Isolated Vertebrate Communities in the Tropics. Proc. 4th Int. Symp., Bonn. - Bonn. zool. Monogr. Pp. 69-78.

Böhme, W., A. Schmitz, and T. Ziegler. 2000. A review of the West African skink genus Cophoscincopus Mertens (Reptilia: Scincidae: Lygosominae): resurrection of C. simulans (Valliant, 1884) and description of a new species. Rev. suisse Zool. 107: 777–791.

Branch, W.R. and M.-O. Rödel. 2003. Herpetological survey of the Haute Dodo and Cavally forests, western Ivory Coast, Part II: Trapping results and reptiles. Salamandra. 39: 21-38.

Burger, M., W.R. Branch, and A. Channing. 2004. Amphibians and reptiles of Monts Doudou, Gabon: Species turnover along an elevational gradient. Calif. Acad. Sci. Mem. 28: 145-186.

Bury, R.B. and P.S. Corn. 1987. Evaluation of pitfall trapping in northwestern forests: trap arrays with drift fences. J. Wildl. Mangt. 51: 112-119.

Chatelain, C., L. Gautier, and R. Spichiger. 1996. A recent history of forest fragmentation in southwestern Ivory Coast. Biodiv. Conserv. 5: 37-53.

De Lima, M.G. and C. Gascon. 1999. The conservation value of linear forest remnants in central Amazonia. Biol. Conser. 91: 241-247.

Doucet, J. 1963. Les serpents de la République de Côte d'Ivoire. Acta Tropica. 20: 201-259, 297-339.

Ernst, R. and M.-O. Rödel. 2002. A new Atheris species (Serpentes: Viperidae), from Taï National Park, Ivory Coast. Herpetol. J. 12: 55-61.

Euskirchen, O., A. Schmitz, and W. Böhme. 1999. Zur Herpetofauna einer montanen Regenwaldregion in SW-Kamerun (Mt. Kupe und Bakossi-Bergland), II. Arthroleptidae, Ranidae und Phrynobatrachidae. Herpetofauna. 21 (122): 25-34.

Gascon, C., T.E. Lovejoy, R.O. Bierregaard Jr., J.R. Malcolm, P.S. Stouffer, H.L. Vasconcelos, W.F. Laurance, B. Zimmerman, M. Tocher, and S. Borges. 1999. Matrix habitat and species richness in tropical forest remnants. Biol. Conser. 91: 223-229.

Guibé, J. and M. Lamotte. 1958. La Réserve Naturelle Intégrale du mont Nimba. XII. Batraciens (sauf Arthroleptis, Phrynobatrachus et Hyperolius). Mem. Inst. fond. Afr. Noire. 53: 241–273.

Guibé, J. and M. Lamotte. 1963. La Réserve Naturelle Intégrale du mont Nimba. XXVIII. Batraciens du genre Phrynobatrachus. Mem. Inst. fond. Afr. Noire. 66: 601–627.

Guillaumet, J.-L. 1967. Recherches sur la végétation et la flore de la région du Bas-Cavally (Côte d'Ivoire). Mémoires O.R.S.T.O.M. 20, Paris.

Hallermann, J. and M.-O. Rödel. 1995. A new species of Leptotyphlops (Serpentes: Leptotyphlopidae) of the longicaudus-group from West Africa. Stuttgarter Beiträge zur Naturkunde. Serie A, Nr. 532: 1-8.

Heyer, W.R., M.A. Donnelly, R.W. McDiarmid, L.-A.C. Hayek, and M.S. Foster. 1993. Measuring and monitoring biological diversity, standard methods for amphibians. Smithsonian Institution Press, Washington D.C.

Hilton-Taylor, C. 2001. 2001 IUCN Red List of Threatened Species. IUCN SSC, Gland, Switzerland.

Hobbs, T.J., S.R. Morton, P. Masters, and K.R. Jones. 1994. Influence of pit-trap design on sampling of reptiles in arid Spinifex grassland. Wildl. Res. 21: 483-490.

Hofer, U., L.-F. Bersier, and D. Borcard. 1999. Spatial organization of a herpetofauna on an elevational gradient revealed by null model tests. Ecology. 80: 976-988.

Hofer, U., L.-F. Bersier, and D. Borcard. 2000. Ecotones and gradients as determinants of herpetofaunal community structure in the primary forest of Mount Kupe, Cameroon. J. Trop. Ecol. 16: 517-533.

Hughes, B. 1988. Herpetology in Ghana (West Africa). Brit. Herp. Soc. Bull. 25: 29-38.

Ineich, I. 2002. Diversité spécifique des reptiles du Mont Nimba. - unpublished manuscript.

Jahn, S., M. Hüls, and M. Sarnthein. 1998. Vegetation and climate history of west equatorial Africa based on a marine pollen record off Liberia (site GIK 16776) covering the last 400,000 years. Rev. Palaeobot. Palynology. 102: 277-288.

Joger, U. and M.R.K. Lambert (in press). Inventory of amphibians and reptiles in SE Senegal, including the Niokola-Koba National Park, with observations on factors influencing diversity.

Lamotte, M. 1967. Les batraciens de la région de Gpakobo (Côte d'Ivoire). Bull. Inst. fond. Afr. Noire. Sér. A, 29: 218–294.

Lamotte, M. 1969. Le Parc National du Niokolo–Koba, Fascicule III; XXX. Amphibiens (deuxième note). Mem. Inst. fond. Afr. Noire. 84: 420–426.

Lamotte, M. 1971. Le Massif des Monts Loma (Sierra Leone), Fascicule I; XIX. Amphibiens. Mem. Inst. fond. Afr. Noire. 86: 397-407.

Lamotte, M. 1983. Amphibians in savanna ecosystems. In: Bourlière, F. (Ed.): Ecosystems of the World 13, Tropical savannas, Elsevier Scientific Publishing Company, Amsterdam: 313 323.

Une Évaluation Biologique de Deux Forêts Classées du Sud-ouest de la Côte d'Ivoire
A Rapid Biological Assessment of Two Classified Forests in South-Western Côte d'Ivoire

73

Lamotte, M. and A. Ohler. 1997. Redécouverte de syntypes de *Rana bibroni* Hallowell, 1845, désignation d'un lectotype et description d'une espèce nouvelle de *Ptychadena* (Amphibia, Anura). Zoosystema. 19: 531-543.

Largen, M.J. and F. Dowsett-Lemaire. 1991. Amphibians (Anura) from the Kouilou River basin, République du Congo. Tauraco Research Report. 4: 145–168.

Laurance, S.G. and W.F. Laurance. 1999. Tropical wildlife corridors : use of linear rainforest remnants by arboreal mammals. Biol. Conser. 91: 231-239.

Lawson, D.P. 1993. The reptiles and amphibians of the Korup National Park project, Cameroon. Herpetol. Nat. Hist. 1: 27-90.

Lawson, D.P. 2000. Local harvest of Hingeback tortoises, *Kinixys erosa* and *K, homeana,* in southwestern Cameroon. Chelonian Conserv. Biol. 3: 722-729.

Moreau, R.E. 1963. Vicissitudes of the African biomes in the late Pleistocene. Proc. Zool. Soc. London. 141: 395-421.

Moreau, R.E. 1969. Climatic changes and the distribution of forest vertebrates in West Africa. J. Zool. London. 158: 39-61.

Myers, N., R.A. Mittermeier, C.G. Mittermeier, G.A.B. da Fonseca, and J. Kent. 2000. Biodiversity hotspots for conservation priorities. Nature. 403: 853-845.

Newmark, W.D. 1996. Insularization of Tanzanian parks and the local extinction of large mammals. Conserv. Biol. 10: 1549-1556,

Parren, M.P.E. and N.R. de Graaf. 1995. The quest for natural forest management in Ghan, Côte d'Ivoire and Liberia. Tropenbos Series 13, Wageningen.

Perret, J.-L. .1994. Revision of the genus *Aubria* Boulenger 1917 (Amphibia Ranidae) with the description of a new species. Trop. Zool. 7: 255–269.

Peters, W. 1875. Über die von Hrn. Professor Dr. R. Buchholz in Westafrika gesammelten Amphibien. Mber. Königl. Akad. Wiss. Berlin, März: 196–212.

Peters, W. 1876. Eine zweite Mittheilung über die von Hrn. Professor Dr. R. Buchholz in Westafrika gesammelten Amphibien. Mber. Königl. Preuss. Akad. Wiss. Berlin, Februar: 117–123.

Peters, W. 1877. Übersicht der Amphibien aus Chinchoxo (Westafrika), welche von der Africanischen Gesellschaft dem Berliner zoologischen Museum übergeben sind. – Mber. Königl. Preuss. Akad. Wiss. Berlin, Oktober: 611–620.

Raxworthy, C.J. and D.K. Attuquayefio. 2000. Herpetofaunal communities at Muni Lagoon in Ghana. Biodiv. Conserv. 9: 501-510.

Riezebos, E.P., A.P. Vooren, and J.L. Guillaumet. 1994. Le Parc National de Taï, Côte d'Ivoire. - Tropenbos Series 8, Wageningen.

Riva, de la, I. 1994. Anfibios anuros del Parque Nacional de Monte Alén, Río Muni, Guinea Ecuatorial. Rev. Esp. Herp. 8: 123-139.

Rödel, M.-O. 1998a. Kaulquappengesellschaften ephemerer Savannengewässer in Westafrika. Edition Chimaira, Frankfurt/M.

Rödel, M.-O. 1998b. A new *Hyperolius* species from Tai National Park, Ivory Coast (Anura: Hyperoliidae: Hyperoliinae). Rev. fran. Aquariol. Herpétol. 25 (3/4): 123-130.

Rödel, M.-O. 2000a. Herpetofauna of West Africa, Vol. I: Amphibians of the West African savanna. Edition Chimaira, Frankfurt/M.

Rödel, M.-O. 2000b. Les communautés d'amphibiens dans le Parc National de Taï, Côte d'Ivoire. Les Anoures comme bio-indicateurs de l'état des habitats. Sempervira, Rapport de Centre Suisse de la Recherche Scientifique, Abidjan. 9: 108-113.

Rödel, M.-O. 2003. The amphibians of Mont Sangbé National Park, Ivory Coast. Salamandra. 39: 91-110

Rödel, M.-O. and A.C. Agyei. 2003. Amphibians of the Togo-Volta highlands, eastern Ghana. Salamandra. 39: 207-234.

Rödel, M.-O. and M.A. Bangoura. 2004 in press. A conservation assessment of amphibians in the Forêt Classée du Pic de Fon, Simandou Range, southeastern Republic of Guinea, with the description of a new *Amnirana* species (Amphibia Anura Ranidae). Tropical Zoology, 17.

Rödel, M.-O. and W.R. Branch. 2002. Herpetological survey of the Haute Dodo and Cavally forests, western Ivory Coast, Part I: Amphibians. Salamandra. 38: 245-268.

Rödel, M.-O. and R. Ernst. 2000. *Bufo taiensis* n. sp., eine neue Kröte aus dem Taï-Nationalpark, Elfenbeinküste. Herpetofauna. 22 (125): 9-16.

Rödel, M.-O. and R. Ernst. 2003. The amphibians of Marahoué and Mont Péko National Parks, Ivory Coast. Herpetozoa. 16: 23-39

Rödel, M.-O. and R. Ernst. 2004. Measuring and monitoring amphibian diversity in tropical forests. I. An evaluation of methods with recommendations for standardization. Ecotropica. 10: 1-14.

Rödel, M.-O. and D. Mahsberg. 2000. Vorläufige Liste der Schlangen des Tai-Nationalparks / Elfenbeinküste und angrenzender Gebiete. Salamandra. 36: 25-38.

Rödel, M.-O. and M. Spieler. 2000. Trilingual keys to the savannah-anurans of the Comoé National Park, Côte d'Ivoire. Stutt. Beitr. Naturk. Ser. A, Nr. 620: 1-31.

Rödel, M.-O., M.A. Bangoura, and W. Böhme. 2005, in press. The amphibians of south-eastern Republic of Guinea (Amphibia: Gymnophiona, Anura). Herpetozoa. 18.

Rödel, M.-O., K. Grabow, C. Böckheler, and D. Mahsberg. 1995. Die Schlangen des Comoé-Nationalparks, Elfenbeinküste (Reptilia: Squamata: Serpentes). Stutt. Beitr. Naturk. Ser. A, Nr. 528: 1-18.

Rödel, M.-O., K. Grabow, J. Hallermann, and C. Böckheler. 1997. Die Echsen des Comoé-Nationalparks, Elfenbeinküste. Salamandra. 33: 225-240.

Rödel, M.-O., T.U. Grafe, V.H.W. Rudolf, and R. Ernst.
2002. A review of West African spotted *Kassina*, including a description of *Kassina schioetzi* sp. nov. (Amphibia:
Anura: Hyperoliidae). Copeia. 2002: 800-814.

Rödel, M.-O., J. Kosuch, M. Veith, and R. Ernst. 2003.
First record of the genus *Acanthixalus* Laurent, 1944
from the Upper Guinean rain forest, West Africa, with
the description of a new species. J. Herpetol. 37: 43-52.

Rödel, M.-O., K. Kouadio, and D. Mahsberg. 1999. Die
Schlangenfauna des Comoé-Nationalparks, Elfenbeinküste: Ergänzungen und Ausblick. Salamandra. 35:
165-180.

Rompaey, van R.S.A.R. 1993. Forest gradients in West
Africa. A spatial gradient analysis. PhD Thesis, Wageningen.

Schiøtz, A. 1967. The treefrogs (Rhacophoridae) of West
Africa. Spolia zool. Mus. haun. 25: 1–346.

Schmitz, A., O. Euskirchen, and W. Böhme. 1999. Zur
Herpetofauna einer montanen Regenwaldregion in SW-
Kamerun (Mt. Kupe und Bakossi-Bergland), I. Einleitung, Bufonidae und Hyperoliidae. Herpetofauna. 21
(121): 5-17.

Trape, J.F. 1985. Les serpents de la région de Dimonika
(Mayombe, République populaire du Congo). Rev.
Zool. Bot. Afr. 99: 135-140.

Werner, F. 1898. Ueber Reptilien und Batrachier aus
Togoland, Kamerun und Tunis aus dem kgl. Museum
für Naturkunde in Berlin. Verhandlungen der kaiserlich-
königlichen zoologisch-botanischen Gesellschaft in
Wien. XLVIII: 191-230 + 1 plate.

Chapitre 6

Inventaire rapide des oiseaux des forêts classées de la Haute Dodo et du Cavally

Ron Demey et Hugo Rainey

RÉSUMÉ

En 15 jours de travaux sur le terrain, 179 espèces d'oiseaux ont été observées, 147 dans la Forêt Classée de la Haute Dodo et 153 dans la Forêt Classée du Cavally. Douze de ces espèces sont incluses dans la liste des espèces dont la protection est d'intérêt mondial (huit dans la FC de la Haute Dodo et dix dans celle du Cavally). Des 15 espèces à répartition restreinte qui composent la Zone d'Endémisme d'Oiseaux de la forêt de Haute Guinée, huit ont été trouvées dans la FC de la Haute Dodo et sept dans celle du Cavally. Un échantillon significatif des espèces forestières du pays a été rencontré, puisque 114 des 185 espèces du biome de la forêt guinéo-congolaise recensées en Côte d'Ivoire ont été trouvées dans la FC de la Haute Dodo et 117 dans celle du Cavally. Vu la valeur élevée de ces deux forêts pour la conservation, il est recommandé de poursuivre l'étude afin de compléter les listes des espèces et d'initier certaines actions de conservation pour préserver leur diversité biologique.

INTRODUCTION

Il a été démontré que les oiseaux sont de bons indicateurs de la diversité biologique d'un site. Leur taxinomie et leur répartition géographique mondiale sont relativement bien documentées en comparaison à d'autres taxons (ICBP 1992), ce qui facilite leur identification et permet l'analyse rapide des résultats d'une étude ornithologique. Le statut de conservation de la plupart des espèces ayant été assez bien évalué (BirdLife International 2000), les résultats et conclusions d'une telle étude peuvent être évalués et mis à exécution de façon positive. Les oiseaux font aussi partie des espèces les plus charismatiques, ce qui peut aider la présentation de recommandations à l'intention des décideurs et de tous ceux qui sont concernés par leur conservation.

Des études effectuées dans les forêts subsistant en Côte d'Ivoire ont démontré que celles-ci sont d'une importance considérable pour la survie de l'avifaune des forêts de Haute Guinée (Gartshore et al. 1995). Les forêts du sud-ouest du pays, à l'ouest du Sassandra, sont considérées comme particulièrement importantes (Fishpool 2001, Francis et al. 2001, Rainey 2000). Malgré tout, l'avifaune de la majorité des forêts denses humides sempervirentes en Côte d'Ivoire occidentale, qui sont en voie de disparition, demeure peu connue. Seul le Parc National de Taï a fait l'objet d'études ornithologiques approfondies sur le terrain (Gartshore et al. 1995). Avant la présente étude, aucun inventaire des oiseaux n'avait été publié sur, ni mené dans les Forêts Classées de la Haute Dodo et du Cavally. Toutefois, un travail sur le terrain avait permis de révéler, dans la FC du Cavally, la présence du Malimbe de Ballmann *Malimbus ballmanni*, espèce menacée (Gatter et Gardner 1993). Lors d'un atelier de planification des actions de conservation réunissant une équipe internationale d'experts, organisé par Conservation International à Elmina au Ghana, en 1999, ces forêts classées ont été sélectionnées pour faire l'objet d'inventaires RAP.

Nous avons effectué 15 jours de travail sur le terrain, dont huit jours dans la Forêt Classée de la Haute Dodo (15-22 mars) et sept dans la Forêt Classée du Cavally (24-30 mars), pendant lesquels nous avons identifié 179 espèces (Annexe 8).

Dans un souci de standardisation, il est fait référence à la nomenclature, la taxinomie et l'ordre de Borrow et Demey (2001). Le genre de certains noms scientifiques a été corrigé, d'après David et Gosselin (2002a, b).

MÉTHODES

La principale méthode utilisée pendant cette étude consistait en l'observation des oiseaux en marchant lentement le long des pistes et sentiers d'exploitation à l'intérieur des forêts. Des notes ont été prises sur les observations visuelles et les émissions vocales des oiseaux. Les vocalisations inconnues et celles des espèces rares ont été enregistrées pour permettre leur analyse ultérieure et leur dépôt dans des archives de sons. Nous avons essayé de parcourir le plus d'habitats possibles et surtout ceux qui semblaient pouvoir contenir des espèces menacées ou peu connues. Le temps manquait toutefois pour prospecter des habitats riverains, rocheux ou montagneux ; il n'a donc pas été possible d'évaluer l'abondance de certaines espèces menacées, ou rares, fréquentant ces habitats. Le travail sur le terrain était effectué un peu avant l'aube (généralement 06h00) jusqu'à midi et de 15h00 jusqu'au coucher du soleil (aux environs de 18h30). Du travail a également été effectué pendant la nuit, afin de collecter des données sur les hiboux et les engoulevents et d'enregistrer leurs vocalisations. Ces travaux étaient, en général, effectués de 04h00 jusqu'à l'aube et pendant les quelques heures suivant le crépuscule.

Des captures aux filets japonais ont été faites pendant deux jours sur chaque site. L'objectif principal était d'obtenir des données sur des espèces discrètes et silencieuses qui peuvent facilement passer inaperçues lors des observations visuelles ou auditives. A la Haute Dodo, six filets de 10 mètres linéaires ont été installés pendant deux matinées, de 06h00 à 13h00, les 17 et 18 mars (840 mètres de filet/heure). Ils ont été dressés à l'intérieur de la forêt et au-dessus d'un petit cours d'eau forestier. Au Cavally, la même configuration de filets a été installée pendant un jour et demi, de 06h00 à 18h00 le 27 mars et de 06h00 à 12h00 le 28 mars (108 mètres de filet/heure), les filets étant dressés dans la forêt primaire, près de pistes d'exploitation.

Chaque jour, une liste exhaustive des espèces observées a été établie. Le nombre d'individus ou de groupes a été noté, ainsi que les indications de reproduction (par exemple la présence de jeunes) et des informations concernant l'habitat dans lequel les oiseaux furent observés. Ceci nous a permis de produire des indices d'abondance pour chaque espèce, basés sur le taux de rencontre (nombre de jours pendant lesquels l'espèce fut notée et nombre d'individus et de groupes concernés). Des comparaisons peuvent ainsi être faites entre les deux sites et avec d'autres sites de la région. Les définitions des indices d'abondance sont données dans l'Annexe 8.

RÉSULTATS

Forêt Classée de la Haute Dodo

Au total, 147 espèces ont été recensées (voir Annexe 8), parmi lesquelles huit dont la protection est d'intérêt mondial (BirdLife International 2000; Tableau 6.1). Parmi ces dernières, quatre sont classées dans la catégorie « Vulnérable » (la Pintade à poitrine blanche *Agelastes meleagrides*, l'Echenilleur à barbillons *Lobotos lobatus*, le Bulbul à barbe jaune *Criniger olivaceus* et le Gobemouche du Liberia *Melaenornis annamarulae*), tandis que quatre autres sont considérées comme « Quasi-Menacées » (le Calao à joues brunes *Bycanistes cylindricus*, le Calao à casque jaune *Ceratogymna elata*, l'Akalat à ailes rousses *Illadopsis rufescens* et le Choucador à queue bronzée *Lamprotornis cupreocauda*). Huit des 15 espèces à répartition restreinte, c'est à dire des espèces d'oiseaux terrestres dont l'aire de reproduction est inférieure à 50 000 km², qui composent la Zone d'Endémisme d'Oiseaux des forêts de Haute Guinée (Fishpool 2001, Stattersfield et al. 1998) ont été notées dans la Haute Dodo : toutes les espèces mentionnées ci-dessus, excepté le Calao à casque jaune, sont à répartition restreinte, ainsi que l'Apalis de Sharpe *Apalis sharpii*, espèce non-menacée. Cette forêt classée comprend ainsi un échantillon important des espèces endémiques de la Haute Guinée. Des 185 espèces du biome des forêts guinéo-congolaises recensées dans le pays (Fishpool 2001), 114 (soit 62%) ont été notées dans la FC de la Haute Dodo. Ceci constitue une composante importante des espèces typiquement forestières du pays et donne une indication sur la haute qualité du milieu naturel de cette forêt.

De plus, un certain nombre d'espèces rares et peu connues en Côte d'Ivoire ou en Haute Guinée ont été observées. Celles-ci comprennent le Serpentaire du Congo *Dryotriorchis spectabilis*, le Râle à gorge grise *Canirallus oculeus*, l'Engoulevent à deux taches *Caprimulgus binotatus*, l'Indicateur à queue en lyre *Melichneutes robustus*, le Rémiz à front jaune *Anthoscopus flavifrons*, le Tisserin de Preuss *Ploceus preussi*, la Parmoptile à gorge rousse *Parmoptila rubrifrons* et la Nigrette à front jaune *Nigrita luteifrons*. Des jeunes de 16 espèces ont été notés (voir Annexe 8), ce qui laisse supposer qu'un nombre important de ces espèces se reproduit pendant la saison sèche.

Beaucoup d'espèces, d'habitude assez bruyantes, étaient remarquablement silencieuses, parmi lesquelles les groupes des coucous (Cuculidae) et des barbions (*Pogoniulus* spp.). Il y avait quelques absences surprenantes d'espèces normalement communes, telles que le Calao siffleur *Bycanistes fistulator* et le Bulbul tacheté *Ixonotus guttatus*, deux espèces typiques de la forêt, qui sont d'habitude bruyantes et bien visibles. Les trois grands calaos observés étaient remarquablement peu communs et pas très bavards. Un cri d'hibou non-identifié a été enregistré à 05h30 le 20 mars. Il s'agissait d'un hululement grave que nous avons été incapables d'attribuer à une espèce particulière quand nous l'avons comparé aux enregistrements de Chappuis (2000).

Il se pourrait qu'il soit celui d'un hibou de moyenne ou de grande taille, tels que le Duc à crinière *Jubula lettii* ou le Grand-duc de Shelley *Bubo shelleyi*, tous les deux peu connus. *B. shelleyi* est supposé crier à la tombée et la levée du jour ou juste avant (Borrow et Demey 2001).

Forêt Classée du Cavally

Sur ce site, 153 espèces ont été recensées (voir Annexe 8), parmi lesquelles dix dont la protection est d'intérêt mondial (BirdLife International 2000 ; Tableau 6.1). Parmi celles-ci, trois sont classées dans la catégorie « Vulnérable » (la Pintade à poitrine blanche *Agelastes meleagrides*, le Bulbul à queue verte *Bleda eximius* et le Bulbul à barbe jaune *Criniger olivaceus*), cinq comme « Quasi-Menacées » (le Canard de Hartlaub *Pteronetta hartlaubii*, le Calao à joues brunes *Bycanistes cylindricus*, le Calao à casque jaune *Ceratogymna elata*, l'Akalat à ailes rousses *Illadopsis rufescens* et le Choucador à queue bronzée *Lamprotornis cupreocauda*), tandis que deux sont considérées comme relevant de la catégorie « Insuffisamment Documenté » (l'Onoré à huppe blanche *Tigriornis leucolopha* et l'Indicateur d'Eisentraut *Melignomon eisentrauti*). Sept des 15 espèces à répartition restreinte qui composent la Zone d'Endémisme d'Oiseaux des forêts de Haute Guinée (Fishpool 2001, Stattersfield et al. 1998) ont été notées au Cavally. Des 185 espèces du biome des forêts guinéo-congolaises recensées dans le pays (Fishpool 2001), 117 (ou 63%) ont été trouvées dans la FC du Cavally. Comme pour le site précédent, ceci constitue une composante importante des espèces typiquement forestières du pays et donne une indication sur la qualité élevée de l'état du milieu naturel de cette forêt.

Par ailleurs, un certain nombre d'espèces rares et peu connues ont été observées, parmi lesquelles l'Ibis olive *Bostrychia olivacea*, le Râle à gorge grise *Canirallus oculeus*, le Petit-duc à bec jaune *Otus icterorhynchus*, l'Engoulevent à deux taches *Caprimulgus binotatus*, l'Indicateur à queue en lyre *Melichneutes robustus* et le Pririt à ventre doré *Dyaphorophyia concreta*. L'Anhinga d'Afrique *Anhinga rufa* et le Canard de Hartlaub *Pteronetta hartlaubii* ont été observés sur un lac artificiel à environ 5 km de la forêt classée. Ces deux espèces sont certainement aussi présentes sur les cours d'eaux traversant la forêt, tels que le Cavally et la Dibo ; aussi les avons-nous incluses dans la liste du site. Des jeunes de 16 espèces ont été notés (voir Annexe 8).

Comme à la Haute Dodo, un certain nombre d'espèces ne se faisaient pas entendre, ce qui explique l'absence de la liste établie de, par exemple, l'Autour à longue queue *Urotriorchis macrourus*, la Chouette africaine *Strix woodfordii* et le Barbion à croupion rouge *Pogoniulus atroflavus*. L'absence de certaines espèces, comme l'Erythrocerque à tête rousse *Erythrocercus mccallii* et le Souimanga à gorge rousse *Chalcomitra adelberti*, est à remarquer de même que la rareté d'autres telles que le Calao siffleur *Bycanistes fistulator* et l'Apalis à calotte noire *Apalis nigriceps* (seulement une observation chacune).

Sur les deux sites, l'objectif de détecter la présence des certaines espèces discrètes par l'utilisation de filets japonais

Tableau 6.1 Espèces globalement menacées

Espèces		Statut	Haute Dodo	Cavally
Tigriornis leucolopha	Onoré à huppe blanche	ID		X
Pteronetta hartlaubii	Canard de Hartlaub	qm		X
Agelastes meleagrides	Pintade à poitrine blanche	VU	X	X
Bycanistes cylindricus	Calao à joues brunes	qm	X	X
Ceratogymna elata	Calao à casque jaune	qm	X	X
Melignomon eisentrautius	Indicateur d'Eisentraut	ID		X
Lobotos lobatus	Echenilleur à barbillons	VU	X	
Bleda eximius	Bulbul à queue verte	VU		X
Criniger olivaceus	Bulbul à barbe jaune	VU	X	X
Melaenornis annamarulae	Gobemouche du Libéria	VU	X	
Illadopsis rufescens	Akalat à ailes rousses	qm	X	X
Lamprotornis cupreocauda	Choucador à queue bronzée	qm	X	X
Nombre d'espèces observées:			**8**	**10**

Statut de conservation (BirdLife International 2000) :
ID = Insuffisamment Documenté (Data Deficient) : espèce pour laquelle on ne dispose pas suffisamment d'informations pour évaluer son risque d'extinction.
VU = Vulnérable (Vulnerable) : espèce confrontée, à moyen terme, à un risque élevé d'extinction à l'état sauvage.
qm = Quasi-menacé (Near Threatened) : espèce qui se rapproche de celles de la catégorie Vulnérable.

a été atteint (voir Tableau 6.2). Une sélection significative d'espèces a été capturée, parmi lesquelles le Bulbul à queue verte *Bleda eximius* était la plus importante, tandis que le Martin-pêcheur à ventre blanc *Alcedo leucogaster* a été pris bien plus souvent que ne le laissait présumer le statut de cet oiseau réputé peu fréquent. Le taux établi de capture, de 1,9 oiseaux par 100 mètres de filet-heure est à peu près le double du taux normal dans la forêt tropicale. Ceci indique que la poursuite des captures au filet serait, sans nul doute, productive et permettrait l'identification d'autres espèces normalement difficiles à repérer.

Notes sur des espèces spécifiques
(voir Tableau 6.1 pour la définition du statut de conservation)

Espèces globalement menacées ou dont la protection est d'intérêt mondial
Tigriornis leucolopha Onoré à huppe blanche (ID). Des oiseaux solitaires vus sur deux jours différents au Cavally. Le premier se trouvait près d'un petit cours d'eau à 1 km au sud-est du camp, le deuxième sur une piste à 6 km à l'est du camp.

Pteronetta hartlaubii Canard de Hartlaub (qm). Deux individus observés sur un lac artificiel à 5 km de la FC du Cavally dans une plantation d'hévéas avoisinante.

Agelastes meleagrides Pintade à poitrine blanche (VU). Un groupe de huit traversant une large piste d'exploitation a été vu à 3 km à l'ouest du camp de la Haute Dodo. Au Cavally, cinq groupes, le plus grand comptant 22 oiseaux, ont été observés à quatre endroits différents, tous dans de la forêt exploitée. Ces endroits étaient situés au sud et au sud-ouest du camp à une distance allant de 0,5 a 8 km. Avant cette étude, l'espèce n'était connue que de deux sites dans le pays ainsi que d'après deux données anciennes (Fishpool 2001).

Bycanistes cylindricus Calao à joues brunes (qm). Observé brièvement seulement à la Haute Dodo sur deux jours. Au Cavally cette espèce était commune et vue quotidiennement, bien qu'en moins grand nombre que les Calaos à casque noir et à casque jaune.

Ceratogymna elata Calao à casque jaune (qm). Seulement quelques observations brèves sur trois jours à la Haute Dodo. Au Cavally, ce calao était toutefois vu quotidiennement et en nombre conséquent.

Melignomon eisentrauti Indicateur d'Eisentraut (ID). Un individu observé à 3,5 km au sud-est du camp au Cavally. Il était en train de se nourrir en se tenant sur des petites branches à 20 m de haut. Il était attaqué par un souimanga et semblait, par la suite, suivre un Apalis de Sharpe. La forêt, à cet endroit, est assez ouverte et dégradée, avec quelques

Tableau 6.2. Liste des oiseaux capturés au filet japonais

Site	Espèces		Nombre d'individus
Haute Dodo	*Alcedo leucogaster*	Martin-pêcheur à ventre blanc	3
	Andropadus latirostris	Bulbul à moustaches jaunes	1
	Bleda canicapillus	Bulbul fourmilier	2
	Stiphrornis erythrothorax	Rougegorge de forêt	3
	Alethe diademata	Alèthe à huppe rousse	2
	Spermophaga haematina	Sénégali sanguin	1
	Total		12
Cavally	*Alcedo leucogaster*	Martin-pêcheur à ventre blanc	1
	Andropadus latirostris	Bulbul à moustaches jaunes	1
	Phyllastrephus icterinus	Bulbul icterin	3
	Bleda eximius	Bulbul à queue verte	3
	Bleda canicapillus	Bulbul fourmilier	6
	Stiphrornis erythrothorax	Rougegorge de forêt	2
	Alethe diademata	Alèthe à huppe rousse	2
	Hylia prasina	Hylia verte	1
	Terpsiphone rufiventer	Tchitrec à ventre roux	1
	Illadopsis rufipennis	Akalat à ailes rousses	2
	Cyanomitra obscura	Souimanga olivâtre de l'Ouest	3
	Total		25

Une Évaluation Biologique de Deux Forêts Classées du Sud-ouest de la Côte d'Ivoire
A Rapid Biological Assessment of Two Classified Forests in South-Western Côte d'Ivoire

79

grands arbres et une canopée, en général, de moins de 30 m de hauteur. Auparavant, cette espèce n'était connue que de trois sites en Côte d'Ivoire (Rainey et al. 2003).

Lobotos lobatus Echenilleur à barbillons (VU). Trois mâles ont été vus à trois endroits différents à la Haute Dodo, respectivement à 0,5, 2 et 3 km à l'ouest et au sud du camp. Tous les trois étaient en train de se nourrir à une hauteur de 15-25 m en forêt secondaire. Auparavant, cette espèce était connue de cinq sites en Côte d'Ivoire (Fishpool 2001, Gartshore et al. 1995).

Bleda eximius Bulbul à queue verte (VU). Trois individus ont été capturés au filet japonais en deux jours au Cavally, à 0,5 km au nord du camp. Tous ont été attrapés à une hauteur de 1-1,5 m. Auparavant, cette espèce était connue de sept sites en Côte d'Ivoire (Fishpool 2001, Gartshore et al. 1995, HJR obs. pers.).

Criniger olivaceus Bulbul à barbe jaune (VU). Les émissions vocales d'un individu ont été enregistrées à 3 km à l'ouest du camp de la Haute Dodo et deux oiseaux ont été observés à 1,5 km à l'ouest du camp dans la même forêt. Au Cavally, au moins deux individus ont été vus dans un groupe mixte à 7 km au sud du camp et un oiseau a été vu à 0,5 km au sud du camp. Cette espèce était connue auparavant de six sites dans le pays (Fishpool 2001, RD obs. pers.).

Melaenornis annamarulae Gobemouche du Liberia (VU). Observé en au moins deux endroits à la Haute Dodo. A trois occasions différentes, à une distance maximale de 0,5 km du camp, un couple, un oiseau solitaire et le chant de cette espèce ont successivement été notés. Il s'agissait peut-être du ou des mêmes individus. Le deuxième site, où un seul individu a été observé, se trouvait à 3 km à l'ouest du camp. Cette espèce était connue auparavant de sept sites en Côte d'Ivoire (Fishpool 2001, Gartshore et al. 1995, RD obs. pers.).

Illadopsis rufescens Akalat à ailes rousses (qm). Rare à la Haute Dodo et peu fréquent au Cavally, avec peu d'individus en chant.

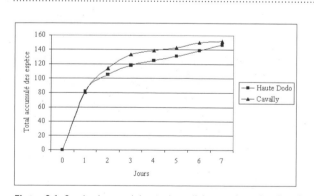

Figure 6.1. Courbe de cumul des espèces d'oiseaux observées dans les Forêts Classées de la Haute Dodo et du Cavally

Lamprotornis cupreocauda Choucador à queue bronzée (qm). Vu sur quatre jours à chaque site, avec un maximum de quatre individus en un jour.

Autres espèces rares ou peu connues

Bostrychia olivacea Ibis olive. Des petits groupes observés à deux reprises au Cavally dans les environs du camp.

Dryotriorchis spectabilis Serpentaire du Congo. Un individu vu à 3 km à l'ouest du camp à la Haute Dodo.

Canirallus oculeus Râle à gorge grise. Un individu vu le long d'un petit cours d'eau à 1,5 km à l'ouest du camp à la Haute Dodo. Au moins trois vus, dont deux ensemble (peut-être un adulte et un jeune), le long d'un cours d'eau à 0,5-4,5 km au sud-est du camp au Cavally. A notre approche, les oiseaux se sont enfuis dans la forêt.

Otus icterorhynchus Petit-duc à bec jaune. Un individu entendu une fois, tôt le matin, près du camp au Cavally.

Caprimulgus binotatus Engoulevent à deux taches. Un individu répondait à la repasse de son chant, un soir à 20h00, à 1,5 km à l'ouest du camp à la Haute Dodo. C'est, probablement le même individu qui a été entendu à 06h00 le matin suivant, au même endroit. Au Cavally, un oiseau a pu être entendu près du camp pendant quatre nuits

Melichneutes robustus Indicateur à queue en lyre. La parade de cette espèce a été entendue en trois endroits différents au Cavally.

Dyaphorophyia concreta Pririt à ventre doré. Deux individus vus à 5 km à l'ouest du camp au Cavally, dans une zone de forêt primaire non-exploitée.

Anthoscopus flavifrons Rémiz à front jaune. Un individu observé dans un grand arbre à couronne ouverte à la Haute Dodo, à 0,5 km à l'ouest du camp.

Ploceus preussi Tisserin de Preuss. Un mâle vu à 1 km à l'est du camp à la Haute Dodo.

Parmoptila rubrifrons Parmoptile à gorge rousse. Un mâle vu dans une bande mixte en forêt primaire à 4 km à l'ouest du camp à la Haute Dodo.

Nigrita luteifrons Nigrette à front jaune. Une femelle vue à 0,5 km à l'ouest du camp à la Haute Dodo.

DISCUSSION

Le nombre total de 179 espèces recensées sur les deux sites est relativement élevé, compte tenu de la courte période d'étude et du fait que plusieurs espèces chantaient peu. Ceci donne une indication de la qualité élevée de l'état du milieu naturel de ces deux forêts. En comparaison, dans le Parc National de Taï avoisinant, quelques 250 espèces ont été recensées après des études intensives menées sur plusieurs années (Gartshore et al. 1995, Fishpool 2001). Lors d'un inventaire ornithologique du Mt Kopé, situé au nord de Grabo et à environ 50 km au sud-ouest du PN de Taï, 109 espèces ont été recensées en cinq jours, en novembre 1990 (Gartshore et al. 1995).

Le nombre d'espèces inféodées au biome des forêts guinéo-congolaises recensées dans les deux forêts classées - 114 à la Haute Dodo et 117 au Cavally - est important et va sans aucun doute augmenter à l'occasion de travaux sur le terrain supplémentaires, vu l'ascension lente mais continue des courbes de cumul des espèces (Figure 6.1). Seulement trois sites en Côte d'Ivoire, classés comme Zones d'Importance pour la Conservation des Oiseaux, ont un nombre plus élevé d'espèces inféodées à un biome que la FC du Cavally : le PN de Taï (157 espèces), le PN du Mont Péko (144) et la Forêt de Yapo (135), tandis que le PN de la Marahoué en possède le même nombre (117) et la Forêt de Mopri un peu moins (115) (Fishpool 2001).

Le fait que seulement une espèce typique de lisière ait été recensée à chaque site, constitue une indication supplémentaire de la qualité de ces forêts. Le Souimanga à ventre olive *Cinnyris chloropygius* (à la Haute Dodo) et le Bulbul verdâtre *Andropadus virens* (au Cavally) ont tous deux été observés à un seul endroit dégagé à l'intérieur de chacune de ces forêts.

La comparaison des courbes de cumul des espèces (Figure 6.1) peut fournir une indication de conditions différentes prévalant dans les deux forêts. A la Haute Dodo, le nombre total des espèces observées augmente assez progressivement à partir du deuxième jour. Au Cavally, un total des espèces proche de l'asymptote a été obtenu un peu plus rapidement. Ceci pourrait être dû à l'aspect plus uniforme et fermé de la forêt sur le dernier site. La pluviométrie est également plus basse au Cavally et le site contient peut-être moins d'espèces que la Haute Dodo. Seulement sept jours sur le site de la Haute Dodo ont été retenus pour tracer cette courbe de cumul, le huitième jour s'étant limité à quelques heures d'observation.

La découverte de la présence de la Pintade à poitrine blanche sur les deux sites est peut-être le résultat le plus important de l'étude. S'il est difficile de tirer des conclusions concernant son statut à la Haute Dodo, vu le fait que seulement un groupe y a été observé, il est tout de même remarquable d'avoir rencontré cette espèce dans une forêt assez fortement exploitée. Au Cavally, l'espèce était assez commune, plus commune que la Pintade de Pucheran *Guttera pucherani*, dont la présence n'a été prouvée que par une plume trouvée sur une piste, l'observation d'un groupe survolant le Cavally à partir du Liberia et une photo (adultes avec jeunes) prise par un piège photographique à infra-rouges. Toutes les observations ont été faites dans de la forêt secondaire ou exploitée, ce qui semble indiquer que l'espèce peut survivre en dehors de la forêt primaire. Dans les deux forêts classées, la chasse pourrait ainsi constituer la menace la plus importante pour cette espèce. Des études complémentaires devraient permettre d'évaluer les besoins spécifiques de l'espèce pour ce qui concerne l'habitat, ainsi que les menaces pesant sur sa conservation.

L'Engoulevent à deux taches, dont les besoins écologiques sont peu connus, a été observé dans de la forêt exploitée et secondaire, ce qui semble indiquer que l'espèce

pourrait supporter certains changements dans son habitat. Comme nous n'avons rencontré qu'un seul individu à chaque site, ceci reste toutefois à confirmer.

Remarquablement peu de grands calaos ont été notés à la Haute Dodo, où ils n'étaient pas du tout bruyants ; au Cavally, ils étaient, en revanche, généralement communs. Comme les calaos sont connus pour être capables de mouvements sur de grandes distances pour obtenir de la nourriture (Kemp 1995, HJR obs. pers.), ce qui peut être lié à la phénologie des arbres en fruits. La densité des arbres en fruits à la Haute Dodo, en cette saison et cette année, pourrait en effet être basse si on la compare à celle du Cavally et de Taï (HJR obs. pers.). Il pourrait, de ce fait, exister des déplacements locaux considérables de calaos. Les densités relatives des Calaos à joues brunes, à casque noir et à casque jaune au Cavally étaient comparables à celles observées ailleurs par Gartshore et al. (1995) et HJR (obs. pers.). Les Calaos à casque noir et à casque jaune étaient apparemment beaucoup plus communs que le Calao à joues brunes, mais ceci pourrait s'expliquer en partie par le fait que leurs cris sont nettement plus forts et donc plus faciles à identifier.

La découverte de l'Indicateur d'Eisentraut, espèce peu connue, est remarquable en ce sens qu'il s'agit de la quatrième observation dans un laps de temps restreint puisque la présence de cette espèce dans le pays n'a été confirmé que le 31 décembre 2000 (Rainey et al. 2003).

L'Echenilleur à barbillons semble être relativement commun à la Haute Dodo par rapport à d'autres sites ; les raisons en demeurent inconnues. Le Bulbul à queue verte fut l'une des premières espèces à être capturée au filet au Cavally. Trois individus ont été pris en deux jours, dans une zone de forêt entrecoupée par de nombreuses pistes d'exploitation, ce qui laisse supposer une densité de population assez élevée. Le Bulbul à barbe jaune a été trouvé aussi bien en forêt dégradée qu'en forêt intacte, sur les deux sites; au Cavally l'espèce a été rencontrée à 200 m d'un village illégal d'orpailleurs. Alors que la fréquence de rencontre du Gobemouche du Liberia à la Haute Dodo était élevée, l'espèce n'a pas été trouvée au Cavally. Nos observations dans la Haute Dodo, ainsi que sur d'autres sites en Côte d'Ivoire, semblent indiquer que l'habitat préféré de cet oiseau n'est pas la forêt à canopée fermée.

Trois espèces, communes à la Haute Dodo, étaient absentes ou rares au Cavally : l'Erythrocerque à tête rousse, le Souimanga à gorge rousse et l'Apalis à calotte noire. Leur absence ou rareté n'était pas due à des taux de vocalisation bas et elle est difficile à expliquer. De même, le Bulbul tacheté, espèce commune au Cavally et à Taï pendant la période d'étude (RD et HJR obs. pers.), était apparemment absente de la Haute Dodo. Ceci semble indiquer qu'il pourrait y avoir quelques variations locales importantes du type et de la qualité du couvert de cette forêt. Des études complémentaires effectuées en d'autres saisons pourraient permettre d'évaluer le comportement migratoire de certaines espèces forestières.

Une Évaluation Biologique de Deux Forêts Classées du Sud-ouest de la Côte d'Ivoire
A Rapid Biological Assessment of Two Classified Forests in South-Western Côte d'Ivoire

81

Le Malimbe de Ballmann était l'espèce menacée du plus grand intérêt, en terme de conservation, que nous avons recherchée dans les deux forêts. Il n'est peut-être pas surprenant que nous ne l'ayons pas trouvée à la Haute Dodo, car le site est relativement loin de son aire de distribution connue, en Côte d'Ivoire, comme étant le nord-ouest de Taï (BirdLife International 2000, Collar et Stuart 1985). Nous ne l'avons non plus trouvée au Cavally, où Gatter et Gardner (1993) l'ont cependant recensée dans une forêt primaire et légèrement perturbée. Bien que le fait que nous n'ayons pas eu l'occasion de prospecter beaucoup de forêt intacte pourrait expliquer notre échec, son absence de nos données est assez inquiétante, surtout que toutes les autres espèces de *Malimbus*, qui sont supposées avoir un comportement semblable, étaient communes et que le Malimbe de Ballmann a auparavant également été signalé comme y étant commune (Gatter et Gardner 1993). Des études complémentaires sont nécessaires afin d'établir si la dégradation de la forêt qui résulte du régime d'exploitation actuel est trop importante pour cette espèce.

RECOMMANDATIONS

Compte tenu de la valeur élevée pour la conservation des deux forêts de la Haute Dodo et du Cavally, les recommandations suivantes ont été faites :

1. Des études complémentaires devraient être menées afin de compléter les listes des espèces. Ces inventaires devraient être effectués pendant des saisons différentes (par exemple au début de la période de reproduction, en octobre-novembre, quand les oiseaux chantent le plus souvent, et pendant les pluies) et dans l'ensemble des habitats, y compris la forêt non-exploitée, les rivières et les inselbergs. Nos observations, ainsi que l'ascension lente mais continue de la courbe de cumul des espèces, indiquent que beaucoup d'espèces restent à découvrir.

2. Une partie de la Forêt Classée du Cavally devrait être intégralement préservée, comme à la Haute Dodo, afin de contribuer à la survie des plantes et animaux pour lesquels la forêt primaire est indispensable. Le choix de ces zones devrait tenir compte des parties de forêt intacte dans la Forêt Classée contiguë de Goin-Débé, afin de préserver une zone de forêt primaire aussi vaste que possible. A la Haute Dodo, l'extension des zones intactes, qui pourraient se rattacher au Parc national de Taï, devrait être prise en considération.

3. Afin de limiter la dégradation de la forêt, la réduction du nombre de routes par hectare (routes principales et pistes d'exploitation) est une nécessité. Il a, en effet, été démontré que la construction de routes et l'ouverture de toutes les strates de la forêt constituent l'effet négatif principal de l'exploitation forestière sur les populations d'oiseaux. Vu le niveau de dégradation de grandes parties de ces forêts, toute augmentation substantielle de l'exploitation entraînera vraisemblablement une augmentation de la menace qui pèse sur les espèces dont la protection est d'intérêt mondial ou qui sont rares.

4. La chasse est illégale dans les forêts classées et devrait donc être réduite. Des mesures pour atteindre cet objectif pourraient comprendre un meilleur contrôle le long des routes à travers les zones avoisinantes par lesquelles la viande de brousse est transportée, en combinaison avec un renforcement des missions de surveillance. Les exploitants forestiers devraient être étroitement contrôlés, afin d'empêcher qu'ils ou leurs salariés s'adonnent à la chasse. Le déguerpissement des villages situés illégalement à l'intérieur des forêts classées devrait être considéré, les habitants obtenant vraisemblablement une partie substantielle de leurs besoins en viande à partir des ressources de la forêt. Certaines espèces de grands oiseaux, qui sont particulièrement sensibles aux effets de la chasse, comme la Pintade à poitrine blanche, les calaos et les rapaces, sont apparemment chassés pour servir de nourriture au chasseur (la viande des mammifères étant réservée à la vente) ; une diminution de la chasse pour la viande de brousse serait, de ce fait, également bénéfique pour les populations des grands oiseaux.

5. Des programmes de suivi devraient être mis en place pour évaluer l'effet de certains régimes de gestion sur la faune sauvage. Si des financements sont disponibles, des chasseurs (braconniers) locaux, qui connaissent le mieux les forêts et leur faune, devraient être employés lors de la mise en œuvre des programmes de suivi de la faune. Leur embauche réduirait également la pression du braconnage.

6. L'exploitation forestière devrait scrupuleusement être suivie sur le terrain afin d'empêcher la coupe illégale d'arbres et le gaspillage de grumes. Il arrive, en effet, que des grumes ne soient pas enlevées des sites d'extraction ou de débardage. Ce gaspillage accroît inutilement la dégradation de la forêt. Des mesures pour réduire le nombre d'arbres coupés inutilement devraient être prises (par exemple, en obligeant les exploitants à enlever toutes les grumes).

RÉFÉRENCES BIBLIOGRAPHIQUES

BirdLife International. 2000. Threatened Birds of the World. Lynx Edicions and BirdLife International. Barcelona, Spain and Cambridge, UK.

Borrow, N. et R. Demey. 2001. Birds of Western Africa. Christopher Helm. London.

Chappuis, C. 2000. African Bird Sounds: Birds of North, West and Central Africa and Neighboring Atlantic Islands. 15 CDs. Société d'Etudes Ornithologiques de France. Paris.

Collar, N.J. et S.N. Stuart. 1985. Threatened Birds of Africa and Related Islands: the ICBP/IUCN Red Data Book. International Council for Bird Preservation and International Union for Conservation of Nature and Natural Resources. Cambridge, UK and Gland, Switzerland.

David, N. et M. Gosselin. 2002a. Gender agreement of avian species names. Bull. Br. Ornithol. Cl. 122: 14–49.

David, N. et M. Gosselin. 2002b. The grammatical gender of avian genera. Bull. Br. Ornithol. Cl. 122: 257–282.

Fishpool, L.D.C. 2001. Côte d'Ivoire. *In:* L.D.C. Fishpool et M.I. Evans (eds.). Important Bird Areas in Africa and Associated Islands: Priority sites for conservation. Newbury and Cambridge, UK: Pisces Publications and BirdLife International. Pp. 219–232.

Francis, I.S., P.D. Taylor, J. Miner, G. Manh et H. Rainey. 2001. The birds of Mont Péko National Park and other Forêts Classées in western Côte d'Ivoire. BirdLife International (unpubl. report).

Gartshore, M.E., P.D. Taylor et I.S. Francis. 1995. Forest Birds in Côte d'Ivoire. A survey of Tai National Park and other forests and forestry plantations, 1989–1991. Study Report N° 58. BirdLife International. Cambridge, UK.

Gatter, W. et R. Gardner. 1993. The biology of the Gola Malimbe *Malimbus ballmanni* Wolters 1974. Bird Conservation International. 3: 87–103.

ICBP. 1992. Putting biodiversity on the map: priority areas for global conservation. International Council for Bird Preservation. Cambridge, UK.

Kemp, A. 1995. The Hornbills. Oxford University Press. Oxford, UK.

Rainey, H. 2000. The avifauna of Mont Péko National Park. BirdLife International (unpubl. report).

Rainey, H., N. Borrow, R. Demey et L.D.C. Fishpool. 2003. First recordings of vocalisations of Yellow-footed Honeyguide *Melignomon eisentrauti* and confirmed records in Ivory Coast. Malimbus. 25: 31–38.

Stattersfield, A.J, M.J. Crosby, A.J. Long et D.C. Wege. 1998. Endemic Bird Areas of the World: Priorities for Biodiversity Conservation. BirdLife International. Cambridge, UK.

Chapter 6

A Rapid Survey of the Birds of the Haute Dodo and Cavally Classified Forests

Ron Demey and Hugo Rainey

SUMMARY

During 15 days of field work, 179 bird species were recorded, 147 in Haute Dodo Classified Forest and 153 in Cavally Classified Forest. Of these, 12 were of conservation concern, (eight in Haute Dodo and ten in Cavally). Of the 15 restricted-range species that make up the Upper Guinea forest Endemic Bird Area, eight were found in Haute Dodo and seven in Cavally. A substantial component of the forest-restricted species in the country was found, as 114 of the 185 species of the Guinea-Congo Forests biome occurring in Côte d'Ivoire were recorded in Haute Dodo and 117 in Cavally. Considering the high conservation value of both forests, it is recommended to conduct further surveys in order to complete the species lists, and to undertake conservation actions to preserve their biodiversity.

INTRODUCTION

Birds have been proven to be useful as indicators of the biological diversity of a site. Their taxonomy and global geographical distribution are relatively well documented in comparison to other taxa (ICBP 1992), which facilitates their identification and permits rapid analysis of the results of an ornithological study. The conservation status of most species having been reasonably well assessed (BirdLife International 2000), the results and conclusions of such a study can be assessed and implemented productively. Birds are also among the most charismatic species, which can aid the presentation of conservation recommendations to policy makers and stakeholders.

Previous studies of the remaining forests in Côte d'Ivoire have shown that they are of considerable importance for the survival of the avifauna of the Upper Guinea forests (Gartshore et al. 1995). The forests of the south-west of the country, west of the Sassandra River, are believed to be particularly important (Fishpool 2001, Francis et al. 2001, Rainey 2000). However, the avifauna of the majority of the rapidly decreasing lowland evergreen forests in western Côte d'Ivoire remains inadequately known. Only in Taï National Park have extensive ornithological field studies been conducted (Gartshore et al. 1995). Prior to the present study, no avifaunal surveys had been published on, or conducted in, the Haute Dodo and Cavally Classified Forests, although field work carried out in the latter established the presence of the endangered Gola Malimbe *Malimbus ballmanni* (Gatter and Gardner 1993). At a conservation planning workshop organized in 1999 by Conservation International in Elmina, Ghana, which assembled an international team of experts, these Classified Forests (Forêts Classées) were therefore selected for RAP surveys.

We carried out 15 days of field work, eight days in Haute Dodo Classified Forest (15 - 22 March) and seven days in Cavally Classified Forest (24 - 30 March), during which we recorded 179 bird species (Appendix 8).

For the purposes of standardization, we have followed the nomenclature, taxonomy and sequence of Borrow and Demey (2001). The gender of species names has been corrected, following David and Gosselin (2002a, b).

METHODS

The principal method used during this study consisted of observing birds by walking slowly along logging tracks and trails within the forests. Notes were taken on both visual observations and bird vocalizations. Tape-recordings of unknown vocalizations and those of rare species were made for later analysis and deposition in sound archives. Attempts were made to visit as many habitats as possible, particularly those which appeared likely to hold threatened or poorly known species. However, there was not sufficient time to visit riverine, rocky or montane habitats; it was therefore not possible to assess the abundance of some threatened and rare species found in these habitats. Field work was carried out from just before dawn (usually 06:00) until midday, and from 15:00 until sunset (around 18.30). Some further work was carried out at night to obtain records of owls and nightjars and recordings of their vocalizations. Typically this was carried out from 04:00 until dawn and for a few hours after dusk.

Mist-netting was carried out for two days at each of the two sites. The primary aim was to obtain records of secretive and silent species which can pass unnoticed during general observations. At Haute Dodo, six 10-meter nets were set for two mornings from 06:00 until 13:00 on March 17-18 (8.4 100-meter net hours). They were set in forest and across a small forest stream. At Cavally, the same configuration of nets was set for a day and a half, from 06:00 until 18:00 on March, 27th and from 06:00 until 12:00 on March 28th (10.8 100-meter net hours). They were set in primary forest next to logging tracks.

For each field day a list was compiled of all the species recorded. Numbers of individuals or flocks were noted, as well as any evidence of breeding (e.g. the presence of juveniles) and basic information on the habitat in which the birds were observed. This enabled us to produce indices of abundance for each species based on the encounter rate (numbers of days on which a species was encountered and number of individuals and flocks involved). Comparisons can thus be made between the two sites and other sites in the region. The definitions of the abundance ratings are given in Appendix 8.

RESULTS

Haute Dodo Classified Forest

In total, 147 species were recorded (see Appendix 8), of which eight are of global conservation concern (BirdLife International 2000; Table 6.1). Among these, four are classified as Vulnerable (White-breasted Guineafowl *Agelastes meleagrides,* Western Wattled Cuckoo-shrike *Lobotos lobatus,* Yellow-bearded Greenbul *Criniger olivaceus* and Nimba Flycatcher *Melaenornis annamarulae*), while the other four are considered Near Threatened (Brown-cheeked Hornbill *Bycanistes cylindricus,* Yellow-casqued Hornbill *Ceratogymna elata,* Rufous-winged Illadopsis *Illadopsis rufescens* and Copper-tailed Glossy Starling *Lamprotornis cupreocauda*). Eight of the 15 restricted-range species, i.e. landbird species which have a global breeding range of less than 50,000 km^2, that make up the Upper Guinea forests Endemic Bird Area (Fishpool 2001, Stattersfield et al. 1998) were found in the re-

Table 6.1. Occurrence of species of global conservation concern

Species		Threat Status	Haute Dodo	Cavally
Tigriornis leucolopha	White-crested Tiger Heron	DD		X
Pteronetta hartlaubii	Hartlaub's Duck	nt		X
Agelastes meleagrides	White-breasted Guineafowl	VU	X	X
Bycanistes cylindricus	Brown-cheeked Hornbill	nt	X	X
Ceratogymna elata	Yellow-casqued Hornbill	nt	X	X
Melignomon eisentrauti	Yellow-footed Honeyguide	DD		X
Lobotos lobatus	Western Wattled Cuckoo-shrike	VU	X	
Bleda eximius	Green-tailed Bristlebill	VU		X
Criniger olivaceus	Yellow-bearded Greenbul	VU	X	X
Melaenornis annamarulae	Nimba Flycatcher	VU	X	
Illadopsis rufescens	Rufous-winged Illadopsis	nt	X	X
Lamprotornis cupreocauda	Copper-tailed Glossy Starling	nt	X	X
	Number of species recorded:		**8**	**10**

Threat status (BirdLife International 2000):
DD = Data Deficient: species for which there is inadequate information to make an assessment of its risk of extinction.
VU = Vulnerable: species facing a high risk of extinction in the wild in the medium-term future.
nt = Near Threatened: species coming very close to qualifying as Vulnerable.

serve: all the above-mentioned species apart from the Yellow-casqued Hornbill *Ceratogymna elata* are of restricted range as is the non-threatened Sharpe's Apalis *Apalis sharpii*. The reserve thus holds an important proportion of the Upper Guinea endemics. Of the 185 species of the Guinea-Congo Forests biome occurring in the country (Fishpool 2001), 114 (or 62%) were recorded in Haute Dodo. This is a large component of the forest-restricted species in the country and gives an indication of forest quality.

In addition, a number of species were observed which are rare and poorly known in either Côte d'Ivoire or Upper Guinea. These include the Congo Serpent Eagle *Dryotriorchis spectabilis*, the Grey-throated Rail *Canirallus oculeus*, the Brown Nightjar *Caprimulgus binotatus*, the Lyre-tailed Honeyguide *Melichneutes robustus*, the Forest Penduline Tit *Anthoscopus flavifrons*, the Preuss' Weaver *Ploceus preussi*, the Red-fronted Antpecker *Parmoptila rubrifrons*, and the Pale-fronted Negrofinch *Nigrita luteifrons*. Juveniles of 16 species were found (see Appendix 8), suggesting that many of these species breed during the dry season.

Many species which are usually quite vocal were remarkably silent. These include groups such as cuckoos Cuculidae and tinkerbirds *Pogoniulus* spp. There appeared to be some surprising absences of usually common species. These include the Piping Hornbill *Bycanistes fistulator* and the

Spotted Greenbul *Ixonotus guttatus*, both of which are typical forest species that are normally vocal and conspicuous. All three large hornbills observed were surprisingly uncommon and not particularly vocal. An unidentified owl call was recorded at 05:30 on March, 20th. The call was a low-pitched hoot that we were unable to assign to any species when we compared it with the recordings of Chappuis (2000). It may have been made by a medium-sized or large owl such as the Maned Owl *Jubula lettii* or the Shelley's Eagle Owl *Bubo shelleyi*, both of which are poorly known. *B. shelleyi* is thought to call at and before dusk and dawn (Borrow and Demey 2001).

Cavally Classified Forest

At this site, 153 species were recorded (see Appendix 8), ten of which are of global conservation concern (BirdLife International 2000; Table 6.1). Three of these are classified as Vulnerable (White-breasted Guineafowl *Agelastes meleagrides*, Green-tailed Bristlebill *Bleda eximius* and Yellow-bearded Greenbul *Criniger olivaceus*), five are Near Threatened (Hartlaub's Duck *Pteronetta hartlaubii*, Brown-cheeked Hornbill *Bycanistes cylindricus*, Yellow-casqued Hornbill *Ceratogymna elata*, Rufous-winged Illadopsis *Illadopsis rufescens* and Copper-tailed Glossy Starling *Lamprotornis cupreocauda*), while two are considered Data Deficient (White-crested Tiger Her-

Table 6.2. List of birds trapped in mist-nets

Location	Species		No. individuals
Haute Dodo	*Alcedo leucogaster*	White-bellied Kingfisher	3
	Andropadus latirostris	Yellow-whiskered Greenbul	1
	Bleda canicapilla	Grey-headed Bristlebill	2
	Stiphrornis erythrothorax	Forest Robin	3
	Alethe diademata	Fire-crested Alethe	2
	Spermophaga haematina	Western Bluebill	1
	Total		12
Cavally	*Alcedo leuocogaster*	White-bellied Kingfisher	1
	Andropadus latirostris	Yellow-whiskered Greenbul	1
	Phyllastrephus icterinus	Icterine Greenbul	3
	Bleda eximius	Green-tailed Bristlebill	3
	Bleda canicapillus	Grey-headed Bristlebill	6
	Stiphrornis erythrothorax	Forest Robin	2
	Alethe diademata	Fire-crested Alethe	2
	Hylia prasina	Green Hylia	1
	Terpsiphone rufiventer	Red-bellied Paradise Flycatcher	1
	Illadopsis rufipennis	Rufous-winged Illadopsis	2
	Cyanomitra obscura	Western Olive Sunbird	3
	Total		25

on *Tigriornis leucolopha* and Yellow-footed Honeyguide *Melignomon eisentrauti*). Seven of the 15 restricted-range species that make up the Upper Guinea forests Endemic Bird Area (Fishpool 2001, Stattersfield et al. 1998) were recorded in the reserve. Of the 185 species of the Guinea-Congo Forests biome occurring in the country (Fishpool 2001), 117 (or 63%) were found in Cavally. As for the previous site, this is an important proportion of the forest-restricted species in the country and indicative of forest quality.

In addition, a number of rare and poorly known species were observed. These include the Olive Ibis *Bostrychia olivacea*, the Grey-throated Rail *Canirallus oculeus*, the Sandy Scops Owl *Otus icterorhynchus*, the Brown Nightjar *Caprimulgus binotatus*, the Lyre-tailed Honeyguide *Melichneutes robustus*, and the Yellow-bellied Wattle-eye *Dyaphorophyia concreta*. The African Darter *Anhinga rufa* and the Hartlaub's Duck *Pteronetta hartlaubii* were seen at about 5 km outside the reserve on an artificial lake. Both these species are likely to be found on waterways within the forest, such as the Cavally and Dibo rivers, and we have therefore included them on the site list. Juveniles of 16 species were found (see Appendix 8).

As in Haute Dodo, a number of species were not calling, which explains the absence from our list of, for example, the Long-tailed Hawk *Urotriorchis macrourus*, the African Wood Owl *Strix woodfordii* and the Red-rumped Tinkerbird *Pogoniulus atroflavus*. Other species were noticed by their absence, e.g. the Chestnut-capped Flycatcher *Erythrocercus mccallii* and the Buff-throated Sunbird *Chalcomitra adelberti*, or by their rarity, e.g. the Piping Hornbill *Bycanistes fistulator* and the Black-capped Apalis *Apalis nigriceps* (only one observation each).

At both sites, mist-netting was successful in its aims of finding inconspicuous species that would not otherwise have been observed (see Table 6.2). A good range of species was caught, amongst which the Green-tailed Bristlebill *Bleda eximius* was the most important, whereas the White-bellied Kingfisher *Alcedo leucogaster* was trapped surprisingly often for a supposedly scarce bird. Our capture rate of 1.9 birds per 100-meter net hours is roughly double the normal rate in tropical forest. The above suggests that further netting would be productive and would enable a number of other elusive species to be found.

Notes on specific species
(see Table 6.1 for explanation of threat status)

Species of conservation concern
Tigriornis leucolopha White-crested Tiger Heron (DD). Singles seen on two different days in Cavally. One was at a small stream 1 km south-east of the camp, the other on a dry track 6 km east of the camp.

Pteronetta hartlaubii Hartlaub's Duck (nt). Two observed 5 km from Cavally Classified Forest on an artificial lake in the nearby rubber plantation.

Agelastes meleagrides White-breasted Guineafowl (VU). A flock of eight was seen crossing a wide logging track 3

km west of the camp in Haute Dodo. In Cavally, five different flocks, the largest containing 22 birds, were observed at four different locations, all in logged forest. These sites were distributed south and south-west of the camp at distances of 0.5 to 8 km. Prior to this study, the species was only known from two sites within the country and two old records (Fishpool 2001).

Bycanistes cylindricus Brown-cheeked Hornbill (nt). Observed only briefly in Haute Dodo on two days. In Cavally this species was common and seen daily, although less numerous than the Black-casqued *Ceratogymna atrata* and Yellow-casqued Hornbills.

Ceratogymna elata Yellow-casqued Hornbill (nt). Only brief observations on three days in Haute Dodo. In Cavally, however, it was seen daily in good numbers.

Melignomon eisentrauti Yellow-footed Honeyguide (DD). One was seen 3.5 km south-east of the camp in Cavally. It was feeding on small branches 20 m high. It was chased by a sunbird and later seemed to be following a Sharpe's Apalis. The forest in this area was fairly open and degraded; it contained some large trees and the canopy was generally below 30 m. This species was previously known from only three sites in Côte d'Ivoire (Rainey et al. 2003).

Lobotos lobatus Western Wattled Cuckoo-shrike (VU). Three males were seen at three different locations in Haute Dodo at 0.5, 2 and 3 km west and south of the camp respectively. All individuals were feeding at a height of 15-25 m in secondary forest. This species was previously known from five sites in Côte d'Ivoire (Fishpool 2001, Gartshore et al. 1995).

Bleda eximius Green-tailed Bristlebill (VU). Three individuals were mist-netted on two different days in Cavally, 0.5 km north of the camp. All were trapped at a height of 1-1.5 m. This species was previously known from seven sites in Côte d'Ivoire (Fishpool 2001, Gartshore et al. 1995, HJR pers. obs.).

Criniger olivaceus Yellow-bearded Greenbul (VU). One was tape-recorded 3 km west of the camp in Haute Dodo and two were seen 1.5 km west of the camp in the same forest. In Cavally, at least two were seen in a mixed-species flock 7 km south of the camp and a single bird was observed 0.5

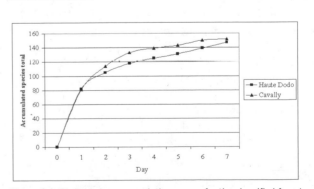

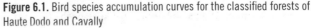

Figure 6.1. Bird species accumulation curves for the classified forests of Haute Dodo and Cavally

km south of the camp. This species was previously known from six sites in the country (Fishpool 2001, RD pers. obs.).

Melaenornis annamarulae Nimba Flycatcher (VU). Noted at at least two sites in Haute Dodo. On three different occasions, at a maximum distance of 0.5 km from the camp, a pair, a single bird and the song were noted respectively. Some of these may have been the same individuals. The second site was 3 km west of the camp, where a single bird was observed. This species was previously known from seven sites in Côte d'Ivoire (Fishpool 2001, Gartshore et al. 1995, RD pers. obs.).

Illadopsis rufescens Rufous-winged Illadopsis (nt). Rare in Haute Dodo and uncommon in Cavally, with few individuals singing.

Lamprotornis cupreocauda Copper-tailed Glossy Starling (nt). Seen on four days at each site with a maximum of four individuals in a single day.

Other rare or poorly known species

Bostrychia olivacea Olive Ibis. Small flocks recorded twice in Cavally around the camp.

Dryotriorchis spectabilis Congo Serpent Eagle. One seen 3 km west of the camp in Haute Dodo.

Canirallus oculeus Grey-throated Rail. One seen along a small stream 1.5 km west of the camp in Haute Dodo. At least three seen, including two together (possibly an adult and a juvenile) along a stream from 0.5 to 4.5 km south-east of the camp in Cavally. When approached all birds ran into the forest.

Otus icterorhynchus Sandy Scops Owl. One heard calling early one morning close to the camp in Cavally.

Caprimulgus binotatus Brown Nightjar. One responded to playback at 20:00 on one evening, 1.5 km west of the camp in Haute Dodo. Presumably the same individual was heard calling at 06:00 the following morning at the same site. In Cavally, one was heard calling on four nights near the camp.

Melichneutes robustus Lyre-tailed Honeyguide. Heard displaying in three different localities in Cavally.

Dyaphorophyia concreta Yellow-bellied Wattle-eye. Two seen 5 km west of the camp in Cavally, in an area of unlogged primary forest.

Anthoscopus flavifrons Forest Penduline Tit. One seen in a tall open tree in Haute Dodo, 0.5 km west of the camp.

Ploceus preussi Preuss' Weaver. A male seen 1 km east of the camp in Haute Dodo.

Parmoptila rubrifrons Red-fronted Antpecker. A male seen in a mixed-species flock in primary forest 4 km west of the camp in Haute Dodo.

Nigrita luteifrons Pale-fronted Negrofinch. A female seen 0.5 km west of the camp in Haute Dodo.

DISCUSSION

The total number of 179 species recorded at both sites is relatively high in view of the short study period and low singing rate of several species. This gives an indication of the high quality of the two forests. By comparison, some 250 species have been recorded in nearby Taï National Park after intensive studies over a number of years (Gartshore et al. 1995, Fishpool 2001). A survey of Mt Kopé, north of Grabo and *c.* 50 km south-west of Taï NP, conducted in November 1990, found 109 species in five days (Gartshore et al. 1995).

The number of species restricted to the Guinea-Congo Forests biome recorded in both classified forests - 114 in Haute Dodo and 117 in Cavally - is important and will undoubtedly increase after further survey work, considering the slow but continuous rise of the species accumulation curves (Figure 6.1). Only three sites in Côte d'Ivoire, classified as Important Bird Areas, have a higher number of biome-restricted species than Cavally: Taï NP (157 species), Mt Péko NP (144) and Yapo Forest (135), while Marahoué NP has the same number (117) and Mopri Classified Forest slightly fewer (115) (Fishpool 2001).

The fact that only a single typical forest edge species was recorded at each site is a further indicator of the quality of these forests. Both the Olive-bellied Sunbird *Cinnyris chloropygius* (at Haute Dodo) and the Little Greenbul *Andropadus virens* (at Cavally) were observed at a single open area within each forest.

Comparison of the species accumulation curves (Figure 6.1) may provide an indication of the different conditions prevailing in the two forests. In Haute Dodo, the total numbers of species observed increased quite gradually from the second day onwards. In Cavally, a species total close to the asymptote was reached slightly more rapidly. This may be due to the more uniform and closed forest at the latter site. Cavally also has lower rainfall and may eventually prove to contain fewer species than Haute Dodo. Only seven days were used for this accumulation curve as the eighth day at this site consisted of only a few hours of observation.

The presence of the White-breasted Guineafowl at both sites was perhaps the most important finding of the study. While it is difficult to comment on its status in Haute Dodo as only one flock was observed, it is remarkable to have found it in a quite heavily logged forest. In Cavally, it was definitely fairly common, more common than the Crested Guineafowl *Guttera pucherani*, which was only noted from a feather found on a track, a flock flying across the Cavally river from Liberia, and a photograph (adults with chicks) from a camera trap. All observations were from secondary or logged forest, which seems to indicate that the species can survive outside primary forest. In both classified forests, hunting may therefore be the primary threat for this species. Further study would allow evaluation of its specific habitat requirements and threats.

The Brown Nightjar, whose ecological requirements are poorly known, was recorded in logged and secondary forest, which suggests that it may be tolerant of some habitat disturbance. However, as we only noted a single individual at each site this cannot be confirmed.

Remarkably few large hornbills were encountered in Haute Dodo, where they were not at all vocal. In Cavally, however, they were generally common. As hornbills are known to be capable of long-distance movements to obtain food (Kemp 1995, HJR pers. obs.) this may be a function of the phenology of the fruiting trees. The density of fruiting trees in Haute Dodo in this season and year may indeed have been low compared to Cavally and Taï (HJR pers. obs.) and there may have been considerable local displacement. The relative densities of Brown-cheeked, Black-casqued and Yellow-casqued Hornbills in Cavally were similar to those observed by Gartshore et al. (1995) and HJR (pers. obs.) elsewhere. Black-casqued and Yellow-casqued Hornbills were apparently much more common than Brown-cheeked Hornbills but this may be partly as a result of their louder vocalizations being much more evident.

The discovery of the poorly known Yellow-footed Honeyguide is remarkable in that it constitutes the fourth observation in a short period of time of a species whose presence in the country was only confirmed as recently as December, 31, 2000 (Rainey et al. 2003).

The Western Wattled Cuckoo-shrike appears to be relatively common in Haute Dodo in comparison with other sites; the reasons for this remain unknown. The Green-tailed Bristlebill was one of the first species to be mist-netted in Cavally. Three were trapped in two days in forest cut by numerous logging trails, which suggests a reasonably high population density. The Yellow-bearded Greenbul was found in both disturbed and intact forest at both sites; at the latter it was found within 200 m of an illegal gold-mining village. Whereas the encounter rate of the Nimba Flycatcher in Haute Dodo was high, it was not found in Cavally. Our observations here and at other sites in Côte d'Ivoire seem to indicate that the favored habitat of this species is not closed-canopy primary forest.

Three species which were common in Haute Dodo were absent or rare in Cavally: the Chestnut-capped Flycatcher, the Buff-throated Sunbird, and the Black-capped Apalis. Their absence or rarity was real and not related to low vocalization rates, and is difficult to explain. Similarly, the Spotted Greenbul, a species common in Cavally and Taï during the study period (RD and HJR pers. obs.), was apparently absent in Haute Dodo. This suggests that there may be some important local variation in forest type and quality. Further surveys in other seasons would enable assessment of the migratory behavior of some forest species.

The Gola Malimbe was the most important threatened species we looked for in the two forests. It is perhaps not surprising that we did not find it in Haute Dodo as this is some distance from its known range in Côte d'Ivoire, which is north-west of Taï (BirdLife International 2000, Collar and Stuart 1985). However, Gatter and Gardner (1993) recorded it from primary and lightly disturbed forest in Cavally. Although we were not able to visit much of the unlogged forest and may therefore have missed it, its absence from our records gives some cause for concern, especially considering

that all other *Malimbus* species, which are likely to behave in a similar way, were common and that Gola Malimbe was also previously reported to be common (Gatter and Gardner 1993). Further study is required to determine if the degradation of the forest resulting from the current logging extent is too great for this species.

RECOMMENDATIONS

Considering the high conservation value of both forests, the following recommendations have been made:

1. Further surveys should be conducted to complete the species lists. These surveys should be carried out in different seasons (e.g. at the start of the breeding season, in October-November, when birds are vocally most active, and during the rains) and with attention to different habitats, including unlogged forest, rivers, and inselbergs. Our observations and the slow but continuous rise of the species accumulation curves indicate that many species that are likely to occur remain to be recorded.

2. A portion of the Cavally forest should be kept intact, as it has been done in Haute Dodo, in order to aid survival of plant and animal species that require primary forest. The choice of these areas should take into account the location of intact forest areas in the adjoining Goin-Débé Classified Forest so as to maintain as large an area as possible of contiguous primary forest. Consideration should be given to extending the intact areas in Haute Dodo to link up with Taï National Park.

3. In order to limit forest degradation, consideration should be given to reducing the number of roads (main roads and extraction paths) per hectare. The construction of roads and the opening up of all levels of the forest have indeed been proven to constitute the main effect of logging on bird populations. In view of the already degraded state of large parts of the forests, any substantial increase in logging is likely to increase the threat to species of conservation concern and rare species.

4. Hunting in classified forests is illegal and should be curtailed. Measures to achieve this could involve better control of export of bush meat along the roads through the adjoining areas combined with more surveillance missions. Timber contractors should be closely monitored to ensure that they and their staff do not participate in hunting. Consideration should be given to relocation of illegal villages within the classified forests as the inhabitants are likely to derive a substantial proportion of their meat from the forest. Some large bird species, which are particularly vulnerable to hunting, such as the White-breasted Guineafowl, hornbills and raptors, are apparently hunted for food for the hunter

(whereas mammal meat is sold); a decrease in hunting for bush meat would therefore be beneficial to populations of large birds.

5. Monitoring programs should be put in place to assess the value of particular management systems to wildlife. If funding is available, local hunters (poachers) who know the best the forests and their wildlife should be employed during wildlife monitoring programs. Their employment would also reduce poaching rates.

6. Logging activities should be closely monitored in the field in order to prevent illegal cutting of trees and waste of cut timber. Some trees that were cut appear not to be removed from the felling site or the loading areas. This is wasteful and needlessly increases the degradation of the forest. Measures to reduce the number of trees cut wastefully should be taken (e.g. forcing timber contractors to extract all cut timber).

REFERENCES

BirdLife International. 2000. Threatened Birds of the World. Lynx Edicions and BirdLife International. Barcelona, Spain and Cambridge, UK.

Borrow, N. and R. Demey. 2001. Birds of Western Africa. Christopher Helm. London.

Chappuis, C. 2000. African Bird Sounds: Birds of North, West and Central Africa and Neighboring Atlantic Islands. 15 CDs. Société d'Etudes Ornithologiques de France. Paris.

Collar, N.J. and S.N. Stuart. 1985. Threatened Birds of Africa and Related Islands: the ICBP/IUCN Red Data Book. International Council for Bird Preservation and International Union for Conservation of Nature and Natural Resources. Cambridge, UK and Gland, Switzerland.

David, N. and M. Gosselin. 2002a. Gender agreement of avian species names. Bull. Br. Ornithol. Cl. 122: 14–49.

David, N. and M. Gosselin. 2002b. The grammatical gender of avian genera. Bull. Br. Ornithol. Cl. 122: 257–282.

Fishpool, L.D.C. 2001. Côte d'Ivoire. *In:* L.D.C. Fishpool and M.I. Evans (eds.). Important Bird Areas in Africa and Associated Islands: Priority sites for conservation. Newbury and Cambridge, UK: Pisces Publications and BirdLife International. Pp. 219–232.

Francis, I.S., P.D. Taylor, J. Miner, G. Manh and H. Rainey. 2001. The birds of Mont Péko National Park and other Forêts Classées in western Côte d'Ivoire. BirdLife International (unpubl. report).

Gartshore, M.E., P.D. Taylor and I.S. Francis. 1995. Forest Birds in Côte d'Ivoire. A survey of Tai National Park and other forests and forestry plantations, 1989–1991. Study Report N° 58. BirdLife International. Cambridge, UK.

Gatter, W. and R. Gardner. 1993. The biology of the Gola Malimbe *Malimbus ballmanni* Wolters 1974. Bird Conservation International. 3: 87–103.

ICBP. 1992. Putting biodiversity on the map: priority areas for global conservation. International Council for Bird Preservation. Cambridge, UK.

Kemp, A. 1995. The Hornbills. Oxford University Press. Oxford, UK.

Rainey, H. 2000. The avifauna of Mont Péko National Park. BirdLife International (unpubl. report).

Rainey, H., N. Borrow, R. Demey and L.D.C. Fishpool. 2003. First recordings of vocalisations of Yellow-footed Honeyguide *Melignomon eisentrauti* and confirmed records in Ivory Coast. Malimbus. 25: 31–38.

Stattersfield, A.J., M.J. Crosby, A.J. Long and D.C. Wege. 1998. Endemic Bird Areas of the World: Priorities for Biodiversity Conservation. BirdLife International. Cambridge, UK.

Chapitre 7

Une étude rapide des petits mammifères (musaraignes, rongeurs et chiroptères) des Forêts Classées de la Haute Dodo et du Cavally, Côte d'Ivoire

*Jan Decher, Blaise Kadjo, Michael Abedi-Lartey,
Elhadji O. Tounkara et Soumaoro Kante*

RÉSUMÉ

L'inventaire des petits mammifères (musaraignes, rongeurs et chiroptères) a été réalisé à l'aide de pièges classiques, de pièges à fosse et de filets, tout en faisant appel à diverses techniques d'observation. Six espèces de musaraignes, onze de rongeurs, un primate nocturne et six espèces de chiroptères ont fait l'objet de captures ou d'observations. Sur la base des résultats obtenus, le site de la Forêt Classée de la Haute Dodo présente une diversité en espèces de petits mammifères légèrement plus grande et un taux de succès de capture beaucoup plus important que celui de la forêt du Cavally. La raison pourrait en être attribuée à l'existence d'activités forestières plus récentes dans la forêt du Cavally. Trois des espèces capturées, la crocidure du mont Nimba *Crocidura nimbae,* le rat forestier à front plat *Hybomys planifrons* et l'écureuil d'Aubinn *Protoxerus aubinnii* sont considérées comme étant endémiques au bloc forestier guinéen. Les communautés de petits mammifères étudiées sont encore caractéristiques de forêts denses intactes mais leur composition pourrait se trouver modifiée du fait de l'importance des perturbations introduites par les récentes activités d'exploitation forestière dans ces deux sites. Un plus grand effort dans la réduction de l'impact des activités d'exploitation forestière est vivement recommandé afin d'assurer une meilleure conservation des habitats et de la diversité biologique.

INTRODUCTION

Les petits mammifères ont été choisis comme l'un des taxons permettant d'évaluer la diversité biologique des Forêts Classées de la Haute Dodo et du Cavally d'Ivoire mais, aussi, pour mesurer de façon indirecte l'état global ce ces deux forêts. Les petits mammifères sont définis comme étant des animaux de moins d'un kilogramme, incluant les musaraignes (ordre des insectivores, Famille des Soricidés), les chauves-souris (ordre des chiroptères) et la plupart des petits rongeurs (ordre des rongeurs). La présence des mammifères de taille moyenne, tels les pangolins, loutres, herpestidés, viverridés et damans, a été enregistrée par toutes les équipes du RAP sur la base d'observations directes de traces, empreintes ou terriers et l'écoute de cris ou vocalisations, avec l'aide des guides ou chasseurs locaux. Ces observations sont incluses dans le rapport sur les grands mammifères (Chapitre 8).

Il est permis de penser que la composition des communautés de petits mammifères forestiers ouest-africains reflète le niveau de dégradation de ces forêts. L'ouverture de la forêt et son anthropisation peuvent causer le déclin de genres typiques de milieux forestiers tels *Praomys, Lophuromus, Grammomys (Thamnomys)* et *Hylomyscus* alors que les genres caractéristiques des savanes comme *Lemniscomys* et *Uranomys* ou commensaux (vivant à proximité de l'homme) à l'image des genres *Mastomys* et *Rattus* apparaissent avec des fréquences plus élevées. Les plantations et les forêts secondaires présentent toutes sortes de regroupements de ces espèces (Happold 1977, Jeffrey 1977). Cependant, les inventaires des communautés de petits mammifères réalisés sur une brève période offrent toujours une image incomplète de la diversité réelle des forêts, comme le spécifie une évaluation récente : *«l'écart entre les données obtenues et la diversité réelle est inversement corrélé à la durée de l'inventaire»* (Voss et Emmons

1996). Ainsi, notre inventaire doit être considéré comme une photographie à un instant donné qui ne peut prendre en compte les espèces extrêmement difficiles à capturer comme l'endémique micropotamogale du mont Nimba *Micropotamogale lamottei* ou les espèces arboricoles telles le rongeur *Grammomys rutilans* et les graphiures *Graphiurus spp.*, qui requièrent des méthodes spéciales ou des périodes de piégeage plus longues.

MÉTHODES

Les techniques d'inventaire suivent celles décrites par Voss et Emmons (1996) et Martin et al. (2001), complétées par des publications récentes portant sur les méthodes standardisées de mesure et de suivi de la diversité des mammifères (Wilson et al. 1996) et les instructions de la Société américaine de mammalogistes (Animal Care and Use Committee 1998).

Dans les deux localités retenues, jusqu'à cinq lignes de piégeage et une ou deux lignes de pièges à fosse surmontés de barrières de plastique souple noir ont été mises en place, pour quatre nuits à la Haute Dodo et six nuits dans la forêt du Cavally. Les lignes sont placées de manière à couvrir différents secteurs de chaque habitat (dépressions et reliefs, fourrés denses et forêts très ouvertes, etc.). Dans la plupart des cas, les lignes de piégeage sont situées à des distances raisonnables du camp (inférieures à un kilomètre). Les lignes sont constituées de 10 à 58 pièges Sherman entre lesquels sont intercalés quelques pièges à tapette «Museum Special» (petit modèle) et «Victor» (grand modèle). Deux pièges sont placés à chaque station, les stations de piégeage étant équidistantes de cinq à dix mètres en fonction du type d'habitat.

Les postes de piégeages sont momentanément marqués avec des rubans colorés et les coordonnées sont enregistrées à l'aide d'un récepteur GPS. Selon la structure de la végétation, 10 à 40 % des pièges sont placés en hauteur sur des bois morts, sur des branches horizontales des arbres ou dans des enchevêtrements de lianes. Les pièges «Museum Special « et «Victor» ont été attachés avec des cordelettes pour réduire le risque de les voir déplacés par les petits carnivores ou d'autres animaux. Les pièges sont appâtés avec le mésocarpe des fruits du Palmier à huile *Elaeis guineensis* achetés localement.

Les lignes de pièges à fosse sont mis en place sous des bandes de film plastique noir tendues verticalement selon une ligne droite passant par l'axe de symétrie des seaux en plastique enterrés d'environ vingt centimètres, de façon à ce que leur bord affleure la surface du sol. Une attention particulière a été portée au maintien de ces seaux à l'état sec afin de capturer des musaraignes et d'autres petits vertébrés vivants. Jusqu'à vingt seaux ont été placés sur des distances de cent à cent cinquante mètres. Des lignes moins longues de pièges à fosse de plus petite taille, mises en place par le groupe des herpétologistes, ont également été utilisées pour les petits mammifères. Toutes les lignes de piégeage sont contrôlées chaque matin et les animaux capturés sont mesurés, identifiés puis relâchés ou conservés pour une identification ultérieure. Quelques données portant sur le microhabitat de la localité (par exemple, taux de couverture de la canopée, hauteur des postes de piégeage, nature du versant, type de sous-bois) sont enregistrées sur des fiches de données. Afin de comparer les résultats avec ceux d'autres études réalisées dans la région de Haute Guinée, nous avons quantifié la diversité des petits mammifères en recourant à la richesse spécifique (nombre d'espèces) et à deux indices : celui de Simpson (D) et celui de Shannon-Wiener (H'). L'indice de Simpson prend plutôt en compte les espèces communes et se définit comme «*la probabilité de capturer deux organismes qui soient d'espèces différentes*»; l'indice de Shannon-Wiener donne, quant à lui, plus d'importance aux espèces rares et peut être défini comme «*le niveau moyen d'incertitude pour qu'un individu, choisi au hasard dans un échantillon, appartienne à une espèce donnée*» (Krebs 1989).

Les chauves-souris sont capturées avec quatre à six filets standards de six à douze mètres placés de façon favorable, en travers de ruisseaux, dans des lieux de passage présumés en forêt et en lisière de forêt. Les filets, déployés de 18h00 à 23h00-24h00, sont relevés toutes les 30 à 45 minutes. Les animaux sont retirés des filets, identifiés si possible et relâchés. Les individus dont l'identification demeure incertaine, sont conservés vivants durant la nuit dans des sacs de toile de coton et préparés pour examens ultérieurs le lendemain matin. Les appels identifiables des chauves-souris frugivores sont également notés.

Des efforts ont été faits pour observer et identifier, à l'aide de jumelles et d'une petite caméra vidéo, les écureuils (Sciuridés), les écureuils volants (Anomaluridés) et les petits primates (galago de Demidoff *Galagoides demidoff*, etc.), au cours de marches d'observation effectuées à pas lents (Emmons 1980).

Les spécimens non identifiés sur place ont été euthanasiés avec un produit inhalant (Halothane) et conservés comme spécimens secs (en peaux), avec les squelettes à part, ou préservés dans de l'éthanol à 75 %. Les collections de rongeurs ont été déposées à la division des mammifères du Smithsonian, à Washington D.C., celles des chiroptères au Musée de Senckenberg à Francfort (Allemagne) et toutes les musaraignes (Soricidés) au Musée Alexander Koenig de Bonn (Allemagne). Les organes et tissus collectés pour l'analyse moléculaire ont été conservés dans de l'éthanol à 95 % et déposés dans les collections Zadock Thompson d'histoire naturelle de l'Université du Vermont, Burlington (Etats Unis). Une collection de spécimens de référence est conservée au Laboratoire de Zoologie et Biologie animale de l'Université de Cocody (B. Kadjo).

LOCALITÉS

Etant donné les possibilités de déplacement limitées qu'impose la forêt humide pour l'inventaire des petits mammifères, Voss et Emmons (1996) estiment que «*la zone effectivement échantillonnée par les travaux d'inventaire, autour de la plupart des camps installés dans les forêts humides, ne dépasse pas 10 km²*». Ce constat s'est une nouvelle fois vérifié puisque nos localités d'échantillonnage ont plus ou moins

Une étude rapide des petits mammifères (musaraignes, rongeurs et chiroptères) des Forêts Classées
de la Haute Dodo et du Cavally, Côte d'Ivoire

été centrées sur les camps établis dans les deux forêts:
Localité 1 : Forêt Classée de la Haute Dodo - 19 km à l'est et
2 km au nord de Siahé, 4 ° 54' 1.9"N, 7 ° 18' 57.5"W
Localité 2 : Forêt Classée du Cavally - 33 km à l'ouest de
Zagné, 6 ° 10' 26.9"N, 7 ° 47' 16.6"W.

RÉSULTATS

Petits mammifères terrestres

Le Tableau 7.1a donne une vue d'ensemble des petits
mammifères capturés et observés dans les deux sites. Nous
avons prospecté durant quatre jours la Forêt Classée de la
Haute Dodo et six jours celle du Cavally. Au total, 131
animaux ont été capturés sur ces deux sites; 88 individus
appartenant à 12 espèces ont été obtenus au cours de 680
pièges-nuits à la Haute Dodo et 43 individus appartenant
à 10 espèces l'ont été au cours de 1180 pièges-nuits au
Cavally. Au total, 13 espèces de petits mammifères terrestres
ont été identifiées sur les deux sites, six espèces d'insectivores
(Soricidés) et sept espèces de rongeurs (Muridés). Par

ailleurs, quatre espèces d'écureuils et une espèce de primate
nocturne ont été observées par plusieurs groupes de l'équipe
du RAP (Tableau 7.1b). Les noms scientifiques des espèces
capturées et observées suit Wilson et Reeder (1993) et sont
donnés dans le Tableau 7.1c.

La plupart des espèces de rongeurs ont été capturées
dans les sites de piégeage situés sous une canopée possédant
une couverture d'au moins 50 % (à l'exception de *Praomys
rostratus* au Cavally où ce taux n'était que de 43,8 %) et sur
des sols recouverts à plus de 30% par de la litière. Le Tableau
7.2 montre les indices de diversité pour les deux sites,
calculés à partir des abondances relatives des seules espèces
terrestres capturées. L'indice de Simpson (1-D) est de 0,88 à
la Haute Dodo et de 0,68 au Cavally. L'indice de Shannon-
Wiener (H') est respectivement de 0,81 et 0,72.

Le Tableau 7.4 établit une comparaison entre la liste
des espèces de petits mammifères signalées dans la présente
étude et les données publiées pour deux autres sites de
l'Ouest ivoirien (les parcs nationaux de Taï et du mont Péko)
et un autre site de forêt dense humide de plaine de l'Ouest
du Ghana (le Parc National d'Ankasa).

Tableau 7.1. Aperçu des petits mammifères terrestres des Forêts Classées de la Haute Dodo et du Cavally, Côte d'Ivoire.

a) Espèces capturées

Espèces/Dates	Haute Dodo					Cavally							Total des deux sites
	18.3.	19.3.	20.3.	21.3.	Total	25.3.	26.3.	27.3.	28.3.	29.3.	30.3.	Total	
INSECTIVORA													
Crocidura jouvenetae	1		1	1	3		1					1	4
Crocidura nimbae		1			1								1
Crocidura obscurior	1		2		3						2	2	5
Crocidura poensis			1	2	3								3
Crocidura muricauda				1	1								1
Crocidura olivieri							1					1	1
RODENTIA													
Malacomys edwardsi	4	6	4	2	16		1	1	1	1	3	7	23
Hybomys trivirgatus	1	2	1	1	5		1				1	2	7
Hybomys planifrons	2	1	2	3	8						1	1	9
Praomys rostratus	1	1	2		4	1	1	1	1			4	8
Hylomyscus alleni	7	13	8	10	38	1	2	6	4	5	4	22	60
Dephomys defua			2	3	5			1	1			2	7
Lophuromys sikapusi		1			1						1	1	2
Total des captures	17	24	24	23	88	2	6	9	8	6	12	43	131
Nbre d'espèces	6	5	9	9	12	2	5	4	5	2	5	10	13
Nbre de pièges	128	178	178	196		132	182	182	228	228	228		
Effort de piégeage	128	178	178	196	680	132	182	182	228	228	228	1180	2360
Succès de piégeage	0,133	0,135	0,135	0,117	0,129	0,015	0,033	0,049	0,035	0,026	0,053	0,036	0,056

Une Évaluation Biologique de Deux Forêts Classées du Sud-ouest de la Côte d'Ivoire
A Rapid Biological Assessment of Two Classified Forests in South-Western Côte d'Ivoire

93

*b) Espèces observées**

| Espèces/Dates | Haute Dodo | | | | | Cavally | | | | | | | Total des deux sites |
	18.3.	19.3.	20.3.	21.3.	Total	25.3.	26.3.	27.3.	28.3.	29.3.	30.3.	Total	
Paraxerus poensis	1				1								1
Epixerus ebii						1						1	1
Heliosciurus rufobrachium						1			1			2	2
Protoxerus aubinnii								1				1	1
Galagoides demidoff			1		1	2						2	3
Total des observations	1		1		2	4			1	1		6	8

* observations faites par d'autres groupes de l'équipe RAP

c) Noms scientifiques des espèces de petits mammifères capturées ou observées

Insectivora

Soricidae

Crocidura jouvenetae (HEIM DE BALSAC, 1958)

Crocidura nimbae (HEIM DE BALSAC, 1956)

Crocidura obscurior HEIM DE BALSAC, 1958

Crocidura poensis (FRASER, 1843)

Crocidura muricauda (MILLER, 1900)

Crocidura olivieri (LESSON, 1827)

Chiroptera

Megachiroptera

Scotonycteris zenkeri MATSCHIE, 1894

Megaloglossus woermanni PAGENSTECHER 1885

Hypsignathus monstrosus H. ALLEN, 1861

Microchiroptera

Nycteris hispida (SCHREBER, 1775)

Rhinolophus alcyone (TEMMINCK, 1852)

Hipposideros cyclops (TEMMINCK, 1853)

Rodentia

Muridae

Malacomys edwardsi ROCHEBRUNE, 1885

Hybomys trivirgatus (TEMMINCK, 1853)

Hybomys planifrons (MILLER, 1900)

Praomys rostratus (MILLER,1900)

Hylomyscus alleni (WATERHOUSE, 1838)

Dephomys defua (MILLER, 1900)

Lophuromys sikapusi (TEMMINCK, 1853)

Sciuridae

Paraxerus poensis (A. SMITH, 1830)

Epixerus ebii (TEMMINCK, 1853)

Heliosciurus rufobrachium (WATERHOUSE, 1842)

Protoxerus aubinii (GRAY, 1873)

Primates

Galagoides demidoff (G. FISCHER, 1806)

Les chiroptères

Seulement deux espèces de chauves-souris frugivores (Megachiroptères) et trois espèces de chauves-souris insectivores (Microchiroptères), ont pu être capturées à l'aide de filets (Tableau 7.3). Une autre espèce de Megachiroptère, l'hypsignathe monstrueux *Hypsignathus monstrosus*, a été identifiée par son chant. Le seul individu capturé de nyctère hérissée *Nycteris hispida* présentait un nez et un tragus de couleur jaune vif. Il pourrait s'agit d'une forme de forêt séparée de *N. hispida* et des études plus détaillées sont en cours (J. Fahr, comm. pers.). Les succès de capture au filet ont été de 0,28 (8 chauves-souris pour 29 filets-nuits) à la Haute Dodo et de 0,05 (3 chauves-souris pour 57 filets-nuits) au Cavally.

DISCUSSION

Dans les deux sites, la courbe cumulée des espèces ne se stabilise pas à la fin des échantillonnages (voir Figure 7.1), prouvant ainsi que les résultats de nos piégeages ne sont pas représentatifs de la richesse effective en espèces de petits mammifères. La diversité des espèces de rongeurs et chauves-souris est inférieure à celle mesurée dans deux sites voisins, le Parc National de Taï et le Parc National du mont Péko (Lim et Van Coeverden de Groot 1997). L'abondance et la richesse spécifique des chauves-souris sont nettement inférieures à celles espérées, en comparaison aux récents résultats d'une étude réalisée à l'est du Ghana (Decher et Abedi-Lartey 2002) et de recherches menées de façon intensive en Côte d'Ivoire (Fahr 1996 et comm. pers.). C'est seulement pour les musaraignes (Soricidés), qu'il a été possible de trouver un taux correspondant aux attentes, à savoir 77 % des sept espèces attendues sur la base des travaux de Barrière et al. (1999) et de R. Hutterer (comm. pers.). Dans les deux forêts étudiées, le spectre des rongeurs et insectivores capturés traduit la présence d'une communauté intacte de petits mammifères de forêt dense, encore à l'abri de l'implantation de zones herbacées ou de l'invasion d'espèces commensales. *Crocidura nimbae* et *Hybomys planifrons* sont, en particulier, des endémiques du massif du Nimba et du sud-ouest de l'écosystème forestier de Haute Guinée (tel que défini par Bakarr et al. 2001) ainsi que des indicateurs d'une forêt dense humide non perturbée. Le taux élevé de fréquence d'espèces

Une étude rapide des petits mammifères (musaraignes, rongeurs et chiroptères) des Forêts Classées
de la Haute Dodo et du Cavally, Côte d'Ivoire

des genres *Hylomyscus* et *Praomys* noté dans les deux sites est aussi révélateur de l'existence d'une forêt primaire. En effet, le nombre de représentants du genre *Hylomyscus* tend à décroître tandis que celui du genre *Praomys* s'accroît dans les îlots forestiers subsistants ou dans les forêts très dégradées (Duplantier 1989, Malcolm et Ray 2000).

L'exploitation forestière est très récente dans ces deux forêts et les espèces végétales colonisatrices n'ont donc pas eu le temps de se mettre en place. Les espèces très envahissantes, telles que l'eupatoire *Chromolaena odorata*, pourraient cependant rapidement s'établir en bordure des pistes d'exploitation (Rouw 1991). Cette situation pourrait causer la progression des feux de brousses en saison sèche sur les lisères de la forêt et favoriser l'implantation d'une strate herbacée de savane puis l'arrivée des espèces de petits mammifères savanicoles. Nous avons aussi noté l'utilisation de ces pistes d'exploitation par de nombreuses personnes qui accèdent ainsi plus facilement au cœur des forêts.

Les résultats obtenus dans la forêt du Cavally montrent que les pièges placés à proximité des pistes d'exploitation n'ont pratiquement jamais permis de capturer des animaux. Toutefois, compte tenu du temps de piégeage relativement bref sur les deux sites et du fait que notre étude n'a pas été conçue pour étudier l'impact de l'exploitation forestière, nous devons rester prudents quant aux conclusions à tirer quant à l'effet de cette activité sur la communauté des petits mammifères. Aucune espèce particulière ou rare n'a été capturée mais ceci est probablement à mettre au compte du faible effort de piégeage lié à la période relativement brève de présence sur les deux sites.

Les succès de capture à la Haute Dodo (Tableau 7.1a) sont similaires à ceux d'autres localités de la région de Haute Guinée. Le très faible taux de succès de piégeage observé au Cavally (moins d'un tiers de celui de la Haute Dodo) reflète vraisemblablement les effets d'une exploitation très récente

Tableau 7.2. Mesures de diversité de la communauté de petits mammifères terrestres échantillonnée dans les Forêts Classées de la Haute Dodo et du Cavally, Côte d'Ivoire.

Espèces	Haute Dodo		Cavally	
	Observées	Proportion du total	Observées	Proportion du total
INSECTIVORA				
Crocidura jouvenetae	3	0,034	1	0,024
Crocidura nimbae	1	0,011		0,000
Crocidura obscurior	3	0,034	2	0,048
Crocidura poensis	3	0,034		0,000
Crocidura muricauda	1	0,011		0,000
Crocidura olivieri		0,000	1	0,024
RODENTIA				
Malacomys edwardsi	16	0,184	7	0,167
Hybomys planifrons	8	0,092	1	0,024
Hybomys trivirgatus	5	0,057	2	0,048
Praomys rostratus	4	0,046	4	0,095
Hylomyscus alleni	38	0,437	22	0,524
Dephomys defua	5	0,057	2	0,048
Lophuromys sikapusi	1	0,011	1	0,024
Total	87	1	42	1
Nb d'espèces	12		10	
Nuits-pièges	680		1180	
Simpson D*		0,12		0,32
Simpson 1-D**		0,88		0,68
Shannon-Wiener H' ***		0,81		0,72

* Probabilité de capture de deux organismes de la même espèce
** Probabilité de capture de deux organismes qui soient d'espèces différentes
*** Niveau moyen d'incertitude pour qu'un individu, choisi au hasard dans un échantillon, appartienne à une espèce donnée.

Une Évaluation Biologique de Deux Forêts Classées du Sud-ouest de la Côte d'Ivoire
A Rapid Biological Assessment of Two Classified Forests in South-Western Côte d'Ivoire

95

du bloc de la forêt du Cavally où le camp avait été installé; mais il pourrait aussi être lié à l'influence d'un climat plus sec et à la période de pleine lune qui a coïncidé avec notre séjour dans ce massif. Ces conditions ont certainement dû réduire l'activité des mammifères.

En République Centrafricaine, le long de pistes d'extraction de bois vieilles de 12 et 19 ans, Malcolm et Ray (2000) ont relevé une augmentation de l'abondance des petits mammifères ainsi qu'une richesse et une diversité associées à la réduction du taux de couverture de la canopée, à un accroissement de la végétation au sol et à une réduction de la densité en jeunes arbres comparativement à une forêt non exploitée. Des effets similaires, incluant la colonisation par les «spécialistes des forêts perturbées», ont été relevés dans la forêt de Kibale en Ouganda (Grieser 1997). Par ailleurs, Struhsaker (1997), Malcolm et Ray (2000) ont émis l'hypothèse selon laquelle *l'augmentation de la diversité et de la densité des rongeurs dans des sites très exploités joue un grand rôle dans la réduction de la régénération en raison du rôle joué par les rongeurs en tant que déprédateurs de graines et de plants».*

RECOMMANDATIONS POUR LA CONSERVATION

Bien que la communauté de petits mammifères soit apparue comme relativement intacte dans les forêts de la Haute Dodo et du Cavally, nous avons été consternés par la densité et la taille des pistes d'exploitation récemment ouvertes dans ces forêts. Les sols nus s'en trouvent exposés à une intense érosion. Cette situation est aggravée par le fait que les pistes d'exploitation et les parcs à bois sont très souvent

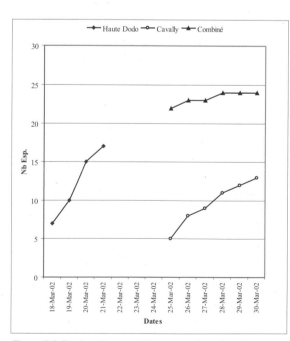

Figure 7.1 Courbes d'accumulation des espèces de petits mammifères durant l'expédition RAP à la Haute Dodo et au Cavally.

Tableau 7.3. Résultats de l'échantillonnage des chauves-souris (Chiroptera) des Forêts Classées de la Haute Dodo et du Cavally, Côte d'Ivoire.

Espèces/Dates	Haute Dodo						Cavally								Total des deux sites
---	17.3	18.3	19.3	20.3	21.3	Total HD	25.3	26.3	27.3	28.3	29.3	30.3	31,3	Total CV	
Scotonycteris zenkeri			1			1								0	1
Megaloglossus woermanni			1	1		2								0	2
Hypsignathus monstrosus			X			X					X			X	X
Nycteris hispida					1	1								0	1
Rhinolophus alcyone						0	1	1	1					3	3
Hipposideros cyclops				1	3	4								0	4
Nombre total de chauves-souris	0	0	2	2	4	8	1	1	1	0	0	0		3	11
Unités filets*	3	3	7	8	8	29	8	8	8	11	11	11		57	86
Nb. de chauves-souris /unité filet	0	0	0,29	0,25	0,50	0,28	0,13	0,13	0,13	0	0	0		0,05	0,13

* unité filet = nombre de filets de 6m x nombre de nuits

en pente, accroissant ainsi l'effet érosif des grandes pluies. Des études antérieures ont montré que les pertes annuelles de sol sur une pente de 7 % à l'intérieur d'une forêt humide en Côte d'Ivoire sont de seulement 0,03 tonne par hectare alors que, sur un sol nu, elles atteignent 138 tonnes par hectare (UNESCO 1978; cité dans Longman et Jenik 1987). Le réseau dense de pistes entraîne indubitablement de larges et inutiles ouvertures de la canopée en plus de celles occasionnées par des chablis avec, pour conséquences, un fort accroissement des effets de lisière et la production de formations secondaires.

Dans le but de minimiser les dégâts au niveau de la canopée et des sols, nous recommandons fortement un plus grand effort de contrôle de la part des structures étatiques (comme la SODEFOR), pour réduire l'impact de l'exploitation forestière afin d'assurer une meilleure conservation de la diversité biologique. Plusieurs stratégies ont été proposées pour réduire l'érosion et les dommages secondaires au milieu. C'est le cas de (i) la réduction et d'une meilleure sélection des sites pour les pistes d'exploitation en respectant les voies d'écoulement des eaux, (ii) l'utilisation de pneus adaptés en lieu et place des chenilles pour les engins utilisés pour l'ouverture de ces pistes, (iii) l'utilisation d'un système de câbles aériens pour réduire le compactage des sols et (iv) le treuillage des grumes jusqu'aux camions plutôt que d'autoriser le déplacement des camions jusqu'au lieu d'abattage (Grieser Johns 1997). Afin de réduire les effets négatifs provoqués par la réduction de la canopée, les pistes d'exploitation devraient être tracées de façon à limiter les abattages inutiles, ce qui revient à privilégier la construction de pistes sinueuses au lieu de lignes droites dont le seul intérêt est de réduire la distance d'accès au site concerné (Malcolm et Ray 2000). Les bidons d'huile de moteur (Cavally) ainsi que les ordures et autres produits polluants doivent être enlevés après exploitation pour éviter une pollution et des nuisances pour la faune sauvage ainsi que la création de sites de reproduction pour des espèces non forestières d'insectes (Grieser Johns 1997). Enfin, les pistes d'exploitation devraient être interdites à la circulation des personnes afin, d'une part, d'aider la recolonisation de celles-ci par la flore et la faune et, d'autre part, de prévenir l'expansion d'espèces envahissantes, qu'elles soient végétales ou animales.

Tableau 7.4. Comparaison de la liste des petits mammifères des forêts de la Haute Dodo (HD) et du Cavally (CV) et de leurs préférences d'habitat (F-forêt, S-savane, M-ubiquiste) aux données en provenance des parcs nationaux du Mont Péko (MP) et de Taï (T), Côte d'Ivoire (Dosso, 1975 ; Lim et Van Coeverden de Groot, 1997 ; Fahr, 1996 et J. Fahr comm. pers.), d'Ankasa (A) au sud-ouest du Ghana (Cole, 1975; Grubb et al., 1998; Holblech, 1998). Les noms communs en anglais suivent la nomenclature de Wilson et Cole (2000) assortie de quelques modifications pour les chiroptères selon Fahr (1996).

Groupe/Genre/Espèce	Nom commun	Caract. écolog.			Localités				
		F	M	S	HD	CV	MP	T	A
Insectivora									
Crocidura olivieri	Grande crocidure africaine		X					+	
Crocidura jouvenetae	Crocidure de Jouvenete	X			+			+	
Crocidura nimbae	Crocidure du mont Nimba	X						+	
Crocidura buettikoferi	Crocidure de Büttikofer	X			+	+		+	
Crocidura obscurior	Crocidure obscure		X		+				
Crocidura poensis	Crocidure de Principe		X		+				+
Crocidura muricauda	Crocidure à queue de souris	X			+			+	
Crocidura grandiceps	Crocidure à grande tête	X				+		+	
Crocidura douceti	Crocidure de Doucet		X			+		+	
Crocidura flavescens	Grande crocidure		X				+		+
Sylvisorex megalura	Musaraigne sylvestre grimpeuse		X					+	
Chiroptera									
Hypsignathus monstrosus	Hypsignathe monstrueux	X			+?	+?		+	+
Megaloglossus woermanni	Megaloglosse de Woermann	X					+	+	+
Micropteropus pusillus	Petit microptère			X					+
Nanonycteris veldkampi	Roussette naine de Veldkamp		X				+	+	+
Epomops buettikoferi	Epomophore de Büttikofer	X							
Scotonycteris zenkeri	Scotonyctère de Zenker	X			+			+	+

Groupe/Genre/Espèce	Nom commun	Caract. écolog.			Localités				
		F	M	S	HD	CV	MP	T	A
Myonycteris torquata	Petit myonyctère à collier		X					+	+
Nycteris grandis	Grande nyctère	X						+	
Nycteris hispida	Nyctère hérissée		X		+				
Hipposideros abae	Phyllorhine d'Aba			X			+	+	
Hipposideros beatus	Phyllorhine naine	X					+		
Hipposideros caffer	Phyllorhine d'Afrique du Sud		X				+		
Hipposideros cyclops	Phyllorhine cyclope	X				+		+	
Hipposideros ruber	Phyllorhine de Noack		X				+	+	
Rhinolophus alcyone	Rhinolophe alcyon		X			+		+	
Pipistrellus brunneus	Pipistrelle brune	X					+	+	
Glauconycteris beatrix	Glauconyctère de Beatrix	X					+		
Glauconycteris poensis	Glauconyctère d'Abo		X				+		
Myotis bocagei	Murin roux		X					+	
Pipistrellus crassulus bellieri	Pipistrelle à grosse tête	X					+		
Pipistrellus nanulus	Pipistrelle minuscule	X					+		
Pipistrellus nanus	Pipistrelle naine à ailes brunes		X				+		
Rongeurs									
Epixerus ebii	Ecureuil des palmiers	X				+			+
Funisciurus pyrropus	Funisciure à pattes rousses	X				+			+
Paraxerus poensis	Petit écureuil de brousse	X			+				+
Heliosciurus rufobrachium	Héliosciure à pieds roux	X				+			+
Protoxerus stangeri	Ecureuil géant de Stanger	X							+
Protoxerus aubinnii	Ecureuil géant à queue fine	X				+			+
Anomalurus beecrofti	Anomalure de Beecroft	X							+
Anomalurus pelii	Anomalure de Pel	X							+
Anomalurus derbianus	Anomalure de Fraser	X							+
Idiurus macrotis	Anomalure nain à grandes oreilles	X							+
Malacomys edwardsi	Rat palustre de Milne-Edwards	X			+	+	+	+	+
Malacomys cansdalei	Grand rat palustre	X				+			+
Hybomys trivirgatus	Rat forestier à trois bandes dorsales	X			+	+			+
Hybomys planifrons	Rat forestier à front plat	X			+	+			
Praomys tullbergi	Souris sylvestre de Tullberg	X							+
Praomys rostratus	Souris sylvestre de Miller	X			+	+	+	+	
Hylomyscus alleni	Rat à poil doux d'Allen	X			+	+		+	+
Hylomyscus baeri	Rat à poil doux de Côte d'Ivoire	X						+	
Hylomyscus aeta	Rat à poil doux de Thomas		X					+	
Dephomys defua	Rat cible de Defua	X			+	+		+	+
Dasymys incomtus	Rat hirsute africain		X					+	
Lophuromys sikapusi	Rat hérissé de l'Ouest	X			+	+			+

Une étude rapide des petits mammifères (musaraignes, rongeurs et chiroptères) des Forêts Classées
de la Haute Dodo et du Cavally, Côte d'Ivoire

Groupe/Genre/Espèce	Nom commun	Caract. écolog.			Localités				
		F	M	S	HD	CV	MP	T	A
Lemniscomys striatus	Rat rayé d'Afrique			X				+	
Dendromus sp.	Souris arboricole africaine	X							+
Mus musculoides	Souris naine d'Afrique		X					+	+
Rattus rattus	Rat noir		X				+		
Thryonomys swinderianus	Grand aulacode			X					
Cricetomys emini	Rat géant d'Emin	X			+			+	+
Graphiurus nagtglasii (=*hueti*)	Graphiure de Huet	X						+	
Graphiurus lorraineus	Graphiure de Lorrain	X						+	
Primates									
Galagoides demidoff	Galago de Demidoff		X		+	+			+
Pholidota									
Manis tetradactyla	Pangolin à longue queue	X					+		

BIBLIOGRAPHIE

Animal Care and Use Committee. 1998. Guidelines for the capture, handling, and care of mammals as approved by The American Society of Mammalogists. Journal of Mammalogy. 79: 1416-1431.

Bakarr, M., B. Bailey, D. Byler, R. Ham, S. Olivieri et M. Omland. 2001. From the forest to the sea: biodiversity connections from Guinea to Togo. Conservation Priority-Setting Workshop, December 1999. Conservation International, Washington, D.C..

Barrière, P. P. Formenty, R. Hutterer, O. Perpète et M. Colyn. 1999. Veille écologique-épidémiologique saisonnière du peuplement Soricidae en Forêt du Taï: à la recherche de réservoirs du virus Ebola. 8ème Symposium international sur les petits mammifères africains, juillet 1999. Non publié. Paris.

Cole, L. R. 1975. Foods and foraging places of rats (Rodentia: Muridae) in the lowland evergreen forest of Ghana. Journal of Zoology, London. 175: 453-471.

Decher, J. et M. Abedi-Lartey. 2002. Small mammal zoogeography and diversity in West African forest remnants. Final Report to the National Geographic Society, the Ghana Wildlife Division, and Conservation International. University of Vermont.

Dosso, H. 1975. Liste préliminaire des rongeurs de la forêt de Taï (5°53'N, 7°25'W), Côte d'Ivoire. Mammalia. 39: 515-517.

Duplantier, J.-M. 1989. Les rongeurs myomorphes forestiers du nord-est du Gabon: structure du peuplement, démographie, domaine vitaux. Revue d'Ecologie (La Terre et la Vie). 44: 329-346.

Emmons, L. H. 1980. Ecology and resource partitioning among nine species of African rain forest squirrels. Ecological Monographs. 50: 31-54.

Fahr, J. 1996. Die Chiroptera der Elfenbeinküste (unter Berücksichtigung des westafrikanischen Raumes): Taxonomie, Habitatpräferenzen und Lebensgemeinschaften. Unpublished Diploma Thesis. University of Würzburg.

Grieser Johns, A. 1997. Timber production and biodiversity conservation in tropical rain forests. Cambridge University Press. Cambridge, New York.

Grubb, P., T. S. Jones, A. G. Davies, E. Edberg, E. D. Starin et J. E. Hill. 1998. Mammals of Ghana, Sierra Leone and the Gambia. The Trendrine Press, Zennor, St. Ives, Cornwall.

Happold, D. C. D. 1974. The small rodents of the forest-savanna-farmland association near Ibadan, Nigeria, with observations on reproduction biology. Revue de Zoologie Africaine. 88: 814-836.

Holbech, L. H. (ULG Consultants Ltd.). 1998. Small mammal survey in Ankasa and Bia protected areas. Protected Areas Development Programme, Western Region, Ghana. Project No. 6 ACP/GH 045.

Jeffrey, S. M. 1977. Rodent ecology and land use in Western Ghana. Journal of Applied Ecology. 14: 741-755.

Krebs, C. J. 1989. Ecological Methodology. Harper Collins Publ., New York.

Lim, B. K. et P. J. van Coeverden de Groot. 1997. Taxonomic report of small mammals from Côte d'Ivoire. Journal of African Zoology. 111 (4): 261-279.

Longman, K. A. et J. Jeník. 1987. Tropical forest and its environment. 2nd ed. Longman Singapore Publishers Ltd. Singapore.

Une Évaluation Biologique de Deux Forêts Classées du Sud-ouest de la Côte d'Ivoire
A Rapid Biological Assessment of Two Classified Forests in South-Western Côte d'Ivoire

99

Malcolm, J. R. et J. C. Ray. 2000. Influence of timber extraction routes on central African small-mammal communities, forest structure, and tree diversity. Conservation Biology. 14: 1623-1638.

Martin, R. E., R. H. Pine et A. F. DeBlase. 2001. A manual of mammalogy with keys to families of the world. 3rd ed. McGraw Hill. Boston.

Rouw, A. D. 1991. The invasion of *Chromolaena odorata* (L.) King and Robinson (ex *Eupatorium odoratum*), and competition with the native flora in a rain forest zone, south-west Côte d'Ivoire. Journal of Biogeography. 18: 13-23.

Struhsaker, T. T. 1997. Ecology of an African rainforest: logging in Kibale and the conflict between conservation and exploitation. University Press of Florida. Gainesville.

UNESCO. 1978. Tropical forest ecosystems. UNESCO/UNEP/FAO, Paris.

Voss, R. S. et L. H. Emmons. 1996. Mammalian diversity in Neotropical lowland rainforests: a preliminary assessment. Bulletin of the American Museum of Natural History. 230: 1-115.

Wilson, D. E., F. R. Cole, J. D. Nichols, R. Rudran et M. S. Foster. 1996. Measuring and monitoring biological diversity. Standard methods for mammals. Smithsonian Institution Press. Washington.

Wilson, D. E. et F. R. Cole. 2000. Common names of mammals of the world. Smithsonian Institution Press. Washington.

Wilson, D. E. et D. M. Reeder. 1993. Mammal species of the world: a taxonomic and geographic reference. 2nd ed. Smithsonian Institution Press, Washington, D. C.

Chapter 7

A Rapid Survey of Small mammals (shrews, rodents, and bats) from the Haute Dodo and Cavally Forests, Côte d'Ivoire

Jan Decher, Blaise Kadjo, Michael Abedi-Lartey, Elhadji O. Tounkara, and Soumaoro Kante

ABSTRACT

Small mammals (shrews, rodents, and bats) were sampled during the RAP using traps, pitfalls, bat nets and various observation techniques. Six shrew, eleven rodent, one nocturnal primate, and six bat species were captured or observed. The Haute Dodo Forest location had slightly higher species diversity and considerably higher trap success than the Cavally Forest location, perhaps due to more recent logging activities at Cavally. Three species captured, the Nimba Shrew *Crocidura nimbae*, Miller's Striped Mouse *Hybomys planifrons*, and the Slender-tailed Squirrel *Protoxerus aubinnii* are considered endemic to the Upper Guinea forest block. The small mammal communities sampled were characteristic of intact high forest but may not persist in that composition given the serious disturbances introduced by recent logging practices in both forests. We recommend better enforcement of reduced impact logging practices for habitat and biodiversity conservation.

INTRODUCTION

Small mammals were chosen as one taxon to assess biodiversity in the Haute Dodo and Cavally Forests, thus serving as an indirect measure of overall forest condition. We define small mammals as no larger than 1 kg; including shrews (Order Insectivora, Family Soricidae), bats (Order Chiroptera), and most smaller rodents (Order Rodentia). Observations of medium-sized mammals such as pangolins, otters, herpestids, viverrids, and hyraxes were recorded by all RAP members based on tracks, burrows or calls, and sometimes with the help of local guides or hunters. These species are listed in the large mammal report (Chapter 8).

The composition of West African small mammal communities in forests may reflect levels of forest disturbance. The opening of the forest and the establishment of human settlements may cause typical forest genera like *Praomys, Lophuromys, Grammomys (=Thamnomys)* and *Hylomyscus* to decline and more typical savanna genera like *Lemniscomys* and *Uranomys* and commensal (= human-affiliated) genera such as *Mastomys* and *Rattus* to appear with increasing frequency. Plantations and secondary forest may include all kinds of combinations of these species (Happold 1974, Jeffrey 1977). However, short-term inventories of small mammal communities always present an incomplete picture of the true diversity present in the forest, or as one recent review put it: *"the degree of incompleteness is inversely correlated with inventory duration"* (Voss and Emmons 1996). Thus our inventory should be considered a snapshot in time probably missing more elusive species such as the endemic Nimba Otter Shrew *Micropotamogale lamottei* or arboreal species such as the Shining Thicket Rat *Grammomys rutilans* and the dormice *Graphiurus spp.* that may require special capture methods or more extended trapping periods.

Table 7.1. Overview of non-volant small mammals of the Haute Dodo and Cavally Classified Forests, Côte d'Ivoire.

a) Caught species

Species/Dates	Haute Dodo					Cavally							Total on both sites
	18.3.	19.3.	20.3.	21.3.	Total	25.3.	26.3.	27.3.	28.3.	29.3.	30.3.	Total	
INSECTIVORA													
Crocidura jouvenetae	1		1	1	3		1					1	4
Crocidura nimbae		1			1								1
Crocidura obscurior	1		2		3						2	2	5
Crocidura poensis			1	2	3								3
Crocidura muricauda				1	1								1
Crocidura olivieri							1					1	1
RODENTIA													
Malacomys edwardsi	4	6	4	2	16		1	1	1	1	3	7	23
Hybomys trivirgatus	1	2	1	1	5			1			1	2	7
Hybomys planifrons	2	1	2	3	8						1	1	9
Praomys rostratus	1	1	2		4	1	1	1	1			4	8
Hylomyscus alleni	7	13	8	10	38	1	2	6	4	5	4	22	60
Dephomys defua			2	3	5			1	1			2	7
Lophuromys sikapusi		1			1						1	1	2
Total of captures	17	24	24	23	88	2	6	9	8	6	12	43	131
# of species	6	5	9	9	12	2	5	4	5	2	5	10	13
# of traps	128	178	178	196		132	182	182	228	228	228		
Trapping effort	128	178	178	196	680	132	182	182	228	228	228	1180	2360
Trapping success	0.133	0.135	0.135	0.117	0.129	0.015	0.033	0.049	0.035	0.026	0.053	0.036	0.056

b) Observed Species*

Species/Dates	Haute Dodo					Cavally							Total on both sites
	18.3.	19.3.	20.3.	21.3.	Total	25.3.	26.3.	27.3.	28.3.	29.3.	30.3.	Total	
Paraxerus poensis	1				1								1
Epixerus ebii						1						1	1
Heliosciurus rufobrachium						1			1			2	2
Protoxerus aubinnii								1				1	1
Galagoides demidoff			1		1	2						2	3
Total des observations	1		1		2	4			1	1		6	8

* observations made by other RAP survey teams

c) Scientific Names for Côte d'Ivoire RAP Small Mammals

Insectivora

Soricidae

Crocidura jouvenetae (HEIM DE BALSAC, 1958)

Crocidura nimbae (HEIM DE BALSAC, 1956)

Crocidura obscurior HEIM DE BALSAC, 1958

Crocidura poensis (FRASER, 1843)

Crocidura muricauda (MILLER, 1900)

Crocidura olivieri (LESSON, 1827)

Chiroptera

Megachiroptera

Scotonycteris zenkeri MATSCHIE, 1894

Megaloglossus woermanni PAGENSTECHER 1885

Hypsignathus monstrosus H. ALLEN, 1861

Microchiroptera

Nycteris hispida (SCHREBER, 1775)

Rhinolophus alcyone (TEMMINCK, 1852)

Hipposideros cyclops (TEMMINCK, 1853)

Rodentia

Muridae

Malacomys edwardsi ROCHEBRUNE, 1885

Hybomys trivirgatus (TEMMINCK, 1853)

Hybomys planifrons (MILLER, 1900)

Praomys rostratus (MILLER,1900)

Hylomyscus alleni (WATERHOUSE, 1838)

Dephomys defua (MILLER, 1900)

Lophuromys sikapusi (TEMMINCK, 1853)

Sciuridae

Paraxerus poensis (A. SMITH, 1830)

Epixerus ebii (TEMMINCK, 1853)

Heliosciurus rufobrachium (WATERHOUSE, 1842)

Protoxerus aubinii (GRAY, 1873)

Primates

Galagoides demidoff (G. FISCHER, 1806)

....

METHODS

Survey techniques followed those described by Voss and Emmons (1996) and Martin et al. (2001), complied with recently published Standard Methods for Measuring and Monitoring Mammal Diversity (Wilson et al. 1996) and guidelines approved by the American Society of Mammalogists (Animal Care and Use Committee 1998).

At the two localities up to five traplines and one or two pitfall lines with drift fences were set for four nights at Haute Dodo and six nights at Cavally. Lines were placed to cover different aspects of each habitat (riparian vs. upland; dense thicket vs. more open understorey forest, etc.). In most cases traplines were placed in walking distance (< 1 km) from the camp. Traplines consisted of 10-58 Sherman Life traps, interspersed with a few Museum Special snap traps and Victor rat traps. Two traps were set per station and stations were spaced 5-10 meters apart depending on habitat density. Stations were temporarily marked with color flagging and coordinates of traplines were determined with a GPS receiver. Depending on the vegetation structure, 10-40% of the traps were set above ground on fallen logs, on horizontal branches in trees, or in tangles of vines. Snap traps were attached with string to reduce chances of trap displacement by small carnivores, etc. Traps were baited with fresh palmnut shavings (= mesocarp of *Elais guineensis* fruit) purchased locally.

Pitfall traplines were set with drift fences using 3-foot plastic sheeting or fine mesh cloth erected between short poles and running across plastic buckets that were 20 cm deep and buried flush with the soil surface. We tried to keep buckets dry to capture shrews and other small vertebrates alive. Up to 20 buckets were placed along 100-150 m long driftfences at 5-10 meter intervals. Shorter pitfall arrays set by the herpetology team were shared by the small mammal group. Traplines and pitfalls were checked every morning and captured animals were measured, identified and released, or kept as vouchers for further identification.

Some microhabitat data (canopy cover, trap height, slope, type of groundcover) were recorded on pre-printed data sheets. For comparison with other studies from Upper Guinea we quantified small mammal diversity using species richness (number of species), Simpson's index of diversity (D), and the Shannon-Wiener Index (H'). Simpson's index weights common species more and is defined as *"the probability of picking two organisms that are different species"*, the Shannon-Wiener Index gives more weight to rare species, and can be defined as *"the average degree of uncertainty in predicting to what species an individual chosen at random from a sample will belong to"* (Krebs 1989).

Bats were sampled with 4-6 standard 6 and 12 meter long mist nets set opportunistically across small streams, in presumed flyways in the forest, and at the forest edge. Nets were opened and checked every 30-45 minutes from about 18.00h until 23.00h or 24.00h. Bats were removed from the nets, identified if possible, and released. Individuals with uncertain identity were kept alive overnight in cotton cloth bags and prepared as voucher specimens on the next morning. Identifiable calls of fruit bats were noted.

Efforts was made to observe and visually identify squirrels (Sciuridae), scaly-tailed squirrels (Anomaluridae), and small primates (The Dwarf Galago *Galagoides demidoff*, etc.) during slow observation walks (Emmons 1980) with the aid of binoculars and a small video camera.

Voucher specimens were euthanized with an inhalant (Halothane) and preserved as dry-mounted skins, with separate skeletons, or fluid-preserved in 75% ethanol. Rodent vouchers were deposited at the Smithsonian Institution Di-

Une Évaluation Biologique de Deux Forêts Classées du Sud-ouest de la Côte d'Ivoire
A Rapid Biological Assessment of Two Classified Forests in South-Western Côte d'Ivoire

103

Chapter 7

Table 7.2. Diversity measures for the non-flying small mammal community sampled at Haute Dodo and Cavally forests, Côte d'Ivoire.

Species	Haute Dodo		Cavally	
	observed	Proportion of total	observed	Proportion of total
INSECTIVORA				
Crocidura jouvenetae	3	0.034	1	0.024
Crocidura nimbae	1	0.011		0.000
Crocidura obscurior	3	0.034	2	0.048
Crocidura poensis	3	0.034		0.000
Crocidura muricauda	1	0.011		0.000
Crocidura olivieri		0.000	1	0.024
RODENTIA				
Malacomys edwardsi	16	0.184	7	0.167
Hybomys planifrons	8	0.092	1	0.024
Hybomys trivirgatus	5	0.057	2	0.048
Praomys rostratus	4	0.046	4	0.095
Hylomyscus alleni	38	0.437	22	0.524
Dephomys defua	5	0.057	2	0.048
Lophuromys sikapusi	1	0.011	1	0.024
Total	87	1	42	1
Nb d'espèces	12		10	
Nuits-pièges	680		1180	
Simpson D*		0.12		0.32
Simpson 1-D**		0.88		0.68
Shannon-Wiener H' ***		0.81		0.72

*   Probability of picking two organisms that are the same species
**   Probability of picking two organisms that are different species
*** Average degree of uncertainty in predicting to what species an individual chosen at random from a sample will belong to

vision of Mammals, Washington, D.C.; bats were deposited at the mammal collection of the Senckenberg Museum in Frankfurt/M., Germany; and all shrews (Soricidae) were sent to the Museum Alexander Koenig, Bonn, Germany. Organ tissue for molecular systematic analysis was preserved in 95% ethanol and deposited at the Zadock Thompson Natural History Collections of the University of Vermont, Burlington. A reference collection of voucher specimens was preserved for the Laboratoire de Zoologie at the Université de Cocody (B. Kadjo).

LOCALITIES

Given the limited mobility inherent in rainforest small mammal inventory work, Voss and Emmons (1996) estimate that *"the area effectively sampled by inventory work around most rainforest camps is unlikely to exceed 10 km²"*. Thus, our sampling localities are more or less centered on the camps established in the two forests:
Location 1: Haute Dodo Forest – 19 km E, 2 km N Siahé, 4 ° 54' 1.9" N, 7 ° 18' 57.5" W
Location 2: Cavally Forest – 33 km west of Zagné, 6 ° 10' 26.9" N, 7 ° 47' 16.6" W

RESULTS

Non-volant small mammals
Table 7.1a shows an overview of all small mammals trapped and sighted at both sites. At Haute Dodo Forest Reserve we were able to sample during four nights, at Cavally Forest Reserve during six nights. A total of 131 animals were captured at both sites, 88 individuals from 12 species were obtained in 680 trapnights at Haute Dodo and 43 individuals from

10 species were obtained in 1180 trapnights at Cavally. A total of 13 non-volant small mammal species was recorded from both sites, six species of insectivores (shrews, Soricidae) and seven species of rodents (Muridae). In addition four squirrel species and one nocturnal primate were sighted by various groups of the RAP expedition (Table 7.1b). Full scientific names of all captured and observed species follow Wilson and Reeder (1993) and are listed in Table 7.1c.

Almost all rodent species were captured on trap sites with 50% or greater average canopy cover (except *Praomys rostratus* at Cavally with 43.8%) and at least 30% average leaf litter ground cover. Table 7.2 shows diversity indices for the two sites calculated from proportional abundances for the trapped non-flying species only. Simpson's Index (1-D) was 0.88 at Haute Dodo and 0.68 at Cavally. The Shannon Wiener Index (H') was 0.81 and 0.72, respectively.

Table 7.4 shows a list of small mammal species recorded in the present study compared to published records from two other sites in Western Côte d'Ivoire (Taï National Park and Mont Peko National Park) and one site in the humid lowland forest in Western Ghana (Ankasa National Park).

Bats

Only two species of fruit bats (Megachiroptera) and three species of insectivorous bats (Microchiroptera) were captured in our mist nets (Table 7.3). One additional Megachiroptera species, the Hammer-headed Fruit Bat *Hypsignathus monstrosus* was identified by its calls. The one individual of Hairy Slit faced bat *Nycteris hispida* had a bright yellow nose and tragus (= process in outer ear). This may be a separate forest form of *N. hispida* and a more detailed examination is in progress (J. Fahr pers. comm.). At Haute Dodo netting success was 0.28 (8 bats in 29 net nights), at Cavally 0.05 (3 bats in 57 net nights).

DISCUSSION

At both sites species accumulation curves had not leveled off at the end of the sampling (Figure 7.1), indicating that our trapping success was not exhaustive of the true small mammal diversity. Rodent and bat diversity was less than that reported from two adjacent sites, Taï and Mont Péko National Park (Lim and van Coeverden de Groot 1997). Bat abundance and species richness were much lower than expected, based on recent results from Eastern Ghana (Decher and Abedi-Lartey 2002) and intensive research in Côte d'Ivoire (Fahr 1996, and pers. comm.). We found 77% of the nine shrew species (Soricidae) that we had expected based on Barrière et al. (1999) and R. Hutterer (pers. comm.). Both shrews and rodents captured indicate the presence of an intact high forest small mammal community without grassland or commensal invaders at Haute Dodo and Cavally Forests. *Crocidura nimbae* and *Hybomys planifrons* in particular are endemic to the Mount Nimba Range and Southwestern Region of the Upper Guinea Forest ecosystem (as defined in Bakarr et al. 2001) and indicators of undisturbed rain forest. The high ratio of the genera *Hylomyscus* to *Praomys* found at both sites is also indicative of interior primary forest.

Table 7.3. Number of bats (Chiroptera) surveyed at Haute Dodo and Cavally Forests, Côte d'Ivoire.

Species/Dates	Haute Dodo						Cavally								Total both sites
	17.3	18.3.	19.3.	20.3.	21.3.	Total HD	25.3.	26.3.	27.3.	28.3.	29.3.	30.3.	31,3	Total CV	
Scotonycteris zenkeri			1			1								0	1
Megaloglossus woermanni			1	1		2								0	2
Hypsignathus monstrosus			X			X					X			X	X
Nycteris hispida					1	1								0	1
Rhinolophus alcyone						0	1	1	1					3	3
Hipposideros cyclops				1	3	4								0	4
Nombre total de chauves-souris	0	0	2	2	4	8	1	1	1	0	0	0	0	3	11
Unités filets*	3	3	7	8	8	29	8	8	8	11	11	11	11	57	86
Nb. de chauves-souris / unité filet	0	0	0.29	0.25	0.50	0.28	0.13	0.13	0.13	0	0	0	0	0.05	0.13

* net night = number of 6-meter net units x nights netted
X = Species identified by calls only

Numbers of *Hylomyscus* tend to decrease and the proportion of *Praomys* tends to increase in forest remnants or in highly degraded forests (Duplantier 1989, Malcolm and Ray 2000).

Logging activities had been very recent so that there was not enough time for invasive species to get established. Highly invasive plant species such as the weed *Chromolaena odorata* may quickly become established along logging roads (Rouw 1991). This promotes dry season fires to encroach on forest edges and helps other invasive plants like savanna grasses to become established followed by savanna small mammal species. We also observed many people using the new logging roads to access the forest.

There was some indication at Cavally Forest that traps set close to logging roads hardly ever caught any mammals. However, given the brief sampling period at both sites and the fact that our survey was not designed to specifically test the impact of logging, we need to be cautious inferring effects of the recent timber exploitation on the small mammal community. Due to the limited trapping effort we did not encounter any particularly rare or elusive species.

Trap success at Haute Dodo (Table 7.1a) was similar to that at other locations in Upper Guinea. The extremely low trap success at Cavally Forest (less than one third of Haute Dodo with almost twice as many trapnights) may reflect the very recent timber exploitation of this Cavally Forest block, but it may also be a function of the drier conditions and full moon nights that coincided with our work at Cavally and that may have subdued mammal activity.

In the Central African Republic along 12 and 19 year old timber extraction roads Malcolm and Ray (2000) actually found increased small mammal abundance, richness and diversity associated with decreased canopy cover, increased ground vegetation and reduced sapling density in comparison to unlogged forest. Similar effects, including the colonization by "disturbed forest specialist," were found in Kibale Forest, Uganda (Grieser Johns 1997). Along with Struhsaker (1997), Malcolm and Ray (2000) hypothesized that *"increases in rodent density and diversity in the heavily logged compartments played an important role in reducing regeneration because of the role rodents play as seed and seedling predators".*

CONSERVATION RECOMMENDATIONS

Although we found a relatively intact forest small mammal community at Haute Dodo and Cavally Forest we were discouraged by the size and density of the recently established logging roads crisscrossing the forest and exposing a large percentage of bare soil to gulley erosion. This was aggravated by the fact that logging roads and timber landing places were often placed on steep slopes increasing the erosive effects of heavy rainfall. Previous studies have shown that annual soil loss on a 7% slope inside a rain forest in Côte d'Ivoire was just 0.03 tons/ha, whereas on bare ground it was 138 tons/ha (UNESCO 1978, cited in Longman and Jenik 1987). The dense network of roads also leads to unnecessary large canopy gaps beyond the actual tree fall gaps resulting in a high degree of edge effects with secondary growth.

In order to minimize damage to the forest canopy and soil disturbances we strongly suggest better enforcement of reduced impact logging for biodiversity conservation by government agencies (e.g. SODEFOR). Many strategies have been suggested to reduce gulley erosion and incidental damage to trees marked for retention including (i) the reduction and better planning of logging roads with respect to water drainage lines, (ii) use of excavators rather than bulldozers for building forest roads, (iii) use of aerial cable systems to reduce soil compaction, and (iv) the winching of felled logs to the machine rather than allowing the machine to move to the log (Grieser Johns 1997).

In order to reduce negative effects associated with decreased canopy cover, logging roads should be designed to minimize canopy damage, which may mean that more sinuous (curved) roads need to be built rather than straight roads built to minimize length (Malcolm and Ray 2000). Finally, discarded oil drums (especially at Cavally) and other rubbish should be removed after logging to avoid pollution and the creation of hazards to wildlife or breeding sites for non-forest insects (Grieser Johns 1997). Logging roads should be closed to human access to help the recovery of fauna and flora and prevent the spread of invasive plant and animal species.

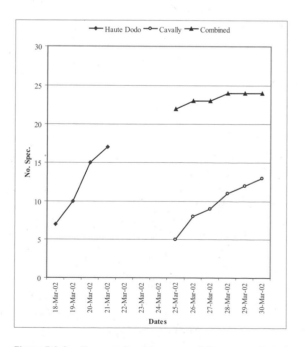

Figure 7.1 Small mammal species accumulation curves during the RAP in Haute Dodo and Cavally.

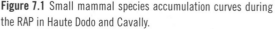

Table 7.4. Ecological characterization (F-forest, S-savanna, M-mixed strategy) and comparison of small mammals recorded from Haute Dodo (HD) and Cavally Forest (CV) compared with data from Parc National du Mont Peko (MP) and Parc National de Taï (T), Côte d'Ivoire (Dosso, 1975; Lim and Van Coeverden de Groot, 1997; Fahr, 1996 and J. Fahr pers. comm.); and Ankasa National Park (A) in southwestern Ghana. (Cole, 1975; Grubb et al., 1998; Holblech, 1998). Common names follow Wilson and Cole (2000) with some changes in Chiroptera following Fahr (1996).

Group/Genus/Species	Common name	Ecolog. Charact.			Localities				
		F	M	S	HD	CV	MP	T	A
Insectivora									
Crocidura olivieri	Olivier's Shrew		1					+	
Crocidura jouvenetae	Jouvenete's Shrew	1			+			+	
Crocidura nimbae	Nimba Shrew	1						+	
Crocidura buettikoferi	Buettikofer's Shrew	1			+	+		+	
Crocidura obscurior	Obscure White-toothed Shrew		1		+			+	
Crocidura poensis	Fraser's Musk Shrew		1		+				+
Crocidura muricauda	Mouse-tailed Shrew	1			+			+	
Crocidura grandiceps	Large-headed Shrew	1				+		+	
Crocidura douceti	Doucet's Musk Shrew		1			+		+	
Crocidura flavescens	Greater Red Musk Shrew		1				+		+
Sylvisorex megalura	Climbing Shrew		1					+	
Chiroptera									
Hypsignathus monstrosus	Hammer-headed fruit bat	1			+?	+?		+	+
Megaloglossus woermanni	Woermann's Fruit Bat	1					+	+	+
Micropteropus pusillus	Peter's Dwarf Epauletted Fruit Bat			1					+
Nanonycteris veldkampi	Veldkamp's Fruit Bat		1				+	+	+
Epomops buettikoferi	Buettikofer's Epauletted Bat	1						+	+
Scotonycteris zenkeri	Zenker's Fruit Bat	1			+			+	+
Myonycteris torquata	Little Collared Fruit Bat		1					+	+
Nycteris grandis	Large Slit-faced Bat	1						+	
Nycteris hispida	Hairy Slit-faced Bat		1		+				
Hipposideros abae	Aba Roundleaf Bat			1			+	+	
Hipposideros beatus	Benito Roundleaf Bat	1					+		
Hipposideros caffer	Sundevall's Roundleaf Bat		1				+		
Hipposideros cyclops	Cyclops bat	1				+		+	
Hipposideros ruber	Noack's Roundleaf Bat		1				+	+	
Rhinolophus alcyone	Alcyon Roundleaf Bat		1			+		+	
Pipistrellus brunneus	Dark-brown Pipistrelle	1					+	+	
Glauconycteris beatrix	Beatrix's Bat	1					+		
Glauconycteris poensis	Abo Bat		1				+		
Myotis bocagei	Rufous Mouse-eared Bat		1					+	
Pipistrellus crassulus bellieri	Broad-headed Pipistrelle	1					+		
Pipistrellus nanulus	Tiny Pipistrelle	1					+		
Pipistrellus nanus	Banana Pipistrelle		1				+		

Group/Genus/Species	Common name	Ecolog. Charact.			Localities				
		F	M	S	HD	CV	MP	T	A
Rodents									
Epixerus ebii	Western Palm Squirrel	1				+			+
Funisciurus pyrropus	Fire-footed Squirrel	1					+		+
Paraxerus poensis	Green BushSquirrel	1			+				+
Heliosciurus rufobrachium	Red-legged Sun Squirrel	1				+			+
Protoxerus stangeri	African Giant Squirrel	1							+
Protoxerus aubinnii	Slender-tailed Squirrel	1				+			+
Anomalurus beecrofti	Beecroft's Scaly-tailed Squirrel	1							+
Anomalurus pelii	Pel's Scaly-tailed Squirrel	1							+
Anomalurus derbianus	Lord Derby's Scaly-tailed Squirrel	1							+
Idiurus macrotis	Long-eared Scaly-tailed Squirrel	1							+
Malacomys edwardsi	Edward's Swamp Rat	1			+	+	+	+	+
Malacomys cansdalei	Cansdale's Swamp Rat	1				+			+
Hybomys trivirgatus	Temminck's Striped Mouse	1			+	+			+
Hybomys planifrons	Miller's Striped Mouse	1			+	+			
Praomys tullbergi	Tullberg's Soft-furred Mouse	1							+
Praomys rostratus	Forest Soft-furred Mouse	1			+	+	+	+	
Hylomyscus alleni	Allen's Wood Mouse	1			+	+		+	+
Hylomyscus baeri	Baer's Wood Mouse	1						+	
Hylomyscus aeta	Beaded Wood Mouse		1					+	
Dephomys defua	Defua Rat	1			+	+		+	+
Dasymys incomtus	African Marsh Rat		1					+	
Lophuromys sikapusi	Rusty-bellied Brush-furred rat	1			+	+			+
Lemniscomys striatus	Typical Striped Mouse			1				+	
Dendromus sp.	Climbing Mouse	1							+
Mus musculoides	Temminck's Mouse		1					+	+
Rattus rattus	House Rat		1				+		
Thryonomys swinderianus	Greater Cane Rat			1					
Cricetomys emini	Giant Rat	1			+			+	+
Graphiurus nagtglasii (=hueti)	Nagtglas's Dormouse	1						+	
Graphiurus lorraineus	Lorrain Dormouse	1						+	
Primates									
Galagoides demidoff	Demidoff's Galago		1		+	+			+
Pholidota									
Manis tetradactyla	Long-tailed Pangolin	1				+			

LITERATURE CITED

Animal Care and Use Committee. 1998. Guidelines for the capture, handling, and care of mammals as approved by The American Society of Mammalogists. Journal of Mammalogy. 79: 1416-1431.

Bakarr, M., B. Bailey, D. Byler, R. Ham, S. Olivieri, and M. Omland. 2001. From the forest to the sea: biodiversity connections from Guinea to Togo. Conservation Priority-Setting Workshop, December 1999. Conservation International, Washington, D.C..

Barrière, P. P. Formenty, R. Hutterer, O. Perpète, and M. Colyn. 1999. Veille écologique-épidémiologique saisonnière du peuplement Soricidac en Forêt du Taï: à la recherche de réservoirs du virus Ebola. 8ème Symposium international sur les petits mammifères africains, juillet 1999. Non publié. Paris.

Cole, L. R. 1975. Foods and foraging places of rats (Rodentia: Muridae) in the lowland evergreen forest of Ghana. Journal of Zoology, London. 175: 453-471.

Decher, J. and M. Abedi-Lartey. 2002. Small mammal zoogeography and diversity in West African forest remnants. Final Report to the National Geographic Society, the Ghana Wildlife Division, and Conservation International. University of Vermont.

Dosso, H. 1975. Liste préliminaire des rongeurs de la forêt de Taï (5°53'N, 7°25'W), Côte d'Ivoire. Mammalia. 39: 515-517.

Duplantier, J.-M. 1989. Les rongeurs myomorphes forestiers du nord-est du Gabon: structure du peuplement, démographie, domaine vitaux. Revue d'Ecologie (La Terre et la Vie). 44: 329-346.

Emmons, L. H. 1980. Ecology and resource partitioning among nine species of African rain forest squirrels. Ecological Monographs. 50: 31-54.

Fahr, J. 1996. Die Chiroptera der Elfenbeinküste (unter Berücksichtigung des westafrikanischen Raumes): Taxonomie, Habitatpräferenzen und Lebensgemeinschaften. Unpublished Diploma Thesis. University of Würzburg.

Grieser Johns, A. 1997. Timber production and biodiversity conservation in tropical rain forests. Cambridge University Press. Cambridge, New York.

Grubb, P., T. S. Jones, A. G. Davies, E. Edberg, E. D. Starin, and J. E. Hill. 1998. Mammals of Ghana, Sierra Leone and the Gambia. The Trendrine Press, Zennor, St. Ives, Cornwall.

Happold, D. C. D. 1974. The small rodents of the forest-savanna-farmland association near Ibadan, Nigeria, with observations on reproduction biology. Revue de Zoologie Africaine. 88: 814-836.

Holbech, L. H. (ULG Consultants Ltd.). 1998. Small mammal survey in Ankasa and Bia protected areas. Protected Areas Development Programme, Western Region, Ghana. Project No. 6 ACP/GH 045.

Jeffrey, S. M. 1977. Rodent ecology and land use in Western Ghana. Journal of Applied Ecology. 14: 741-755.

Krebs, C. J. 1989. Ecological Methodology. Harper Collins Publ., New York.

Lim, B. K. and P. J. van Coeverden de Groot. 1997. Taxonomic report of small mammals from Côte d'Ivoire. Journal of African Zoology. 111 (4): 261-279.

Longman, K. A. and J. Jeník. 1987. Tropical forest and its environment. 2nd ed. Longman Singapore Publishers Ltd. Singapore.

Malcolm, J. R. and J. C. Ray. 2000. Influence of timber extraction routes on central African small-mammal communities, forest structure, and tree diversity. Conservation Biology. 14: 1623-1638.

Martin, R. E., R. H. Pine, and A. F. DeBlase. 2001. A manual of mammalogy with keys to families of the world. 3rd ed. McGraw Hill. Boston.

Rouw, A. D. 1991. The invasion of *Chromolaena odorata* (L.) King and Robinson (ex *Eupatorium odoratum*), and competition with the native flora in a rain forest zone, south-west Côte d'Ivoire. Journal of Biogeography. 18: 13-23.

Struhsaker, T. T. 1997. Ecology of an African rainforest: logging in Kibale and the conflict between conservation and exploitation. University Press of Florida. Gainesville.

UNESCO. 1978. Tropical forest ecosystems. UNESCO/UNEP/FAO, Paris.

Voss, R. S. and L. H. Emmons. 1996. Mammalian diversity in Neotropical lowland rainforests: a preliminary assessment. Bulletin of the American Museum of Natural History. 230: 1-115.

Wilson, D. E., F. R. Cole, J. D. Nichols, R. Rudran, and M. S. Foster. 1996. Measuring and monitoring biological diversity. Standard methods for mammals. Smithsonian Institution Press. Washington.

Wilson, D. E. and F. R. Cole. 2000. Common names of mammals of the world. Smithsonian Institution Press. Washington.

Wilson, D. E. and D. M. Reeder. 1993. Mammal species of the world: a taxonomic and geographic reference. 2nd ed. Smithsonian Institution Press, Washington, D. C.

Une Évaluation Biologique de Deux Forêts Classées du Sud-ouest de la Côte d'Ivoire
A Rapid Biological Assessment of Two Classified Forests in South-Western Côte d'Ivoire

109

Chapitre 8

Inventaire rapide des grands mammifères des Forêts Classées de la Haute Dodo et du Cavally en Côte d'Ivoire

*Jim Sanderson, Abdulai Barrie, James E. Coleman,
Soumaoro Kante, Soulemane Ouattara et
El Hadj Ousmane Toukara*

RÉSUMÉ

Nous présentons ici les résultats d'un inventaire des grands mammifères réalisé du 14 au 30 mars 2002 dans le cadre du programme d'évaluation rapide (*Rapid Assessment Program* ou RAP en anglais) des Forêts Classées de la Haute Dodo et de Cavally en Côte d'Ivoire. L'inventaire avait pour objectif d'évaluer la diversité biologique des grands mammifères de la région. Leur présence a été détectée par l'étude des traces, par les observations auditives et visuelles et par l'utilisation de pièges photographiques. Nous avons pu confirmer la présence de 25 espèces de grands mammifères dans la Forêt Classée de la Haute Dodo et 34 espèces dans la Forêt Classée du Cavally. Au total, 37 espèces sont présentes sur les deux sites. Cinq espèces sont considérées comme En Danger et 3 comme Vulnérable. Ces deux forêts sont des concessions forestières actives. Malgré l'existence de lois nationales interdisant la chasse, nous avons trouvé les signes d'un braconnage actif aux deux endroits. Les observations directes de grands mammifères comme les primates et les céphalophes étaient rares. Les résultats de cette étude sont destinés principalement à l'identification d'aires potentielles pour la conservation sur le long terme, dans le cadre du projet de Conservation International pour la mise en place d'un corridor pour la biodiversité en Côte d'Ivoire et au Liberia. Nos observations indiquent que les sites prospectés abritent les grands mammifères caractéristiques de l'Afrique de l'Ouest, ce qui renforce la nécessité de la création d'un corridor et le besoin d'une protection immédiate.

INTRODUCTION

La mise en œuvre de stratégies de conservation efficaces se base sur des données sur la biodiversité locale. Ces informations sont souvent inexistantes, incomplètes ou inaccessibles aux législateurs. Les Forêts Classées de la Haute Dodo et du Cavally sont des vestiges forestiers qui lient le Parc National de Sapo au Liberia et le Parc National de Taï en Côte d'Ivoire. Le Parc National de Sapo constitue «le cœur d'un immense bloc forestier qui n'a pas été aussi altéré ni fragmenté que la majeure partie de l'écosystème des forêts de la Haute Guinée, et présente ainsi un potentiel extraordinaire pour la conservation» (Waitkuwait 2001). Le Parc National de Taï est la plus grande forêt contiguë en Côte d'Ivoire et est connu pour abriter neuf espèces de primates y compris le chimpanzé.

Les schémas actuels de biodiversité et l'endémisme de la faune et de la flore de la forêt pluviale de plaine de la Guinée occidentale datent du Pléistocène, 15 000 à 250 000 ans avant notre ère. Les conditions de sécheresse subséquentes dans les tropiques ont créé des refuges isolés. Suite à des expansions et des contractions répétées de la forêt originelle, la flore et la faune présentes dans les nouveaux habitats ont subi une spéciation considérable. Taï et Sapo ont fait partie de ces refuges (Lebbie 2002). Lim et van Coeverden de Groot (1997) ont procédé à l'inventaire des petits mammifères (rongeurs et chauves-souris) à Taï et au Parc National du Mont Peko au sud-ouest de la Côte d'Ivoire. Les 17 espèces collectées au

Mont Peko étaient toutes nouvelles et sept des neuf espèces trouvées à Taï n'étaient connues d'aucun spécimen. «Les rongeurs étaient les seuls mammifères bien documentés du Parc National de Taï» (Lim et van Coeverden de Groot 1997, p. 276). Agoramoorthy (1990) a procédé à l'inventaire des primates de la forêt pluviale dans le Parc National de Sapo au Liberia. Les grands mammifères n'ont pas encore fait l'objet d'un inventaire systématique même si des espèces comme l'hippopotame nain (*Hexaprotodon liberiensis*) et des carnivores endémiques comme la genette de Johnston (*Genetta johnstoni*) et la mangouste du Liberia (*Liberiictis kuhni*) sont connus de petites populations au Liberia et en Côte d'Ivoire. Dans l'ordre des artiodactyles, deux céphalophes menacés appartenant au genre *Cephalophus* (*C. jentinki* et *C. zebra*) et la petite antilope royale *Neotragus pygmaeus* sont endémiques (Kingdon 1997), ce qui confirme l'importance de la biodiversité de cette région (Tableau 8.1).

Les primates non humains présentent également une grande diversité avec notamment le cercopithèque Diane (*Cercopithecus diana diana*), le colobe bai d'Afrique occidentale (*Piliocolobus badius badius*), le mangabey fuligineux (*Cercocebus torquatus atys*), le colobe vert olive (*Procolobus verus*) et le chimpanzé (*Pan troglodytes*) (Tableau 8.1). Plusieurs de ces espèces sont listées par l'UICN comme menacées ou en danger (Tableau 8.1) à cause de la chasse pour la viande de brousse et de la perte d'habitat généralisée en Afrique de l'Ouest (Oates 1986, Lee et al. 1988, Bakarr et al. 2001). Les autres grands mammifères importants sont le léopard (*Panthera pardus*) et l'éléphant (*Loxodonta africana*) : les populations d'éléphants de forêt de Taï sont considérées prioritaires pour l'Afrique de l'Ouest (Ouattara 2000, Sayer et al. 1992). La composition spécifique du Parc National de Sapo est similaire à celle du Parc National de Taï. Cependant, il n'y a jamais eu d'inventaire systématique des grands mammifères terrestres ni à Sapo et à Taï, ni dans les forêts qui se trouvent entre ces deux parcs nationaux.

Dans le cadre de sa stratégie de protection de la biodiversité, Conservation International a suggéré la mise en place d'un corridor biologique transnational qui s'étendrait du Parc National de Taï en Côte d'Ivoire jusqu'au Parc National de Sapo au Liberia, corridor qui inclurait les Forêts Classées de la Haute Dodo et du Cavally. La région élargie de Taï/Sapo abrite une représentation importante de la biodiversité de ce qui reste des forêts pluviales d'Afrique de l'Ouest. Un corridor biologique a pour fonction principale d'augmenter la zone bénéficiant d'une protection entre les principales aires protégées comme les parcs nationaux. La biodiversité des Forêts Classées de la Haute Dodo et du Cavally étant peu connue, un programme d'évaluation rapide (RAP en anglais) a été organisé avec un inventaire des grands et des petits mammifères, des amphibiens et des reptiles, des poissons et des plantes. Ce RAP de la Haute Dodo et du Cavally avait pour objectif de fournir des données rapides, efficaces, fiables et relativement peu coûteuses sur cette région peu connue de la Côte d'Ivoire, afin d'aider à la mise en place d'une stratégie régionale de

conservation. Nous avons utilisé des observations visuelles, auditives, l'étude des traces et d'autres informations ainsi que des pièges photographiques pour étudier la présence des grands mammifères dans un milieu de forêt tropicale sempervirente près de la frontière entre la Côte d'Ivoire et le Liberia.

MATÉRIEL ET MÉTHODES

Sites d'étude
Nos inventaires ont eu lieu au début de la saison sèche dans deux forêts ivoiriennes : la Forêt Classée de la Haute Dodo (N 4° 54' 01.1", O 7° 18' 57.7") du 14 au 21 mars 2002 et la Forêt Classée du Cavally (N 6° 10' 26.5", O 7° 47' 16.6") du 24 au 31 mars 2002. Les sites étaient tous les deux à environ 200 m d'altitude. Les forêts classées sont destinées à la production du bois en Côte d'Ivoire. L'exploration et l'exploitation actives s'étaient achevées trois mois avant notre étude à la Haute Dodo. Au Cavally, l'exploitation avait été stoppée une semaine avant le début de notre inventaire. Les cours d'eau à l'intérieur de la forêt s'écoulaient normalement pour cette période de l'année.

Méthodes
Des méthodes actives et passives ont été employées pour détecter la présence de grands mammifères. La méthode active utilisait l'observation directe des espèces, l'identification des traces et des bruits, l'étude des nids, des fèces et d'autres informations indirectes pour déterminer la présence d'espèces de grands mammifères non volants sur les deux sites. Les observations directes et l'identification des traces et des bruits étaient réalisées lors de parcours quotidiens à partir du camp de base. Les inventaires ont eu lieu de nuit en utilisant un projecteur. Comme nos collègues ont également collecté de façon opportuniste des informations sur les grands mammifères et que certaines observations étaient certainement répétées, nous n'avons utilisé ces données que pour confirmer la présence des espèces concernées.

Pour la méthode d'observation passive, nous avons employé douze pièges photographiques de type CamTrakker (CamTrakker, Watkinsville, Georgia) sur chaque site d'étude. Les pièges photographiques CamTrakker sont activés par des détecteurs de chaleur. Chaque CamTrakker utilise un appareil Samsung Vega 77i 35mm en mode autofocus, avec une pellicule de 200 ASA. Le délai entre la réception du détecteur et la prise de vue était fixé à 0,6 secondes. Les appareils étaient programmés pour fonctionner de façon continue (bouton de contrôle 1 activé) et pour attendre 20 secondes entre chaque photo (boutons de contrôle 6 et 8 activés). Ils ont été placés à des endroits susceptibles d'être fréquentés par diverses espèces de mammifères, comme les sites de refuge, les sentiers, les points d'eau utilisés par les animaux pour se vautrer et les sites où ils se nourrissent comme ceux avec des arbres fruitiers. Les

Une Évaluation Biologique de Deux Forêts Classées du Sud-ouest de la Côte d'Ivoire
A Rapid Biological Assessment of Two Classified Forests in South-Western Côte d'Ivoire

111

appareils étaient placés à environ 500 m les uns des autres et au moins à 500 m du camp de base. Nous avons utilisé cette méthode pour calculer les taux d'observation sur chaque site de la même manière que les transects standard. Dans la méthode du transect, l'observateur fait ses relevés en parcourant celui-ci, tandis que pour le piège photographique, ce sont les «observations» qui se déplacent sur des parcours devant des caméras fixes, les «observateurs». Dans le cas des mammifères discrets qui subissent une forte pression de la chasse, la méthode des pièges photographiques est peut-être plus efficace que celle des transects, surtout lorsque les observateurs ont des niveaux d'expertise différents.

Résultats

Nous avons observé, identifié auditivement ou photographié 25 espèces de grands mammifères dans la Forêt Classée de la Haute Dodo (Tableau 8.2) et 34 espèces dans la Forêt Classée du Cavally (Tableau 8.3), pour un total combiné de 37 espèces de grands mammifères. Les pièges photographiques à la Haute Dodo ont permis d'obtenir sept images de quatre espèces de grands mammifères et deux photos d'oiseaux terrestres. Le taux de réussite photographique pour les mammifères était d'une photo pour 8,0 jours. Au Cavally, nous avons obtenu 17 photographies: dix de cinq espèces de grands mammifères, quatre de deux espèces d'oiseaux terrestres et trois photos de braconniers. Le taux de réussite photographique était d'une photo pour 6,78 jours. Les grands mammifères les plus photographiés étaient le céphalophe noir (*Cephalophus niger*, 5 sur 26 photographies) et la mangouste du Liberia (*Liberiictis kuhni*, 4 sur 26 photographies). Les pièges photographiques ont également permis d'obtenir des images du chevrotain aquatique (*Hyemoschus aquaticus*) et du chimpanzé (*Pan troglodytes*). Aucune observation d'éléphants n'a été faite mais les braconniers locaux confirment que l'espèce est toujours présente dans la Forêt Classée de la Haute Dodo. Les observations des traces nous ont permis de déterminer la présence de l'hippopotame nain et du chat doré d'Afrique dans la Forêt Classée du Cavally.

Nous n'avons observé de primates qu'à une seule occasion et nos 44 collègues n'ont eu que six occasions d'observation de primates pendant la durée de l'étude. Des nids dans les arbres et des restes de noix cassées sur des pierres confirment la présence de chimpanzés à la Haute Dodo et au Cavally, mais aucune observation directe n'a pu être réalisée.

Les mammifères qui ne sont présents que dans une des deux forêts sont : à la Haute Dodo, l'anomalure de Beecroft, la nandinie et l'éléphant; au Cavally, le colobe vert olive, le colobe bai d'Afrique occidentale, le colobe noir et blanc d'Afrique occidentale, le cercopithèque hocheur, l'athérure d'Afrique, le chat doré d'Afrique, la mangouste du Liberia, le pangolin à longue queue, l'hippopotame nain, le chevrotain aquatique, le bongo et le céphalophe rayé. Nous pensons que les différences constatées s'expliquent par la courte durée de notre inventaire et ne représentent pas des divergences fondamentales entre les faunes de mammifères de ces deux zones.

DISCUSSION

Nos résultats montrent que les Forêts Classées de la Haute Dodo et du Cavally abritent le riche ensemble biologique de grands mammifères caractéristique de l'Afrique de l'Ouest. Le chimpanzé, le colobe bai d'Afrique occidentale, le cercopithèque Diane, l'éléphant et la mangouste du Liberia sont dans la liste UICN des espèces en danger. La loutre à cou tacheté, l'hippopotame nain et le céphalophe rayé sont considérés comme Vulnérable. (Lee et al. 1988). Compter 5 mammifères en danger et 3 espèces vulnérables renforce l'importance cruciale de ces forêts pour la biodiversité régionale et mondiale. Par ailleurs, des aspects comportementaux uniques de certains mammifères ont attiré l'attention au niveau mondial, alors que d'autres mammifères n'ont jamais fait l'objet d'études scientifiques. Les chimpanzés d'Afrique occidentale ont par exemple été étudiés pour l'usage qu'ils font d'outils (Kortlandt et Holzhaus 1987). Nous avons des observations directes d'un endroit où les chimpanzés utilisaient un fragment de roche pour casser les noix. Il est effrayant de constater que les mêmes animaux sont chassés pour la consommation par l'homme.

La taille corporelle n'est pas révélatrice d'une possibilité d'extinction : l'éléphant tout comme la mangouste du Liberia sont en danger en Afrique. L'hippopotame nain et le céphalophe rayé sont deux espèces vulnérables présentes dans les Forêts Classées de la Haute Dodo et du Cavally. Ces deux espèces sont deux véritables icônes de la faune à la fois riche et menacée d'Afrique de l'Ouest. Plusieurs espèces enregistrées à la Haute Dodo et au Cavally sont extrêmement discrètes, rarement observées et nécessitent des études scientifiques. Le chevrotain aquatique est une antilope forestière rarement vue qui n'a jamais fait l'objet d'une étude scientifique. Nous avons pu le photographier trois fois. Le chat doré africain n'a jamais été étudié à l'état sauvage ; nous avons pu identifier ses traces. L'UICN considère le chevrotain aquatique et le chat doré africain comme deux espèces à «données insuffisantes», ce qui signifie que le monde scientifique ignore toujours tout de ces créatures rares et sait uniquement qu'elles existent (IUCN 2002). Il n'y pas non plus eu d'études scientifiques approfondies sur le galago de Demidoff, l'anomalure de Beecroft, le pangolin à longue queue et la loutre à cou tacheté.

Les taux de réussite photographiques à la Haute Dodo (une photo tous les 8,0 jours ou 0,125 photo par jour) et au Cavally (une photo tous les 6,78 jours ou 0,147 photos par jour) étaient faibles par rapport à ceux d'autres sites inventoriés dans d'autres parties du globe. Lors d'un inventaire RAP antérieur en Guyana (Amérique du Sud), le taux de réussite photographique atteignait 1,1 photographies par caméra par jour. Le taux était similaire au Guatemala (Amérique centrale). Dans le cerrado brésilien (Amérique du Sud), il était de 2,7 photographies par caméra par jour. Au Cambodge (Asie), le taux de réussite photographique dans une forêt dégradée par des activités humaines illégales comme la chasse et le piégeage au collet était de 0,23 photos par caméra. Le RAP en Guyana a eu lieu dans une zone peu utilisée par les hommes, similaire à la zone inventoriée au Guatemala. Au Brésil, le piégeage photographique a été réalisé dans un parc national strictement protégé. Même si la comparaison entre les taux de réussite photographiques d'endroits différents fait l'objet de controverses, les faibles taux obtenus au Cambodge et en Côte d'Ivoire et les taux supérieurs du Brésil, du Guatemala et de la Guyana semblent indiquer que les activités humaines, et particulièrement la chasse et le piégeage, ont pour conséquence une communauté de grands mammifères affaiblie et discrète. Les faibles taux de réussite à la Haute Dodo et au Cavally s'expliquent probablement par l'important niveau d'activités destructrices quotidiennes et nombreuses comme l'exploitation forestière, le piégeage au collet et la chasse.

La pression locale pour le bois de chauffe (charbon), la viande de brousse, les terres pour l'élevage et pour les plantations et la demande mondiale pour le bois et les ressources minières comme l'or réduit la taille et le potentiel des forêts qui subsistent en Afrique de l'Ouest. Les forêts primaires qui ne sont pas des aires protégées sont convoitées pour l'extraction du bois et les forêts secondaires font face à un empiètement constant (Lebbie 2002). Une grande partie des forêts de cette région ont perdu énormément en superficie et subi des changements négatifs dans leur composition suite à la fragmentation de l'habitat. Seul subsiste de la haute forêt un mélange d'espèces sempervirentes et semi sempervirentes, principalement dans des forêts secondaires. La présence de grands blocs de forêts humides comme au Liberia, pays où les conflits civils se sont récemment calmés, insuffle de l'espoir pour la conservation de la biodiversité. Cependant, la demande mondiale pour le bois dur continue de pousser à l'exploitation des forêts existantes. Les impacts secondaires de l'exploitation forestière sont tout aussi destructeurs. L'exploitation du bois a accéléré la fragmentation de l'habitat et la disparition de grands mammifères.

Tableau 8.1. Espèces endémiques et quasi-endémiques d'Afrique de l'Ouest (Kingdon 1997). Les espèces marquées en gras ont été relevées lors de notre évaluation rapide.

Ordre	Famille	Espèce	Nom commun
Primates	Cercopithecinae	**Cercopithecus c. campbelli**	**Cercopithèque de Campbell**
		Cercopithecus diana diana	**Cercopithèque Diane**
		Cercopithecus p. buettikoferi	**Hocheur blanc-nez**
	Colobidae	**Procolobus verus**	**Colobe vert olive**
		Piliocolobus badius badius	**Colobe bai d'Afrique occidentale**
Chiroptera	Hipposiderinae	Hipposideros lamottei	Phyllorhine de Lamotte
		Hipposideros marisae	Phyllorhine d'Aellen
	Vespertilionidae	Kerivoula phalaena	Chauve-souris peinte phalène
Insectivora	Tenrecidae	Micropotamogale lamottei	Micropotamogale de Lamotte
	Soricidae	Crocidura muricauda	Crocidure à queue de souris
		Crocidura nimbae	Crocidure du mont Nimba
Rodentia	Protoxerini	Epixerus ebii	Ecureuil des palmiers
		Heliosciurus punctatus	Héliosciure de forêt
		Protoxerus aubinnii	Ecureuil géant à queue fine
	Anomaluridae	Anomalurus pelii	Anomalure de Pel
	Muridae	Dephomys defua	Rat cible de Defua
		Hybomys planifrons	Rat forestier à front plat
		Hylomyscus baeri	Rat à poil doux de Côte d'Ivoire
		Oenomys ornatus	Rat à museau roux du Ghana
		Praomys rostratus	Souris sylvestre de Miller
Carnivora	Herpestidae	**Liberiictis kuhni**	**Mangouste du Liberia**
	Viverridae	Genetta johnstoni	Genette de Johnston
Artiodactyla	Hippopotamidae	**Hexaprotodon liberiensis**	**Hippopotame nain**
	Notragini	Neotragus pygmaeus	Antilope royale
	Cephalophini	Cephalophus jentinki	Céphalophe de Jentink
		Cephalophus zebra	**Céphalophe rayé**

Une Évaluation Biologique de Deux Forêts Classées du Sud-ouest de la Côte d'Ivoire
A Rapid Biological Assessment of Two Classified Forests in South-Western Côte d'Ivoire

113

Tableau 8.2. Grands mammifères dont la présence est confirmée dans la Forêt Classée de la Haute Dodo du 14 au 22 mars 2002 (E: entendu, V: vu, T: traces, P: photographié, A: autre indication, et C: statut UICN (E: en danger, V: vulnérable, P: préoccupation mineure, D: données insuffisantes) (IUCN Red List 2002)). Les espèces notées en gras ont été trouvées uniquement sur ce site. Le nombre d'observations ou de photos prises est indiqué. Les noms scientifiques se basent sur Kingdon (1997).

Ordre	Famille	Espèces	Nom commun	E	V	T	P	A	C
Primates	Hominidae	*Pan troglodytes*	Chimpanzé					Noix Nids	E
	Cercopithecidae	*Cercocebus atys*	Mangabey fuligineux		1		1		P
		Cercopithecus diana	Cercopithèque Diane	2	1				E
		Cercopithecus campbelli	Cercopithèque de Campbell	2	2				
		Cercopithecus petaurista	Hocheur blanc-nez		2				
	Galagonidae	*Galagoides demidoff*	Galago de Demidoff	3					
Rodentia	Sciuridae	*Paraxerus poensis*	Petit écureuil de brousse		2				
		Heliosciurus rufobrachium	Héliosciure à pieds roux		1				
		Protoxerus stangeri	Ecureuil géant de Stanger		1				
	Anomaluridae	***Anomalurus beecrofti***	**Anomalure de Beecroft**		1				
	Thryonomyidae	*Thryonomys swinderianus*	Grand aulacode		5				
	Muroidae	*Cricetomys emini*	Rat géant d'Emin				1		
Carnivora	Mustelidae	*Lutra maculicollis*	Loutre à cou tacheté		2			fèces	V
	Herpestidae	*Herpestes sanguinea*	Mangouste svelte		1				
		Crossarchus obscurus	Mangouste brune			5			
	Viverridae	*Civettictis civetta*	Civette d'Afrique		1				
		Nandinia binotata	**Nandinie**		1			mort	
Hyracoidea	Procaviidae	*Dendrohyrax dorsalis*	Daman de Beecroft	5					
Proboscidea	**Elephantidae**	***Loxodonta africana***	**Eléphant**					chasseur	E
Artiodactyla	Suidae	*Potamochoerus porcus*	Potamochère d'Afrique			2			
	Bovidae	*Syncerus caffer*	Buffle d'Afrique					chasseur	P
		Tragelaphus scriptus	Guib harnaché			3			
		Cephalophus maxwelli	Céphalophe de Maxwell		2	1			P
		Cephalophus niger	Céphalophe noir		4	2	4		P
		Cephalophus dorsalis	Céphalophe à bande dorsale noire		1	2			P

Tout comme la perte de l'habitat, la chasse pour la viande de brousse représente une menace importante pour la survie des mammifères d'Afrique de l'Ouest (Bakarr et al. 2001). L'extinction récente du colobe bai de Miss Waldron (*Piliocolobus badius waldroni*) a été imputée à la chasse et à la demande pour la viande de brousse dans la région (Oates et al. 2000). La viande de brousse constitue une source cruciale de protéines pour de nombreux habitants et de nombreuses espèces sont chassées. Les antilopes, les potamochères et les primates sont les principales espèces pour le commerce de la viande de brousse tandis que les populations rurales préfèrent le grand aulacode (*Thryonomys swinderianus*) et le rat géant (*Cricetomys* spp.). L'envergure des activités cynégétiques est telle que les gouvernements ont décrété des interdictions de chasse. Cependant, la législation est impossible à mettre en pratique et à renforcer (Sayer et al. 1992). Sans un contrôle de la chasse pour la viande de brousse, la majorité des espèces de grands mammifères endémiques courent à l'extinction.

Les activités minières sont intensives et destructrices au niveau local dans plusieurs pays ouest africains et ont souvent été citées comme la cause principale de la destruction de l'habitat en Sierra Leone (Bakarr et al. 2001). De plus, les mineurs ont souvent recours à la viande de brousse pour leur subsistance et celle de leurs familles, coupent les arbres pour le bois de chauffe et ouvrent de vastes zones dans la forêt pour les exploiter. Ces activités qui ont lieu dans toute l'Afrique de l'Ouest sont présentes dans les Forêts Classées de la Haute Dodo et du Cavally.

Ces deux forêts classées forment un microcosme représentatif de toute l'Afrique de l'Ouest et subissent les problèmes des forêts et de la faune sauvage caractéristiques de la région. Les forêts de la Haute Dodo et du Cavally contiennent à la fois des portions forestières primaires et non exploitées et des zones fortement exploitées. Dans les zones les moins dégradées, les arbres comme *Canarium schweinfurthii*, *Lophira alata*, *Heritiera utilis* et *Didelotia brevipaniculata* et les arbustes comme *Cephaelis spathacea*,

Tableau 8.3. Grands mammifères dont la présence a été confirmée dans la Forêt Classée du Cavally du 24 au 31 mars 2002 (E: entendu, V: vu, T: traces, P: photographié, A: autre indication et C: statut UICN (E: en danger, V: vulnérable, L: préoccupation mineure, D: données insuffisantes) (IUCN Red List 2002)). Les espèces en gras ont été relevées uniquement sur ce site. Le nombre d'observations ou de photographies est indiqué. Les noms scientifiques se basent sur Kingdon (1997).

Ordre	Famille	Espèces	Nom commun	E	V	I	P	A	C
Primates	Hominidae	*Pan troglodytes*	Chimpanzé	3			1	noix	E
	Colobidae	***Procolobus verus***	**Colobe vert olive**		1				P
		Piliocolobus badius badius	**Colobe bai d'Afrique occidentale**		2				E
		Colobus polykomos	**Colobe noir et blanc d'Afrique occidentale**	1					P
	Cercopithecidae	*Cercocebus atys*	Mangabey fuligineux	1					P
		Cercopithecus diana	Cercopithèque Diane	2	4				E
		Cercopithecus campbelli	Cercopithèque de Campbell	1					
		Cercopithecus nictitans nictitans	**Cercopithèque hocheur**		1				
		Cercopithecus petaurista	Hocheur blanc-nez		2				
	Galagonidae	*Galagoides demidoff*	Galago de Demidoff	6					
Rodentia	Sciuridae	*Paraxerus poensis*	Petit écureuil de brousse	7	2				
		Heliosciurus rufobrachium	Héliosciure à pieds roux		1				
		Protoxerus stangeri	Ecureuil géant de Stanger		1				
	Thryonomyidae	*Thryonomys swinderianus*	Grand aulacode		4				
	Hystricidae	***Atherurus africanus***	**Athérure d'Afrique**		1				
	Muroidae	*Cricetomys emini*	Rat géant d'Emin			1			
Carnivora	Mustelidae	*Lutra maculicollis*	Loutre à cou tacheté			2		fèces	V
	Herpestidae	*Herpestes sanguinea*	Mangouste svelte		1				
		Crossarchus obscurus	Mangouste brune		4				
		Liberiictis kuhni	**Mangouste du Liberia**				4		E
	Viverridae	*Civettictis civetta*	Civette d'Afrique		1				
	Felidae	***Profelis aurata***	**Chat doré d'Afrique**		1				
Pholidota	**Manidae**	***Uromanis tetradactyla***	**Pangolin à longue queue**		1				
Hyracoidea	Procaviidae	*Dendrohyrax dorsalis*	Daman de Beecroft	1					
Artiodactyla	**Hippopotamidae**	***Hexaprotodon liberiensis***	**Hippopotame nain**		1				V
	Suidae	*Potamochoerus porcus*	Potamochère d'Afrique		1			déterrage	
	Tragulidae	***Hyemoschus aquaticus***	**Chevrotain aquatique**		3				D
	Bovidae	*Syncerus caffer*	Buffle d'Afrique		2			fèces	P
		Tragelaphus scriptus	Guib harnaché		1	2			
		Tragelaphus euryceros	**Bongo**		1				P
		Cephalophus maxwelli	Céphalophe de Maxwell		4	1			P
		Cephalophus zebra	**Céphalophe rayé**					abri	V
		Cephalophus niger	Céphalophe noir		1	1			P
		Cephalophus dorsalis	Céphalophe à bande dorsale noire		2				P

Mapania spp. et *Marantochloa* spp. sont typiques. Les rotins comme *Laccosperma secundiflorum*, *Eremospatha laurentii*, *E. hookeri*, *E. macrocarpa* et les palmiers comme *Raphia palmapinus* sont également répandus. Dans les zones exploitées, on trouve les espèces d'arbres colonisatrices comme *Musanga cecropioides*, *Anthocleista nobilis*, *Vernonia titanophylla*, *Harungana madagascariensis*, *Gleichenia linearis* et *Alchornea cordifolia* (Lebbie communication personnelle).

Nous avons utilisé lors de notre inventaire un réseau routier étendu qui a été ouvert par de la machinerie lourde, utilisée pour le débardage. Les dégâts collatéraux occasionnés par les arbres abattus étaient importants et les procédures d'extraction avaient endommagé les arbres encore debout. Les routes construites pour l'exploitation n'ont pas suivi la topographie et ont souvent été tracées perpendiculairement à la pente d'une colline. Par conséquent, l'érosion était importante et exposait la roche. Nous avons également utilisé un vaste système de sentiers et des transects connus par nos guides.

Malgré la prohibition de la chasse en Côte d'Ivoire, nous avons trouvé des cartouches et entendu des coups de feu lors de nos travaux journaliers. Le contrôle des activités de braconnage est en partie hors de la compétence juridique de l'agence gouvernementale en charge de l'exploitation forestière en Côte d'Ivoire, la Société de Développement des Forêts (SODEFOR). Plusieurs villages se trouvaient à proximité de ces forêts. La combinaison de pratiques indiscriminées d'exploitation forestière, de braconnage illégal et d'empiètement humain dans des forêts exploitées agit fortement contre la survie des mammifères dans les Forêts Classées de la Haute Dodo et du Cavally. Nos résultats démontrent ce qu'on appelle le «syndrome de la forêt vide», où les populations de grands mammifères sont l'une après l'autre réduites en densité et deviennent «écologiquement éteintes» sur des vastes zones (Redford 1992).

Selon nos résultats, le riche ensemble biologique de grands mammifères présent dans les Parcs Nationaux de Taï et de Sapo existe également dans les Forêts Classées de la Haute Dodo et du Cavally; Cependant, cette biodiversité ne manquera pas de disparaître si l'exploitation forestière et la chasse pour la viande de brousse ne sont pas stoppées. Lors de notre court séjour, nous avons pu détecter la présence de dix espèces de primates, dont plusieurs menacées d'extinction. L'inclusion des forêts de la Haute Dodo et du Cavally dans un système transfrontalier d'aires protégées pourra aider à accroître les populations régionales de ces espèces.

ETAT DE LA CONSERVATION ET RECOMMANDATIONS

Les pratiques d'exploitation actuelles et le manque de contrôle dans les forêts gérées par la SODEFOR ont des impacts importants sur les restes de forêts en continuelle diminution d'Afrique de l'Ouest, ainsi que sur leur précieuse biodiversité. Les activités d'exploitation actuelle sont de manière évidente destructrices, non planifiées, exécutées à l'aveuglette et génératrices de dégâts collatéraux importants. Tous les vieux arbres irremplaçables repérés par les exploitants sont peints d'un chiffre en bleu et marqués pour être abattus. La machinerie lourde utilisée pour le débardage peut causer des dommages importants. Des forêts autrefois intactes sont maintenant des réseaux routiers, avec comme conséquence des flancs déboisés et une érosion importante. Les employés chassent au fusil la faune sauvage et mangent n'importe quel mammifère. Même les chimpanzés, les parents les plus proches de l'homme en terme d'évolution sont consommés. Des coups de feu ont été entendus régulièrement pendant notre travail.

Sans une meilleure planification et exécution et un contrôle plus important des activités d'exploitation forestière, les Forêts Classées de la Haute Dodo et du Cavally ne seraient peut-être bientôt que des zones boisées ouvertes, pour devenir ensuite des forêts de production de caoutchouc ou de cacao. L'ensemble de faune riche en diversité de ces forêts pourrait disparaître à jamais. Les concessions de conservation représentent un mécanisme pour préserver ces forêts. La faiblesse de la législation, alliée aux activités illégales comme l'empiètement agricole et la chasse menacent sévèrement la biodiversité de ces forêts classées et celle des parcs nationaux de la Côte d'Ivoire. Le gouvernement ivoirien doit s'engager de toute urgence dans des actions de protection de la biodiversité de cette région, une des plus importantes zones de conservation de la biodiversité en Afrique de l'Ouest.

BIBLIOGRAPHIE

Agoramoorthy, G. 1990. Survey of rain forest primates in Sapo National Park, Liberia. Primate Conservation 10: 71-73.

Bakarr, M.I., G.A.B. da Fonseca, R. Mittermeier, A.B. Rylands et K.W. Painemilla. (eds.). 2001. Hunting and Bushmeat Utilization in the African Rain Forest. Advances in Applied Biodiversity Science Number 2, Conservation International. Washington, D.C.

Hilton-Taylor, C. (Compiler) (2000). 2000 IUCN Red List of Threatened Species. IUCN, Gland, Switzerland and Cambridge, UK. xviii + 61 pp.

Kingdon, J. 1997. The Kingdon Field Guide to African Mammals. Harcourt Brace and Company. New York.

Lebbie, A. 2002. Western Guinea Lowland Forest. *In:* New Map of the World. National Geographic Society - World Wildlife Fund Publication. Washington, DC.

Lee, P.J., J. Thornback et E.L. Bennett. 1988. Threatened Primates of Africa. The IUCN Red Data Book. IUCN. Gland, Switzerland and Cambridge, UK.

Lim, B.K. et P.J. van Coeverden de Groot. 1997. Taxonomic report of small mammals from Côte-d'Ivoire. Journal of African Zoology. 111: 261-279.

Kortlandt, A. et E. Holzhaus. 1987. New data on the use of stone tools by chimpanzees in Guinea and Liberia. Primates. 28: 473-496.

Oates, J.F. 1986. Action Plan for African Primate Conservation 1986-1990. IUCN/SSC Primate Specialist Group. Stony Brook. New York, USA.

Oates, J.F., M. Abedi-Lartey, W.S. McGraw, T. Struhsaker et G. Whitesides. 2000. Extinction of a West African red colobus monkey. Conservation Biology. 14(5). 1526-1532.

Ouattara, O. 2000. Ecologie et comportement de l'Eléphant (*Loxodonta africana cyclotis* Matschie 1900) dans la Forêt Classée du Haut-Sassandra ; impact des activités humaines sur ces populations. Thèse de 3 ème Cycle. UFR Biosciences, Université de Cocody. Côte d'Ivoire.

Redford, K.H. 1992. The Empty Forest. BioScience. 42(6): 412-422.

Sayer, J.A., C.S. Harcourt et N.M. Collins. 1992. The Conservation Atlas of Tropical Forests: Africa. IUCN and Simon and Schuster. Cambridge, UK.

Waitkuwait, W.E. 2001. Report on the establishment of a community-based bio-monitoring programme in and around Sapo National Park, Sinoe County, Liberia. Flora and Fauna International. Cambridge, UK.

Une Évaluation Biologique de Deux Forêts Classées du Sud-ouest de la Côte d'Ivoire
A Rapid Biological Assessment of Two Classified Forests in South-Western Côte d'Ivoire

117

Chapter 8

A Rapid Survey of Mammals from the Haute Dodo and Cavally Forests, Côte d'Ivoire

*Jim Sanderson, Abdulai Barrie, James E. Coleman,
Soumaoro Kante, Soulemane Ouattara, and
El Hadj Ousmane Toukara*

ABSTRACT

We present the results of a large mammal survey performed during a Rapid Assessment Program survey conducted in Haute Dodo and Cavally Classified Forests, Côte d'Ivoire from March 14 to March 30, 2002. The purpose of the survey was to assess the biological diversity of large mammals in the region. We used tracks, sound and visual observations, and camera phototraps to survey for the presence of large mammals. We confirmed the presence of 25 and 34 large mammals in Haute Dodo and Cavally Classified Forests, respectively. In total, we confirmed the existence of 37 large mammals species in these forests. Of these mammals, 5 are listed as Endangered and 3 are considered Vulnerable by the IUCN. Both forests were active timber concessions. Despite national laws prohibiting hunting, we found evidence for active poaching in both forests. Large mammals such as primates and duikers were only rarely directly observed. The primary use of the results of this survey is to identify potential areas for long-term conservation as part of Conservation International's biodiversity corridor project for Côte d'Ivoire and Liberia. Our evidence suggests that the areas we sampled contain the large mammals which are characteristic of West Africa thus supporting corridor creation and arguing for immediate protection.

INTRODUCTION

To implement effective conservation strategies information on specific local biological diversity is essential. Often such information is unknown, incomplete, or unavailable to policymakers. The Classified Forests of Haute Dodo and Cavally are two remaining forests linking Sapo National Park in Liberia and Taï National Park in Côte d'Ivoire. Sapo National Park is the "core of an immense forest block that has not been disturbed or fragmented to the same extent as most of the Upper Guinean Forest Ecosystem, and as such it offers fantastic conservation opportunities" (Waitkuwait 2001). Taï National Park is the largest contiguous forest in Côte d'Ivoire and is known to support nine species of primates including chimpanzees.

Current biodiversity patterns and plant and animal endemism in the current Western Guinean Lowland Rain Forest date to the Pleistocene epoch 15,000-250,000 B.P. The ensuing dry conditions in the tropics created isolated refugia, and with repeated expansions and contractions in the original forest, the resulting flora and fauna living in new habitats experienced considerable speciation. These refugia included both Taï and Sapo (Lebbie 2002). Lim and van Coeverden (1997) surveyed for small mammals (rodents and bats) in Taï and Mont Peko National Park in southwestern Côte d'Ivoire. All 17 species collected at Mont Peko were new and seven of the nine species for Taï had never before been substantiated by specimens. "Rodents were the only well documented mammals in Parc National de Taï" (Lim and van Coeverden 1997, p. 276). Agoramoorthy (1990) surveyed rain forest primates in Sapo National Park, Liberia. Though large mammals such as pygmy hippopotamus (*Hexaprotodon liberiensis*) and endemic carnivores such as Johnston's civet (*Genetta johnstoni*) and Liberian mongoose (*Liberiictis kuhni*) are known from small populations in Liberia and Côte d'Ivoire, large mammals have not yet been systematically surveyed. In the order Artiodactyla, two threatened duikers in the genus *Cephalophus* (*C. jentinki*, and *C. zebra)* and the small royal antelope, *Neotragus pygmaeus,* are endemic (Kingdon 1997) reinforcing the importance of biodiversity in this region (Table 8.1).

Non-human primates are also diverse and include the Diana monkey (*Cercopithecus diana diana*), red colobus (*Piliocolobus badius badius*), sooty mangabey (*Cercocebus torquatus atys*), olive colobus (*Procolobus verus*) and the chimpanzee (*Pan troglodytes*) (Table 8.1). Many of these species are listed by the IUCN as threatened or endangered (Table 8.1) as a result of hunting for bushmeat and habitat loss throughout West Africa (Oates 1986, Lee et al. 1988, Bakarr et al. 2001). Other important large mammals include the leopard (*Panthera pardus*) and elephant (*Loxodonta africana*). The forest elephants in Taï are considered to be priority baseline populations for West Africa (Ouattara 2000, Sayer et al. 1992). The species composition of Sapo National Park is similar to that of Taï National Park. However, no systematic survey of large terrestrial mammals has been undertaken in Sapo, Taï, or forests between these national parks.

As part of a strategy to protect biodiversity, Conservation International has suggested the establishment of a transnational biological corridor that extends from Taï National Park in Côte d'Ivoire to Sapo National Park in Liberia that might include Haute Dodo and Cavally Classified Forests. The greater Taï/Sapo region contains a significant representation of biodiversity of what remains of West African rainforests. The primary function of a biological corridor is to increase the area under protection between core protected areas such as national parks. Since little is known of the biodiversity of Haute Dodo and Cavally Classified Forests, a Rapid Assessment Program survey of large and small mammals, birds, amphibians and reptiles, fish, and plants was undertaken. The objective of the Rapid Assessment Program in Haute Dodo and Cavally was to provide quick, efficient, reliable, and cost effective biodiversity data on this little known region of Côte d'Ivoire to support a regional conservation strategy. We surveyed for large mammals using direct observation, sounds, track and other information, and camera phototraps in tropical evergreen forest near the international border separating Côte d'Ivoire and Liberia.

MATERIALS AND METHODS

Study Area
We conducted our surveys at the beginning of the dry season in two forests in Côte d'Ivoire: Haute Dodo Classified Forest (N 4° 54' 01.1", W 7° 18' 57.7") from March 14 to March 21, 2002 and Cavally Classified Forest (N 6° 10' 26.5", W 7° 47' 16.6") from March 24 to March 31, 2002. Both sites were approximately 200m in elevation. Classified forests in Côte d'Ivoire are timber production forests. At Haute Dodo active logging and surveying had stopped three months prior

to our survey. At Cavally logging had been stopped one week before our survey. Interior forests streams were flowing normally for this time of year.

Methods
We used active and passive methods to document the presence of large mammals. The active method included direct observation of species, track and sound identification, nests, dung and other indirect information to determine presence of large non-volant mammalian species in the two study areas. Direct observations and track and sound identification were made during daily excursions from base camp. Surveys were carried out at night using a spotlight. Because our records were also collected opportunistically by our colleagues and some observations may have been repeated, we used this information only to document species presence.

The passive method included the use of twelve CamTrakker phototraps (CamTrakker, Watkinsville, Georgia) operated at each study site. CamTrakker phototraps are triggered by heat-in-motion. Each CamTrakker used a Samsung Vega 77i 35mm camera set on autofocus and loaded with ASA 200 print film. Time between sensor reception and a photograph was 0.6 seconds. Cameras were set to operate continuously (control switch 1 on) and to wait a maximum 20 seconds between photographs (control switches 6 and 8 on). Cameras were placed at sites suspected of being frequented by various mammalian species. Den sites, trails, wallowing holes, and feeding stations such as fruiting trees were typically chosen for camera placement. Cameras were located approximately 500 meters apart and at least 500 meters from base camp. We used this method to calculate observation rates for each site just as standard transects are used. Instead of the observer making observations along a route, "observations" moved along routes in front of fixed cameras (observers). For shy mammals under severe hunting pressure, camera trapping methods might be more effective than walking transects, especially when observers have different and varied levels of expertise.

Results
We observed, identified by sound or photographed 25 species of large mammals in Haute Dodo Classified Forest (Table 8.2) and 34 species in Cavally Classified Forest (Table 8.3) for a combined total of 37 unique species of large mammals. The camera phototraps obtained seven photographs of four large mammal species, and two photographs of ground-dwelling birds in Haute Dodo. The photographic rate for mammals was one photograph every 8.0 days. For Cavally we obtained a total of 17 photographs: ten photographs of five species of large mammals, four photographs of two ground-dwelling birds, and three photographs of poachers. The photographic rate for mammals was one photograph every 6.78 days. The most common large mammals photographed by camera phototraps were black duikers (*Cephalophus niger*, 5 of 26 photographs), and Liberian mongoose (*Liberiictis kuhni*, 4 of 26 photographs). Water chevrotain (*Hyemoschus aquaticus*) and chimpanzee (*Pan troglodytes*)

Une Évaluation Biologique de Deux Forêts Classées du Sud-ouest de la Côte d'Ivoire
A Rapid Biological Assessment of Two Classified Forests in South-Western Côte d'Ivoire

119

were also photographed by the camera traps. No elephants were observed but local poachers reported that elephants still occurred in Haute Dodo Classified Forest. Using track observations we documented the presence of pygmy hippopotamus and African Golden cat in Cavally Classified Forest.

We observed primates on only one occasion and our forty-four colleagues observed primates on six occasions during our survey. Tree nests and the remains of nuts cracked on rocks confirmed the continued existence of chimpanzees in both Haute Dodo and Cavally but direct sightings were never made.

Mammals documented to occur at only one forest were Beecroft's anomalure, African palm civet, and elephant from Haute Dodo, and from Cavally, olive colobus, western red colobus, western pied colobus, putty-nosed monkey, brush-tailed porcupine, African golden cat, Liberian mongoose,

long-tailed pangolin, pygmy hippopotamus, water chevrotain, bongo, and zebra duiker. We believe these differences were due to the short duration of our survey and not to fundamental differences in mammalian faunas in the study areas.

DISCUSSION

Our results suggest that the full biologically rich assortment of large mammals which characterize West Africa is found in the Classified Forests of Haute Dodo and Cavally. The chimpanzee, western red colobus, Diana Monkey, elephant, and Liberian mongoose are listed as Endangered by the IUCN and spotted-necked otter, pygmy hippopotamus, and zebra duiker are considered Vulnerable (Lee et al. 1988). That 5 of these mammals are considered by the IUCN as globally en-

Table 8.1. Endemic and near-endemic mammalian species of West Africa (Kingdon 1997). Those in bold were documented during our Rapid Assessment Program.

Order	Family	Species	Common name
Primates	Cercopithecinae	**Cercopithecus c. campbelli**	**Campbell's monkey**
		Cercopithecus diana diana	**Diana monkey**
		Cercopithecus p. buettikoferi	**Lesser spot-nosed monkey**
	Colobidae	**Procolobus verus**	**Olive colobus**
		Piliocolobus badius badius	**Western red colobus**
Chiroptera	Hipposiderinae	Hipposideros lamottei	Leaf-nosed bat
		Hipposideros marisae	Leaf-nosed bat
	Vespertilionidae	Kerivoula phalaena	Woolly bat
Insectivora	Tenrecidae	Micropotamogale lamottei	Mount Nimba otter shrew
	Soricidae	Crocidura muricauda	White-toothed shrew
		Crocidura nimbae	White-toothed shrew
Rodentia	Protoxerini	Epixerus ebii	Western palm squirrel
		Heliosciurus punctatus	Gambia sun squirrel
		Protoxerus aubinnii	Slender-tailed squirrel
	Anomaluridae	Anomalurus pelii	Pel's anomalure
	Muridae	Dephomys defua	Dephua mice
		Hybomys planifrons	Hump-nosed mice
		Hylomyscus baeri	African wood mice
		Oenomys ornatus	Rusty-nosed rat
		Praomys rostratus	Soft-furred rat
Carnivora	Herpestidae	**Liberiictis kuhni**	**Liberian mongoose**
	Viverridae	Genetta johnstoni	Johnston's genet
Artiodactyla	Hippopotamidae	**Hexaprotodon liberiensis**	**Pygmy hippopotamus**
	Notragini	Neotragus pygmaeus	Royal antelope
	Cephalophini	Cephalophus jentinki	Jentink's duiker
		Cephalophus zebra	**Zebra duiker**

dangered and 3 are considered vulnerable makes these forests critical to both regional and global biodiversity. Moreover, unique behavioral aspects of some mammals have attracted global interest while other mammals have never been the subject of scientific inquiry. For instance, West African chimpanzees have been documented to use tools (Kortlandt and Holzhaus 1987). We found direct evidence to support this observation by identifying a place where chimps used a rock fragment to crack nuts. Frighteningly, these same chimpanzees are being hunted by humans for food.

Body size is not a predictor of extinction possibility: Elephants and Liberian mongoose are similarly listed as Endangered in Africa. Vulnerable species are pygmy hippopotamus and zebra duiker and both occur in Haute Dodo and Cavally Classified Forests. The latter two mammals are veritable icons of the rich and threatened fauna of West Africa. Many of the mammals we documented to occur in Haute Dodo and Cavally Classified Forests are exceedingly shy, rarely observed, and are in need of scientific investigation. Water chevrotains are seldom seen forest antelopes that have never been the subject of scientific study. Our camera traps photographed a water chevrotain three times. The African golden cat has never been studied in the wild; we identified its tracks. Both water chevrotain and African golden cat are designated by the IUCN as "data deficient" meaning scientists remain ignorant of these rare creatures – we know only that they exist (IUCN 2002). Demidoff's galago, Beecroft's anomalure, long-tailed pangolin, and spotted-necked otter have also not been thoroughly studied by scientists.

Photographic rates in Haute Dodo (one photograph every 8.0 days or 0.125 photographs per day) and Cavally (one photograph every 6.78 days or 0.147 photographs per day) Classified Forests were low both compared to others locations surveyed in other parts of the world. On a previous RAP in Guyana photographic rates of 1.1 photographs per camera per day were attained. This was similar to the rate obtained in Guatemala. In the Brazilian cerrado a photographic rate of 2.7 photographs per camera per day was recorded. In Cambodia in a forest impacted by illegal human activities such as hunting and snaring a photographic rate of 0.23 photographs per camera per day was recorded.

The Guyana RAP was conducted in an area only infrequently used by humans that was similar to the area sampled in Guatemala. In Brazil camera trapping took place in a fully protected national park. Although comparison of photographic rates between areas is not without controversy, the low rates in Cambodia and Côte d'Ivoire and the higher rates in Brazil, Guatemala, and Guyana suggest that human activity, particularly hunting and snaring, result in a diminished and shy large mammal community. The low rates in Haute Dodo and Cavally were probably due to the high level of destructive human activities such as logging, snare trapping, and hunting occurring daily and ubiquitously in the forests.

Local pressure for fuel wood (e.g. charcoal), bushmeat, farm- and crop-land, and global demand for timber and mineral resources such as gold are reducing the size and future potential of remaining forests throughout West Africa. Primary forests outside protected areas are targeted for timber extraction and secondary forests are being encroached upon (Lebbie 2002). Much of the forest in this region has undergone vast losses in area and negative changes in composition as a result of habitat fragmentation. What remains of the high forest is a mix of evergreen and semi-evergreen species, mostly in secondary forests. Large tracts of moist forests remain in areas such as Liberia where the recent cessation of civil conflict offer some hope for biodiversity conservation. However, global demand for valuable hardwoods continues to spur logging in what remains of forests. The secondary impacts of logging are equally as destructive to the forest. Timber harvesting has accelerated forest fragmentation and facilitated the loss of large mammals.

Bushmeat hunting parallels habitat loss as a major threat to the survival of mammals in West Africa (Bakarr et al. 2001). Recently, the extinction of Miss Waldron's colobus (Piliocolobus badius waldroni) was blamed on hunting and the demand for bushmeat in this region (Oates et al. 2000). Bushmeat is a critical protein source for many people in the region and a large variety of species are hunted. Antelopes, forest pigs, and primates dominate the bushmeat trade, while marsh cane rat (Thryonomys swinderianus) and giant rat (Cricetomys spp.) are preferred by rural people. The extent of such hunting has prompted governments to enact hunting bans, though the legislation is impractical and cannot be enforced (Sayer et al. 1992). If bushmeat hunting is not controlled most large endemic mammalian species will be driven to extinction.

Mining is locally intense and destructive in many countries in West Africa and has been cited as the primary cause of habitat destruction in Sierra Leone (Bakarr et al. 2001). Moreover, miners often support themselves and their families on bushmeat, consume trees for fuelwood, and create extensive networks in forests to exploit them. These destructive forces operating throughout greater West Africa are operating in the Classified Forests of Haute Dodo and Cavally.

The Classified Forests of Haute Dodo and Cavally are a microcosm for all of West Africa and typify the problems forests and wildlife face regionally. Haute Dodo and Cavally forests contain both primary unexploited and heavily exploited forest units. In less disturbed areas, trees, such as Canarium schweinfurthii, Lophira alata, Heritiera utilis, and Didelotia brevipaniculata and shrubs such as Cephaelis spathacea, Mapania spp., and Marantochloa spp. are typical. Rattans such as Laccosperma secundiflorum, Eremospatha laurentii, E. hookeri, E. macrocarpa, and palms such as Raphia palma-pinus were also common. In exploited areas, early colonization trees such as Musanga cecropioides, Anthocleista nobilis, Vernonia titanophylla, Harungana madagascariensis, Gleichenia linearis, Alchornea cordifolia were present (Lebbie personal communication).

To undertake our survey we utilized an extensive road system created by heavy machinery used to extract and transport cut trees from the forests. Collateral damage from logged trees was extensive and extraction procedures damaged many trees not harvested. Logging roads did not follow topography and often were cut perpendicular to the slope of a hill. Thus, erosion was extensive, exposing bedrock. We also made use of an extensive trail system within the forests and transects that were familiar to our guides.

Although hunting is prohibited in Côte d'Ivoire, we found shotgun shells and heard gunshots during our daily routine. Control of poaching activities is partially beyond the jurisdiction of the government agency responsible for logging in Côte d'Ivoire, the Société de Développement des Forêts (SODEFOR). Several villages were located near these forests. The combined forces of indiscriminate logging practices, illegal poaching, and human encroachment into logged forests act strongly against the perpetuation of mammals in Haute Dodo and Cavally Classified Forests. Our results are suggestive of and consistent with the so-called *empty forest syndrome* whereby large mammal populations are, one by one, reduced in density and become "ecologically extinct" from large areas (Redford 1992).

Our results suggest the full biologically rich assortment of large mammals present in the National Parks of Taï and Sapo were also found in the Classified Forests of Haute Dodo and Cavally and that this biodiversity likely disappear if logging and bushmeat hunting are not stopped. During our brief visit we documented the presence of ten primate species, several of which are threatened with extinction, suggesting that the inclusion of Haute Dodo and Cavally forests into a transboundary protected area system can act to increase the regional populations of these species.

CONSERVATION STATUS AND ACTION RECOMMENDATIONS

Actual logging practices - and lack of control - underway in the forests managed by SODEFOR are having an extensive impact on what remains of the shrinking forests of West Africa and with them the world-class biodiversity they con-

Table 8.2. Large mammals whose presence was confirmed in Haute Dodo Classified Forest from March 14 to March 22, 2002 (H: heard, S: seen, T tracks, P: photographed, O: other evidence, and C: IUCN status (E: endangered, V: vulnerable, L: least concern, D: data deficient) (IUCN Red List 2002)). Species in bold were documented only at this site. Number of observations made or photographs taken is given. Scientific names are based on Kingdon (1997).

Order	Family	Species	Common name	H	S	T	P	O	C
Primates	Hominidae	*Pan troglodytes*	Chimpanzee					Nuts, nests	E
	Cercopithecidae	*Cercocebus atys*	Sooty mangabey		1		1		L
		Cercopithecus diana	Diana monkey	2	1				E
		Cercopithecus campbelli	Campbell's monkey	2	2				
		Cercopithecus petaurista	Lesser spot-nosed monkey		2				
	Galagonidae	*Galagoides demidoff*	Demidoff's galago	3					
Rodentia	Sciuridae	*Paraxerus poensis*	Green squirrel		2				
		Heliosciurus rufobrachium	Red-legged sun squirrel		1				
		Protoxerus stangeri	African giant squirrel		1				
	Anomaluridae	***Anomalurus beecrofti***	**Beecroft's anomalure**		1				
	Thryonomyidae	*Thryonomys swinderianus*	Marsh cane rat		5				
	Muroidae	*Cricetomys emini*	Giant-pouched rat			1			
Carnivora	Mustelidae	*Lutra maculicollis*	Spotted-necked otter		2			scat	V
	Herpestidae	*Herpestes sanguinea*	Slender mongoose		1				
		Crossarchus obscurus	Cusimanse			5			
	Viverridae	*Civettictis civetta*	African civet		1				
		Nandinia binotata	**African palm civet**		1			dead	
Hyracoidea	Procaviidae	*Dendrohyrax dorsalis*	Western tree hyrax	5					
Proboscidea	**Elephantidae**	***Loxodonta africana***	**Elephant**					hunter	E
Artiodactyla	Suidae	*Potamochoerus porcus*	Red river hog		2				
	Bovidae	*Syncerus caffer*	African buffalo					hunter	L
		Tragelaphus scriptus	Bushbuck		3				
		Cephalophus maxwelli	Maxwell's duiker		2	1			L
		Cephalophus niger	Black duiker		4	2	4		L
		Cephalophus dorsalis	Bay duiker		1	2			L

Table 8.3. Large mammals whose presence was confirmed in Cavally Classified Forest from March 24 to March 31, 2002 (H: heard, S: seen, T: tracks, P: photographed, O: other evidence, and C: IUCN status (E: endangered, V: vulnerable, L: least concern, D: data deficient) (IUCN Red List 2002)). Species in bold were documented only at this site. Number of observations made or photographs taken is given. Scientific names are based on Kingdon (1997).

Order	Family	Species	Common name	H	S	T	P	O	C
Primates	Hominidae	*Pan troglodytes*	Chimpanzee	3			1	nuts	E
	Colobidae	***Procolobus verus***	**Olive colobus**		1				L
		Piliocolobus badius badius	**Western red colobus**		2				E
		Colobus polykomos	**Western pied colobus**	1					L
	Cercopithecidae	*Cercocebus atys*	Sooty mangabey	1					L
		Cercopithecus diana	Diana Monkey	2	4				E
		Cercopithecus campbelli	Campbell's monkey	1					
		Cercopithecus nictitans nictitans	**Putty-nosed monkey**		1				
		Cercopithecus petaurista	Lesser spot-nosed monkey		2				
	Galagonidae	*Galagoides demidoff*	Demidoff's galago	6					
Rodentia	Sciuridae	*Paraxerus poensis*	Green squirrel	7	2				
		Heliosciurus rufobrachium	Red-legged sun squirrel		1				
		Protoxerus stangeri	African giant squirrel		1				
	Thryonomyidae	*Thryonomys swinderianus*	Marsh cane rat		4				
	Hystricidae	***Atherurus africanus***	**Brush-tailed porcupine**		1				
	Muroidae	*Cricetomys emini*	Giant-pouched rat				1		
Carnivora	Mustelidae	*Lutra maculicollis*	Spotted-necked otter			2		scat	V
	Herpestidae	*Herpestes sanguinea*	Slender mongoose		1				
		Crossarchus obscurus	Cusimanse		4				
		Liberiictis kuhni	**Liberian mongoose**			4			E
	Viverridae	*Civettictis civetta*	African civet		1				
	Felidae	***Profelis aurata***	**African golden cat**		1				
Pholidota	**Manidae**	***Uromanis tetradactyla***	**Long-tailed pangolin**		1				
Hyracoidea	Procaviidae	*Dendrohyrax dorsalis*	Western tree hyrax	1					
Artiodactyla	**Hippopotamidae**	***Hexaprotodon liberiensis***	**Pygmy hippopotamus**		1				V
	Suidae	*Potamochoerus porcus*	Red river hog		1			rooting	
	Tragulidae	***Hyemoschus aquaticus***	**Water chevrotain**			3			D
	Bovidae	*Syncerus caffer*	African buffalo		2			scat	L
		Tragelaphus scriptus	Bushbuck	1	2				
		Tragelaphus euryceros	**Bongo**		1				L
		Cephalophus maxwelli	Maxwell's duiker	4	1				L
		Cephalophus zebra	**Zebra duiker**					hide	V
		Cephalophus niger	Black duiker	1			1		L
		Cephalophus dorsalis	Bay duiker		2				L

tain. The logging practices presently taking place are clearly predatory, unplanned, and haphazardly executed, causing extensive collateral damage. All ancient and irreplaceable old-growth trees located by tree spotters are painted with a blue number and marked for removal. Heavy machinery drives from tree to tree causing extensive widespread damage. Once pristine forests have become a network of roads. The result is barren hillsides undergoing massive erosion. Workers hunt wildlife with shotguns for food and eat any and all mammals. Even man's closest evolutionary relatives, chimpanzees, are eaten. During our assessment gunshots were routinely heard.

Unless logging activities are better planned, executed, and controlled, Haute Dodo and Cavally Classified Forests could become open woodlands and then production forests of rubber or cacao. The rich assemblage of wildlife these forests now contain will be lost forever. Conservation concessions are one mechanism to keep forests intact. Due to the weak legislation and illegal activities such as agricultural encroachment and hunting, the biodiversity of these classified forests, as well as national parks in Cote d'Ivoire are severely threatened. It is urgent for the government of Cote d'Ivoire to engage in actions that will safeguard the biodiversity of this region of Cote d'Ivoire, which is one of the most important zones for biodiversity conservation in West Africa.

LITERATURE CITED

Agoramoorthy, G. 1990. Survey of rain forest primates in Sapo National Park, Liberia. Primate Conservation 10: 71-73.

Bakarr, M.I., G.A.B. da Fonseca, R. Mittermeier, A.B. Rylands, and K.W. Painemilla. (eds.). 2001. Hunting and Bushmeat Utilization in the African Rain Forest. Advances in Applied Biodiversity Science Number 2, Conservation International. Washington, D.C.

Hilton-Taylor, C. (Compiler) (2000). 2000 IUCN Red List of Threatened Species. IUCN, Gland, Switzerland and Cambridge, UK. xviii + 61 pp.

Kingdon, J. 1997. The Kingdon Field Guide to African Mammals. Harcourt Brace and Company. New York.

Lebbie, A. 2002. Western Guinea Lowland Forest. *In:* New Map of the World. National Geographic Society - World Wildlife Fund Publication. Washington, DC.

Lee, P.J., J. Thornback, and E.L. Bennett. 1988. Threatened Primates of Africa. The IUCN Red Data Book. IUCN. Gland, Switzerland and Cambridge, UK.

Lim, B.K. and P.J. van Coeverden de Groot. 1997. Taxonomic report of small mammals from Côte-d'Ivoire. Journal of African Zoology. 111: 261-279.

Kortlandt, A. and E. Holzhaus. 1987. New data on the use of stone tools by chimpanzees in Guinea and Liberia. Primates. 28: 473-496.

Oates, J.F. 1986. Action Plan for African Primate Conservation 1986-1990. IUCN/SSC Primate Specialist Group. Stony Brook. New York, USA.

Oates, J.F., M. Abedi-Lartey, W.S. McGraw, T. Struhsaker, and G. Whitesides. 2000. Extinction of a West African red colobus monkey. Conservation Biology. 14(5): 1526-1532.

Ouattara, O. 2000. Ecologie et comportement de l'Eléphant (*Loxodonta africana cyclotis* Matschie 1900) dans la Forêt Classée du Haut-Sassandra ; impact des activités humaines sur ces populations. Thèse de 3 ème Cycle. UFR Biosciences, Université de Cocody. Côte d'Ivoire.

Redford, K.H. 1992. The Empty Forest. BioScience. 42(6): 412-422.

Sayer, J.A., C.S. Harcourt, and N.M. Collins. 1992. The Conservation Atlas of Tropical Forests: Africa. IUCN and Simon and Schuster. Cambridge, UK.

Waitkuwait, W.E. 2001. Report on the establishment of a community-based bio-monitoring programme in and around Sapo National Park, Sinoe County, Liberia. Flora and Fauna International. Cambridge, UK.

Annexe/Appendix 1

Liste des plantes identifiées dans les Forêts Classées de la Haute Dodo et du Cavally

List of plants identified in the classified forests of Haute Dodo and Cavally

Laurent Aké Assi, Aiah Lebbie et Edouard Kouassi Konan

	Familles / Noms d'espèces Families/Species names	Types biologiques Biological types	Haute Dodo	Cavally
	Acanthaceae			
1	*Asystasia calycina*	np	X	
2	*Asystasia gangetica*	np	X	
3	*Claoxylon hexandrum*	mp	X	X
4	*Crossandra buntingii***	Ch	X	
5	*Elytraria ivorensis*GCi	Ch		X
6	*Elytraria marginata*	np	X	X
7	*Endosiphon primuloides*	np	X	
8	*Justicia tenella*	Ch	X	
9	*Lankesteria brevior*	np	X	
10	*Lepidagathis alopecuroides*	Ch	X	X
11	*Mendoncia combretoides**	Lmp	X	
12	*Nelsonia canescens*	Ch	X	X
13	*Physacanthus batanganus*	Ch	X	
14	*Physacanthus nematosiphon*	Ch	X	
15	*Pseuderanthemum tunicatum*	np		X
16	*Rhinacanthus virens*	np		X
17	*Staurogynopsis paludosa*	Ch	X	
18	*Staurogynospsis capitata**	Ch		X
19	*Whitfieldia lateritia***	np	X	X
	Adiantaceae			
20	*Adiantum vogelii*	np	X	X
21	*Pityrogramma calomelanos*	H	X	X
22	*Pteris atrovirens*	H	X	
23	*Pteris burtoni*	H	X	X
24	*Pteris tripartita*	H	X	X
	Agavaceae			
25	*Dracaena adamii**	np	X	
26	*Dracaena camerooniana*	np	X	X
27	*Dracaena elliotii**	np	X	
28	*Dracaena humilis*	np	X	X
29	*Dracaena mannii*	mp	X	X
30	*Dracaena ovata*	np	X	X
31	*Dracaena phanerophlebia*	np	X	X

Familles / Noms d'espèces Families/Species names		Types biologiques Biological types	Haute Dodo	Cavally
32	*Dracaena phrynioides*	np	X	X
33	*Dracaena surculosa*	np	X	X
	Aizoaceae			
34	*Glinus oppositifolium*	Th		X
	Amaranthaceae			
35	*Alternanthera sessilis*	Ch		X
36	*Celosia leptostachya*	np	X	X
37	*Cyathula pedicellata*	Ch	X	X
38	*Cyathula prostrata*	Th	X	X
	Amaryllidaceae			
39	*Crinum jagus*	G	X	X
40	*Crinum natans*	Hyd	X	
41	*Crinum scillifolium***	G		X
42	*Haemanthus longitubus*	G		X
	Anacardiaceae			
43	*Antrocaryon micraster*	MP		X
44	*Lannea welwitschii*	MP	X	X
45	*Trichoscypha arborea*	mP	X	X
46	*Trichoscypha baldwinii***	mp	X	X
47	*Trichoscypha beguei***	mp	X	
48	*Trichoscypha cavalliensis***	mp		X
49	*Trichoscypha chevalieri**	mp	X	X
	Ancistrocladaceae			
50	*Ancistrocladus abbreviatus*	Lmp		X
	Annonaceae			
51	*Artabotrys insignis*	Lmp	X	
52	*Artabotrys jollyanus*	Lmp	X	
53	*Artabotrys oliganthus*	Lmp	X	X
54	*Artabotrys velutinus*	Lmp	X	
55	*Cleistopholis patens*	mP	X	X
56	*Enantia polycarpa*	mP	X	X
57	*Friesodielsia hirsuta*	LmP	X	X
58	*Friesodielsia velutina*	LmP		X
59	*Friesoldielsia velutina*	LmP	X	
60	*Isolona cooperi*	mp	X	
61	*Monanthotaxis whytei*	Lmp	X	
62	*Monodora brevipes*	mp	X	
63	*Monodora crispata*	mp (Lmp)	X	X
64	*Monodora myristica*	mP	X	
65	*Neostenanthera gabonensis*	np	X	X
66	*Neostenanthera hamata***	mp	X	X
67	*Pachypodanthium staudtii*	MP	X	X
68	*Piptostigma fasciculata*	mP		X
69	*Piptostigma fugax*** GCi	mp	X	X
70	*Polyalthia oliveri*	mp	X	X
71	*Uvaria afzelii*	Lmp	X	X
72	*Uvaria anonoides*	LmP	X	X
73	*Uvaria baumannii*	Lmp	X	X
74	*Uvariastrum pierreanum*	mp		X

	Familles / Noms d'espèces Families/Species names	Types biologiques Biological types	Haute Dodo	Cavally
75	*Uvariodendron occidentale***	mp		X
76	*Uvariopsis congensis*	mp	X	X
77	*Uvariopsis guineensis***	mp		X
78	*Xylopia acutiflora*	Lmp	X	X
79	*Xylopia aethiopica*	mP	X	X
80	*Xylopia quintasii*	mP	X	X
81	*Xylopia staudtii*	mP	X	
82	*Xylopia villosa*	mP	X	X
	Apocynaceae			
83	*Alafia barteri*	LmP		X
84	*Alafia whytei*	LmP	X	
85	*Alstonia boonei*	MP	X	X
86	*Ancylobotrys scandens*	LmP		X
87	*Aphanostylis mannii*	Lmp		X
88	*Baissea breviloba*	Lmp	X	
89	*Baissea brevituba*	Lmp		X
90	*Baissea leonensis*	LmP	X	X
91	*Baissea zygodioides*	Lmp	X	
92	*Bussea subsessilis*	Lmp	X	
93	*Callichilia subsessilis*	np		X
94	*Dictyophleba leonensis***	LmP	X	
95	*Funtumia africana*	mP	X	X
96	*Funtumia elasticaa*	mP		X
97	*Holarrhena floribunda*	mP		X
98	*Hunteria eburnea*	mp	X	
99	*Hunteria simii***	np	X	X
100	*Landolphia dulcis*	Lmp	X	
101	*Landolphia foretiana*	LmP	X	X
102	*Landolphia hirsuta*	LmP		X
103	*Landolphia membranacea**	Lmp	X	X
104	*Landolphia micrantha**	Lmp	X	X
105	*Landolphia owariensis*	LmP	X	X
106	*Motandra guineensis*	Lmp		X
107	*Oncinotis pontyi*	Lmp		X
108	*Orthopichonia indeniensis**	Lmp	X	
109	*Picralima nitida*	mp		X
110	*Pleiocarpa tricarpellata*	np	X	
111	*Rauvolfia vomitoria*	mp	X	X
112	*Strophanthus gratus*	LmP		X
113	*Strophanthus hispidus*	Lmp		X
114	*Strophanthus sarmentosus*	LmP		X
115	*Tabernaemontana africana*	mp	X	X
116	*Tabernaemontana crassa*	mp	X	X
117	*Tabernaemontana glandulosa*	Lmp		X
118	*Vahadenia caillei**	LMP	X	
119	*Voacanga caudiflora**	np	X	
	Araceae			
120	*Anchomanes difformis*	G	X	X

Une Évaluation Biologique de Deux Forêts Classées du Sud-ouest de la Côte d'Ivoire
A Rapid Biological Assessment of Two Classified Forests in South-Western Côte d'Ivoire

127

	Familles / Noms d'espèces Families/Species names	Types biologiques Biological types	Haute Dodo	Cavally
121	*Cercestis afzelii*	Se-Ep	X	X
122	*Cercestis stigmaticus*	Ep	X	X
123	*Cercestis taiensis* * GCi	Ch	X	
124	*Culcasia angolensis*	Se-Ep	X	X
125	*Culcasia liberica* *	SE-Ep	X	
126	*Culcasia saxatilis*	np		X
127	*Nephthytis afzelii*	H	X	X
128	*Raphidophora africana*	Se-Ep	X	X
	Araliaceae			
129	*Cussonia bancoensis*	mP	X	
	Arecaceae			
130	*Calamus deerratus*	LmP		X
131	*Elaeis guineensis*	mP	X	X
132	*Eremospatha hookeri*	LMP	X	
133	*Eremospatha macrocarpa*	LMP	X	
134	*Laccosperma laeve*	Lmp	X	
135	*Laccosperma secundiflorum*	LMP	X	X
136	*Raphia hookeri*	mp		X
137	*Raphia palma-pinus*	mp	X	
	Aristolochiaceae			
138	*Pararistolochia macrocarpa*	Lmp	X	
	Asclepiadaceae			
139	*Gongronema latifolium*	Lmp		X
140	*Secamone afzelii*	Lmp		X
	Aspidiaceae			
141	*Ctenitis polisissima*	np	X	X
142	*Ctenitis protensa*	np	X	X
143	*Ctenitis securidiformis*	np	X	
144	*Ctenitis subsimilis*	np	X	
145	*Tectaria varians*	rh	X	
	Aspleniaceae			
146	*Asplenium africanum*	Ep	X	X
147	*Asplenium barteri*	Ep	X	
148	*Asplenium megalura*	Ep	X	
149	*Asplenium variabile*	H	X	
	Asteraceae			
150	*Ageratum conyzoides*	Th		X
151	*Chromolaena odorata*	np	X	X
152	*Crassocephalum crepidioides*	Th		X
153	*Emilia coccinea*	Th (np)	X	
154	*Emilia praetermissa*	Th	X	
155	*Erigeron floribundus*	Th	X	
156	*Eupatorium microstemon*	Th	X	
157	*Gynura sarmentosa*	Lnp	X	
158	*Mikania cordata*	Th (Lmp)	X	X
159	*Mikania microptera*	Th (Lmp)		X
160	*Struchium spargenophora*	np	X	
161	*Vernonia conferta*	mp	X	X
162	*Vernonia stellulifera*	np (Th)	X	X

	Familles / Noms d'espèces Families/Species names	Types biologiques Biological types	Haute Dodo	Cavally
163	*Vernonia titanophylla**	mp	X	X
	Athyriaceae			
164	*Diplazium proliferum*	np	X	
	Balanitaceae			
165	*Balanites wilsoniana*	mP		X
	Balanophoraceae			
166	*Thonningia sanguinea*	Par		X
	Barringtoniaceae			
167	*Combretodendron macrocarpum*	MP	X	X
	Begoniaceae			
168	*Begonia quadrialata*	Ch	X	
	Bignoniaceae			
169	*Kigelia africana*	mp		X
170	*Stereospermum acuminatissimum*	mP		X
	Bombacaceae			
171	*Bombax brevicuspe*	MP	X	X
172	*Bombax buonopozense*	MP	X	X
173	*Ceiba pentandra*	MP	X	X
	Boraginaceae			
174	*Cordia platythyrsa*	mP		X
175	*Ehretia cymosa*	mp		X
	Burseraceae			
176	*Canarium schweinfurthii*	MP	X	X
177	*Dacryodes klaineana*	mP	X	X
	Cactaceae			
178	*Rhipsalis baccifera*	Ep	X	X
	Caesalpiniaceae			
179	*Afzelia bracteata*	mP		X
180	*Anthonotha fragrans*	mP	X	X
181	*Anthonotha macrophylla*	mp	X	X
182	*Anthonotha sassandraensis*	mp	X	
183	*Berlinia confusa*	mP	X	
184	*Brachystegia leonensis***	MP	X	
185	*Bussea occidentalis*	mP	X	
186	*Cassia alata*	np	X	
187	*Cassia podocarpa*	np	X	
188	*Chidlowia sanguinea*	mP		X
189	*Copaifera salikounda**	mP	X	X
190	*Crudia gabonensis*	mP		X
191	*Cryptosepalum* sp.	mp	X	
192	*Cynometra ananta**	MP	X	
193	*Daniellia ogea*	MP	X	X
194	*Daniellia thurifera**	MP	X	
195	*Dialium aubrevillei**	mP	X	
196	*Dialium dinklagei*	mp	X	
197	*Dialium guineense*	mP		X
198	*Didelotia brevipaniculata*	mP	X	
199	*Didelotia idae***	mP	X	

Une Évaluation Biologique de Deux Forêts Classées du Sud-ouest de la Côte d'Ivoire
A Rapid Biological Assessment of Two Classified Forests in South-Western Côte d'Ivoire

129

	Familles / Noms d'espèces Families/Species names	Types biologiques Biological types	Haute Dodo	Cavally
200	*Distemonanthus benthamianus*	mP	X	X
201	*Duparquetia orchidacea***	Lmp	X	
202	*Erythrophleum ivorense*	mP	X	X
203	*Gilbertiodendron limba**	mP	X	
204	*Gilbertiodendron preussii*	mP	X	
205	*Gilbertiodendron robynsianum** GCi	mp	X	
206	*Gilbertiodendron splendidum**	mP	X	
207	*Griffonia simplicifolia*	LmP		X
208	*Guibourtia ehie*	MP		X
209	*Hymenostegia afzelii*	mp	X	X
210	*Isomacrolobium vignei*	mp	X	
211	*Mezoneuron benthamianum*	Lmp		X
212	*Monopetalanthus compactus*	MP	X	
213	*Pellegriniodendron diphyllum*	mp	X	
214	*Plagiosiphon emarginatus*	mp	X	X
215	*Polystemonanthus dingklagei***	mp	X	
216	*Stachyothyrsus stapfiana***	mp	X	
	Capparidaceae			
217	*Buchholzia coriacea*	mp		X
218	*Euadenia eminens***	np		X
219	*Euadenia trifoliolata*	mp	X	
	Cecropiaceae			
220	*Musanga cecropioides*	mp	X	X
221	*Myrianthus arboreus*	mp	X	X
222	*Myrianthus libericus*	mp	X	X
223	*Myrianthus serratus*	mp		X
	Chrysobalanaceae			
224	*Magnistipula butayei*	mP	X	
225	*Maranthes aubrevillei**	mP	X	X
226	*Maranthes chrysophylla*	mP	X	
227	*Maranthes glabra*	mP	X	
228	*Parinari congensis*	mP		X
229	*Parinari excelsa*	MP	X	X
	Clusiaceae			
230	*Allanblackia parviflora*	mP	X	
231	*Garcinia afzelii*	mp	X	X
232	*Garcinia gnetoides*	mp	X	X
233	*Garcinia ovalifolia*	np	X	X
234	*Mammea africana*	MP	X	X
235	*Pentadesma butyracea*	mP	X	X
236	*Symphonia globulifera*	mP	X	
	Combretaceae			
237	*Combretum aphanopetalum*	LMP	X	X
238	*Combretum bipindense*	Lmp		X
239	*Combretum comosum**	Lmp	X	
240	*Combretum conchipetalum*	LmP	X	
241	*Combretum cuspidatum*	Lmp		X
242	*Combretum dolichopetalum*	Lmp		X

	Familles / Noms d'espèces Families/Species names	Types biologiques Biological types	Haute Dodo	Cavally
243	Combretum fuscum	Lmp	X	X
244	Combretum grandiflorum*	LmP	X	X
245	Combretum homalioides	LmP		X
246	Combretum oyemense	LmP		X
247	Combretum paniculatum	Lmp		X
248	Combretum platypternum	Lmp		X
249	Combretum racemosum	Lmp		X
250	Combretum smeathmannii	Lmp	X	X
251	Pteleopsis hylodendron	mP		X
252	Strephonema pseudocola*	mP	X	X
253	Terminalia ivorensis	MP	X	X
254	Terminulia superba	MP	X	X
	Commelinaceae			
255	Aneilema beninense	np	X	X
256	Aneilema umbrosum	np		X
257	Buforrestia obovata*	Ch	X	X
258	Commelina capitata	np		X
259	Commelina congesta	np	X	
260	Floscopa africana	np	X	
261	Palisota bracteosa	H	X	X
262	Palisota hirsuta	np	X	X
263	Pollia condensata	np	X	
264	Polyspatha paniculata	np		X
265	Stanfieldiella imperforata	np	X	
266	Commelina macrosperma	np	X	
	Connaraceae			
267	Agelaea pseudobliqua	Lmp	X	X
268	Agelaea trifolia	Lmp	X	X
269	Byrsocarpus coccineus	Lnp	X	X
270	Castanola paradoxa	Lmp	X	X
271	Cnestis bomiensis*	Lmp	X	X
272	Cnestis corniculata	Lmp		X
273	Cnestis ferruginea	Lmp (mp)	X	X
274	Cnestis longiflora	Lmp	X	
275	Connarus africanus	LmP	X	
276	Jaundea pinnata	Lmp	X	X
277	Manotes longiflora	Lmp	X	X
278	Santaloides afzelii	LMP	X	X
279	Spiropetalum heterophyllum	Lmp	X	X
280	Spiropetalum reynoldsii	Lmp	X	
281	Spiropetalum triplinerve	Lmp		X
	Convolvulaceae			
282	Aniseia martinicensis	Lmp	X	
283	Bonamia thunbergiana	Lmp		X
284	Calycobolus africanus	LmP		X
285	Ipomoea involucrata	Lnp	X	
286	Ipomoea mauritiana	Lmp		X
287	Neuropeltis acuminata	LMP	X	X
288	Neuropeltis prevosteoides*	LMP	X	

Une Évaluation Biologique de Deux Forêts Classées du Sud-ouest de la Côte d'Ivoire
A Rapid Biological Assessment of Two Classified Forests in South-Western Côte d'Ivoire

131

	Familles / Noms d'espèces Families/Species names	Types biologiques Biological types	Haute Dodo	Cavally
289	*Neuropeltis velutina*	LmP		X
	Cucurbitaceae			
290	*Coccinea barteri*	Lnp	X	X
291	*Cucumis setosa*	Th		X
292	*Dimorphochlamys mannii*	Lmp	X	X
293	*Lagenaria breviflora*	Lmp	X	
294	*Momordica cissoides*	Th(Lnp)	X	X
295	*Raphidiocysthis chrysocoma*	Th	X	
296	*Ruthalicia eglandulosa*	Th (Lmp)	X	X
297	*Ruthalicia longipes*	Th (Lmp)	X	
298	*Telfairia occidentalis*	Lmp	X	
	Cyatheaceae			
299	*Cyathea camerooniana*	np		X
	Cyperaceae			
300	*Cyperus diffusus subsp. buchholzii*	H		X
301	*Cyperus fertilis*	Ch		X
302	*Cyperus haspan*	Th	X	X
303	*Cyperus renschii*	H		X
304	*Fimbristylis thonningii*	H	X	X
305	*Hypolytrum heteromorphum*	H		X
306	*Hypolytrum poecilolepis**	H	X	X
307	*Hypolytrum purpurascens*	H	X	
308	*Hypolytrum schnellianum*** Gci	H	X	
309	*Kyllinga nemoralis*	Gr	X	
310	*Lipocarpha chinensis*	H	X	
311	*Mapania baldwinii**	H	X	X
312	*Mapania coriandrum**	H	X	X
313	*Mapania ivorensis** Gci	H	X	
314	*Mapania linderi**	H		X
315	*Mapania mangenotiana** GCi	H	X	
316	*Mapania minor**	H	X	
317	*Mariscus cylindristachyus*	H		X
318	*Mariscus longibracteatus*	H	X	X
319	*Rhynchospora corymbosa*	H	X	
320	*Scleria boivinii*	Lmp	X	X
321	*Scleria depressa*	np		X
322	*Scleria naumanniana*	np		X
323	*Scleria verrucosa*	np	X	X
	Davalliaceae			
324	*Arthropteris orientalis*	Ep		X
325	*Arthropteris palisoti*	Se-Ep	X	X
326	*Davallia chaerophylloides*	Ep		X
327	*Isoloma lanuginosa*	Ep	X	
328	*Nephrolepis biserrata*	Ep(H)	X	X
329	*Oleandra distenta*	Ep	X	X
	Dennstaedtiaceae			
330	*Lonchitis currori*	H	X	
331	*Lonchitis reducta*	H	X	

	Familles / Noms d'espèces Families/Species names	Types biologiques Biological types	Haute Dodo	Cavally
332	*Microlepia speluncae*	H	X	X
	Dichapetalaceae			
333	*Dichaperalum oblongum*	Lmp	X	
334	*Dichapetalum angolense*	LmP	X	
335	*Dichapetalum heudelotii*	Lmp (mp)	X	X
336	*Dichapetalum pallidum*	LmP	X	X
337	*Dichapetalum toxicarium*	Lmp (mp)	X	X
	Dilleniaceae			
338	*Tetracera leiocarpa**	LmP	X	X
339	*Tetracera potatoria*	LmP		X
	Dioncophyllaceae			
340	*Triphyophyllum peltatum***	LMP		X
	Dioscoreaceae			
341	*Dioscorea bulbifera*	Lmp(Th,G)		X
342	*Dioscorea burkilliana**	Lmp(G)		X
343	*Dioscorea hirtiflora*	G(Lmp)		X
344	*Dioscorea mangenotiana*	G(LmP)		X
345	*Dioscorea minutiflora*	Lmp	X	X
346	*Dioscorea praehensilis*	G(Lmp)		X
347	*Dioscorea smilacifola*	Lmp		X
	Ebenaceae			
348	*Diospyros canaliculata*	mp		X
349	*Diospyros chevalieri**	mp	X	X
350	*Diospyros cooperi**	mp		X
351	*Diospyros gabunensis*	mp	X	X
352	*Diospyros heudelotii**	mp	X	
353	*Diospyros kamerunensis*	mp	X	X
354	*Diospyros liberiensis***	mp	X	
355	*Diospyros mannii*	mp	X	X
356	*Diospyros sanza-minika*	mP	X	X
357	*Diospyros soubreana*	np	X	
358	*Diospyros viridicans*	mp		X
	Erythroxylaceae			
359	*Erythroxylum mannii*	mp	X	X
	Euphorbiaceae			
360	*Alchornea cordifolia*	mp (Lmp)	X	X
361	*Alchornea floribunda*	mp	X	X
362	*Amanoa bracteosa*	mp	X	
363	*Antidesma laciniatum*	mp		X
364	*Antidesma oblonga*	np	X	
365	*Bridelia grandis*	mp	X	X
366	*Bridelia micrantha*	mp	X	X
367	*Claoxylon hexandrum*	mp	X	X
368	*Cleistanthus libericus***	mp	X	X
369	*Croton aubrevillei**	mp		X
370	*Croton dispar**	mp	X	
371	*Croton hirtus*	Th		X
372	*Croton macrostachyus*	mp		X
373	*Crotonogyne caterviflora*	np	X	

Une Évaluation Biologique de Deux Forêts Classées du Sud-ouest de la Côte d'Ivoire
A Rapid Biological Assessment of Two Classified Forests in South-Western Côte d'Ivoire

133

Familles / Noms d'espèces Families/Species names		Types biologiques Biological types	Haute Dodo	Cavally
374	Dalechampia ipomoeifolia	Lnp	X	X
375	Discoglypremna caloneura	mp	X	X
376	Drypetes afzelii	mp	X	X
377	Drypetes aubrevillei*	mp	X	
378	Drypetes aylmeri*	mp	X	
379	Drypetes gilgiana	mp	X	X
380	Drypetes ivorensis*	mp	X	
381	Erythrococca anomala	np	X	X
382	Excoecaria guineensis	np	X	
383	Grossera vignei	mp		X
384	Macaranga barteri	mp	X	X
385	Macaranga beillei* GCi	mp	X	
386	Macaranga heterophylla	mp	X	X
387	Macaranga hurifolia	mp	X	X
388	Maesobotrya barteri var. sparsiflora*	mp	X	X
389	Manniophyton fulvum	Lmp	X	X
390	Mareya micrantha	mp	X	X
391	Margaritaria discoidea	mp	X	X
392	Mildbraedia paniculata	mp		X
393	Necepsia afzelii	mp	X	X
394	Oldfieldia africana	mP	X	
395	Phyllanthus muellerianus	Lmp	X	X
396	Phyllanthus odontadenius	np		X
397	Phyllanthus sp.	np		X
398	Phyllanthus urinaria	Th	X	
399	Protomegabaria stapfiana	mp	X	X
400	Pycnocoma angutifolia*	np	X	
401	Pycnocoma macrophylla	np	X	
402	Ricinodendron heudelotii	mP	X	X
403	Sapium aubrevillei*	mp	X	X
404	Spondianthus preussii	mp	X	X
405	Tetrorchidium didymostemon	mp	X	
406	Tetrorchidium oppositifolium	np	X	
407	Thecacoris stenopetala	np	X	
408	Uapaca esculenta	mP	X	X
409	Uapaca guineensis	mP	X	X
410	Uapaca heudelotii	mp		X
	Flacourtiaceae			
411	Caloncoba brevipes**	mp	X	X
412	Casearia inaequalis	mp	X	
413	Homalium africanum	mp		X
414	Keayodendron bridelioides**	mp	X	
415	Lindackeria dentata	mp	X	X
416	Scottellia klaineana var. klaineana	MP	X	
	Flagellariaceae			
417	Flagellaria guineensis	Lmp		X
	Gleicheniaceae			
418	Gleichenia linearis	Lmp	X	

	Familles / Noms d'espèces Families/Species names	Types biologiques Biological types	Haute Dodo	Cavally
	Hernandiaceae			
419	Illigera vespertilio	Lmp	X	X
	Hippocrateaceae			
420	Apodostigma pallens	LmP	X	
421	Bequaertia mucronata	LmP		X
422	Campylostemon sp.	MP		X
423	Cuervea macrophylla	Lmp	X	X
424	Hippocratea myriantha	LMP	X	X
425	Hippocratea vignei*	LMP	X	X
426	Loeseneriella africana	LmP		X
427	Reissantia astericantha	Lmp		X
428	Salacia baumannii	Lmp	X	
429	Salacia cornifolia	Lmp	X	
430	Salacia debilis	Lmp	X	
431	Salacia elegans	Lmp	X	X
432	Salacia erecta	Lmp	X	
433	Salacia lateritia	Lmp	X	
434	Salacia leonensis	mp		X
435	Salacia nitida	Lmp	X	
436	Salacia owabiensis	Lmp	X	X
437	Salacia sp.	Lmp		X
438	Salacighia letestuana	LmP		X
439	Simirestis unguiculata	LmP	X	
	Hoplestigmataceae			
440	Hoplestigma klaineanum	mp	X	
	Humiriaceae			
441	Sacoglottis gabonensis	mP	X	X
	Hymenophyllaceae			
442	Trichomanes erosum	Ep	X	
443	Trichomanes guineense	H	X	
	Hypericaceae			
444	Harungana madagascariensis	mp		X
445	Vismia guineensis	mp	X	X
	Icacinaceae			
446	Alsodeiopsis staudtii	np	X	
447	Desmotachys vogelii*	mp	X	
448	Icacina mannii	Lmp	X	
449	Iodes liberica	Lmp	X	X
450	Leptaulus daphnoides	mp		X
451	Polycephalium capitatum*	Lmp	X	X
452	Pyrenacantha klaineana**	LmP	X	X
453	Pyrenacantha cordicula	Lmp		X
454	Pyrenacantha glabrescens	Lmp	X	
455	Pyrenantha vogeliana	Lmp		X
456	Rhaphiostylis beninensis	Lmp		X
457	Rhaphiostylis cordifolia*	Lmp	X	
458	Rhaphiostylis ferruginea	LmP	X	X
459	Rhaphiostylis preussii	Lmp	X	X

Une Évaluation Biologique de Deux Forêts Classées du Sud-ouest de la Côte d'Ivoire
A Rapid Biological Assessment of Two Classified Forests in South-Western Côte d'Ivoire

135

	Familles / Noms d'espèces Families/Species names	Types biologiques Biological types	Haute Dodo	Cavally
	Irvingiaceae			
460	*Irvingia gabonensis*	MP	X	X
461	*Irvingia grandifolia*	MP	X	X
462	*Klainedoxa gabonensis*	MP	X	X
	Ixonanthaceae			
463	*Ochthocosmus africanus*	mp		X
	Lamiaceae			
464	*Achyrospermum oblongifolium*	np	X	
465	*Hyptis lanceolata*	Th (np)	X	
466	*Platostoma africanum*	np (Th)	X	X
	Lauraceae			
467	*Beilschmiedia mannii*	mp	X	X
	Leeaceae			
468	*Leea guineensis*	mp	X	X
	Liliaceae			
469	*Chlorophytum alismifolium*	H	X	
470	*Chlorophytum inornatum*	H		X
471	*Chlorophytum lancifolium*	H	X	
472	*Chlorophytum orchidastrum*	H		X
473	*Gloriosa superba*	G		X
	Linaceae			
474	*Hugonia afzelii*	Lmp	X	X
475	*Hugonia planchonii*	Lmp	X	X
476	*Hugonia platysepala*	Lmp	X	X
	Loganiaceae			
477	*Anthocleista djalonensis*	mp		X
478	*Anthocleista nobilis**	mp	X	X
479	*Anthocleista vogelii*	mp	X	
480	*Strychnos aculeata*	LmP	X	X
481	*Strychnos afzelii*	LmP		X
482	*Strychnos camptoneura*	LmP		X
483	*Strychnos congoensis*	Lmp		X
484	*Strychnos cuminodora***	Lmp	X	
485	*Strychonos malacoclados*	LmP	X	
486	*Strychonos usambarensis*	LmP	X	
487	*Usteria guineensis*	LmP	X	X
	Lomariopsidaceae			
488	*Bolbitis acrostchoides*	RH		X
489	*Bolbitis auriculata*	RH	X	
490	*Bolbitis heudelotii*	RH	X	
491	*Lomariopsis guineensis*	Se-Ep	X	X
492	*Lomariopsis palustris*	RH	X	X
	Loranthaceae			
493	*Tapinanthus bangwensis*	Ep-Par	X	X
	Lycopodiaceae			
494	*Lycopodiella cernua*	np	X	X
	Malpighiaceae			
495	*Acridocarpus longifolius*	Lmp	X	X
496	*Acridocarpus plagiopterus*	Lmp	X	

	Familles / Noms d'espèces Families/Species names	Types biologiques Biological types	Haute Dodo	Cavally
	Malvaceae			
497	*Hibiscus comoensis* GCi	np(Th)	X	X
498	*Hibiscus sterculiifolius*	np	X	
499	*Hibiscus surattensis*	Lnp	X	
500	*Sida rhombifolia*	np	X	X
501	*Urena lobata*	np	X	X
	Marantaceae			
502	*Halopegia azurea*	H	X	X
503	*Hypselodelphys poggeana*	Lmp	X	
504	*Hypselodelphys violacea*	Lmp		X
505	*Marantochloa congensis*	np	X	X
506	*Marantochloa cuspidata*	np	X	X
507	*Marantochloa filipes*	np		X
508	*Marantochloa leucantha*	np		X
509	*Marantochloa purpurea*	np	X	
510	*Megaphrynium distans*	np		X
511	*Megaphrynium macrostachyum*	np	X	X
512	*Sarcophrynium brachystachyum*	np	X	X
513	*Sarcophrynium prionogonium*	np	X	X
514	*Thaumatococcus daniellii*	Gr	X	X
515	*Trachyphrynium braunianum*	Lmp	X	
	Marattiaceae			
516	*Marattia fraxinea*	H	X	X
	Medusandraceae			
517	*Soyauxia floribunda*	mP	X	X
518	*Soyauxia grandifolia***	mp	X	
	Melastomataceae			
519	*Dicellandra barteri*	Se-Ep	X	
520	*Dinophora spenneroides***	np	X	
521	*Dissotis entii**	Ch		X
522	*Dichaetanthera africana*	mp	X	
523	*Heterotis rotundifolia*	Ch	X	X
524	*Memecylon afzelii*	np		X
525	*Memecylon lateriflorum*	mp	X	X
526	*Memecylon memoratum***	mp	X	
527	*Memecylon normandii***	mp	X	
528	*Osbeckia tubulosa*	Th	X	
529	*Tristemma albiflorum**	np	X	X
530	*Tristemma coronatum**	np	X	X
531	*Tristemma involucratum**	np	X	
532	*Tristemma littorale*	np		X
533	*Warneckea golaensis***	np	X	X
534	*Wanerkea guineensis*	mp	X	X
535	*Warneckea memecyloides*	mp	X	
	Meliaceae			
536	*Carapa procera*	mp	X	
537	*Entandophragma angolense*	MP		X
538	*Entandophragma candollci*	MP		X

Une Évaluation Biologique de Deux Forêts Classées du Sud-ouest de la Côte d'Ivoire
A Rapid Biological Assessment of Two Classified Forests in South-Western Côte d'Ivoire

137

Familles / Noms d'espèces Families/Species names		Types biologiques Biological types	Haute Dodo	Cavally
539	Entandrophragma cylindricum	MP		X
540	Entandrophragma utile	MP		X
541	Guarea cedrata	MP		X
542	Guarea leonensis**	mp	X	
543	Guarea thompsonii	mP	X	
544	Heckeldora mangenotiana** GCi	mp	X	
545	Khaya anthotheca	MP		X
546	Lovoa trichilioides	MP	X	X
547	Trichilia martineaui	mP		X
548	Trichilia monadelpha	mp		X
549	Trichilia ornithothera	mp	X	X
550	Trichilia prieureana	mp	X	
551	Trichilia tessmannii	mp	X	X
	Menispermaceae			
552	Albertisia scandens	Lnp		X
553	Albertisia mangenotii** GCi	np	X	
554	Dioscoreophyllum cumminsii	Th	X	
555	Kolobopetalum chevalieri	Lmp	X	
556	Kolobopetalum leonense	Lmp	X	
557	Kolobopetalum ovatum	Lmp	X	X
558	Penianthus patulinervis	np	X	X
559	Rhigiocarya racemifera	Lmp		X
560	Stephania dinklagei	Lmp	X	
561	Syntriandrium preussii	Lmp		X
562	Tiliacora dingklagei*	Lmp		X
563	Triclisia patens*	Lmp		X
	Mimosaceae			
564	Acacia pennata	LMP	X	X
565	Albizia adianthifolia	mp		X
566	Albizia ferruginea	MP	X	X
567	Albizia zygia	mp	X	X
568	Aubrevillea platycarpa	MP		
569	Calpocalyx aubrevillei	mP	X	X
570	Calpocalyx brevibracteatus	mP	X	X
571	Entada gigas	LMP	X	X
572	Entada scelerata	LmP		X
573	Mimosa pudica	Lnp	X	X
574	Newtonia aubrevillei	mP	X	X
575	Newtonia duparquetiana	mP	X	X
576	Parkia bicolor	MP	X	X
577	Pentaclethra macrophylla	mP	X	X
578	Piptadeniastrum africanum	MP	X	X
579	Samanea dinklagei*	mP	X	
580	Tetrapleura tetraptera	mP		X
581	Xylia evansii	mP	X	
	Moraceae			
582	Antiaris toxicaria	mp		X
583	Chlorophora regia**	MP	X	X

	Familles / Noms d'espèces Families/Species names	Types biologiques Biological types	Haute Dodo	Cavally
584	*Dorstenia djettii*** GCi	np	X	
585	*Dorstema embergeri** GCi	Ch	X	
586	*Dorstenia turbinata*	np	X	
587	*Ficus artocarpoides*	Ep	X	
588	*Ficus barteri*	Ep		X
589	*Ficus bubu*	Ep (mp)		X
590	*Ficus craterostoma*	Ep	X	X
591	*Ficus elasticoides*	Ep		X
592	*Ficus eriobotryoides*	Ep	X	
593	*Ficus ingens*	Ep (mp)		X
594	*Ficus kamerunensis*	Ep		X
595	*Ficus leonensis**	Ep	X	
596	*Ficus lutea*	mp (Ep)	X	
597	*Ficus lyrata*	Ep	X	X
598	*Ficus macrosperma*	Ep		X
599	*Ficus mucuso*	mP	X	X
600	*Ficus ovata*	Ep	X	
601	*Ficus sagittifolia*	Ep		X
602	*Ficus sur*	mp	X	X
603	*Ficus vogeliana*	mp	X	X
604	*Sloetiopsis usambarensis*	np		X
605	*Treculia africana*	mP	X	X
	Myristicaceae			
606	*Pycnanthus angolensis*	mP	X	X
607	*Pycnanthus dinklagei**	LmP	X	X
	Myrtaceae			
608	*Eugenia calophylloides**	mp	X	
609	*Eugenia whytei*	mp	X	
610	*Syzygium rowlandii*	mp	X	X
	Napoleonaeaceae			
611	*Napoleonaea leonensis**	mp	X	X
	Ochnaceae			
612	*Lophira alata*	MP	X	X
613	*Ouratea amplectens***	mp	X	
614	*Ouratea calophylla*	mp	X	X
615	*Ouratea duparquetiana***	np	X	X
616	*Ouratea glaberrima*	np		X
617	*Ouratea oliveri*	mp		X
618	*Ouratea schoenleiniana**	mp	X	
619	*Ouratea sulcata*	np	X	X
620	*Ouratea turnerae*	np		X
	Octoknemaceae			
621	*Octoknema borealis*	mp	X	
	Olacaceae			
622	*Coula edulis*	mP	X	X
623	*Heisteria parvifolia*	np	X	X
624	*Ongokea gore*	mP	X	X
625	*Ptychopetalum anceps*	np	X	X

Une Évaluation Biologique de Deux Forêts Classées du Sud-ouest de la Côte d'Ivoire
A Rapid Biological Assessment of Two Classified Forests in South-Western Côte d'Ivoire

139

Familles / Noms d'espèces Families/Species names		Types biologiques Biological types	Haute Dodo	Cavally
626	Strombosia pustulata	mP	X	X
	Oleaceae			
627	Linociera mannii	mp	X	X
	Onagraceae			
628	Ludwigia erecta	Th (np)		X
	Orchidaceae			
629	Ancistrorhynchus cephalotes	Ep	X	
630	Ancistrorhynchus clandestinus	Ep		X
631	Angraecum birrimense	Ep	X	
632	Angraecum distichum	Ep		X
633	Auxopus kamerunensis	Sapr	X	
634	Bolusiella imbricata	Ep	X	
635	Bulbophyllum phaeopogon	Ep		X
636	Calyptrochilum christyanum	Ep		X
637	Calyptrochilum emarginatum	Ep	X	
638	Corymborkis corymbissa	np		X
639	Cyrtorchis arcuata	Ep		X
640	Cyrtorchis monteiroae	Ep	X	
641	Diaphananthe bidens	Ep		X
642	Dinklageella liberica	Ep		X
643	Eulophia barteri	H	X	
644	Eulophia gracilis	H	X	X
645	Genyorchis pumila	Ep		X
646	Microcoelia caespitosa	Ep	X	
647	Polystachya laxiflora	Ep		X
648	Solenangis scandens	Ep	X	
649	Tridactyle anthomaniaca	Ep	X	
650	Vanilla africana	Ep		X
651	Vanilla crenulata	Ep	X	
	Pandaceae			
652	Microdesmis keayana	mp	X	X
653	Panda oleosa	mP	X	X
	Papilionaceae			
654	Aganope gabonica	mp	X	
655	Aganope leucobotrya	mp	X	X
656	Aganope lucida	LmP		X
657	Amphimas pterocarpoides	MP	X	
658	Baphia bancoensis* GCi	mp	X	X
659	Baphia capparidifolia	Lmp	X	X
660	Baphia nitida	mp	X	X
661	Dalbergia afzeliana	LmP	X	X
662	Dalbergia albiflora**	Lmp	X	X
663	Dalbergia bignonae*	Lmp	X	
664	Dalbergia oblongifolia*	Lmp	X	X
665	Dalbergia saxatilis	Lmp	X	X
666	Desmodium adscendens	Ch	X	X
667	Leptoderris cyclocarpa*	Lmp	X	X
668	Leptoderris miegei* GCi	Lmp	X	
669	Millettia barteri	Lmp	X	

	Familles / Noms d'espèces Families/Species names	Types biologiques Biological types	Haute Dodo	Cavally
670	Millettia chrysophylla	Lmp	X	X
671	Millettia lane-poolei*	mp	X	
672	Millettia rhodantha*	mP		X
673	Millettia zechiana	mp	X	X
674	Ostryocarpus riparius	LmP	X	
675	Platysepalum hirsutum*	LmP	X	X
676	Pterocarpus santalinoides	mp		X
677	Pueraria phaseoloides	mp (Th)	X	
	Passifloraceae			
678	Adenia cissampeloides	Lmp		X
679	Adenia dinklagei*	Lmp	X	
680	Adenia guineensis	Lmp	X	
681	Adenia lobata	Lmp	X	X
682	Adenia mannii	Lnp	X	
683	Androsiphonia adenostegia**	mp	X	X
684	Crossostemma laurifolium*	Lmp	X	X
685	Smeathmannia pubescens	mp	X	
	Periplocaceae			
686	Mangenotia eburnea	Lmp		X
687	Mondia whytei	Lmp		X
688	Parquetina nigrescens	Lmp		X
	Piperaceae			
689	Piper guineense	Se-Ep	X	X
690	Piper umbellatum	np(Th)		X
	Poaceae			
691	Acroceras zizanioides	np	X	X
692	Axonopus compressus	Ch	X	
693	Axonopus flexuosus	Ch	X	
694	Centotheca lappacea	Th	X	X
695	Cyrtococcum chaetophoron	np	X	X
696	Guaduella oblonga**	np	X	X
697	Isachne buettneri	np	X	
698	Leptaspis cochleata	np	X	X
699	Leptaspis comorensis	np		X
700	Olyra latifolia	np	X	X
701	Panicum brevifolium	np		X
702	Panicum laxum	H	X	X
703	Panicum sadinii	H	X	
704	Paspalum conjugatum	H		X
705	Paspalum orbiculare	H	X	
706	Pseudechinolaena polystachya	Ch		X
707	Setaria chevalieri	H	X	
708	Streptogyna crinita	np	X	X
	Podostemaceae			
709	Tristicha trifaria	Rhéo		X
	Polygalaceae			
710	Atroxima liberica	mp	X	X
711	Carpolobia lutea	mp	X	
	Polypodiaceae			

Une Évaluation Biologique de Deux Forêts Classées du Sud-ouest de la Côte d'Ivoire
A Rapid Biological Assessment of Two Classified Forests in South-Western Côte d'Ivoire

141

Familles / Noms d'espèces Families/Species names	Types biologiques Biological types	Haute Dodo	Cavally
712 Drynaria laurentii	Ep	X	X
713 Microgramma owariensis	Ep		X
714 Microsorium punctatum	Ep	X	X
715 Phymatodes scolopendria	Ep	X	X
716 Platycerium angolense	Ep		X
717 Platycerium stemaria	Ep		X
Rapateaceae			
718 Maschalocephalus dinklagei*	H	X	
Rhamnaceae			
719 Gouania longipetala	Lmp	X	
720 Maesopsis eminii	mp	X	X
721 Ventilago africana	LmP		X
Rhizophoraceae			
722 Cassipourea gummifera	mP	X	
723 Anisophyllea meniaudi*	mP	X	
724 Anopyxis klaineana	MP	X	X
725 Cassipourea nialatou** Gci	mP	X	
Rubiaceae			
726 Aidia genipiflora	mp	X	X
727 Atractogyne bracteata	Lmp	X	
728 Bertiera bracteolata	Lmp	X	X
729 Bertiera breviflora	np		X
730 Bertiera fimbriata**	np	X	
731 Bertiera racemosa	mp	X	X
732 Borreria latifoia	Th	X	
733 Borreria ocymoides	Ch	X	
734 Borreria verticillata	np	X	
735 Cephaëlis mangenotii**	Ch	X	
736 Cephaëlis ombrophila**	np	X	
737 Cephaëlis peduncularis	np	X	
738 Cephaëlis spathacea**	np	X	
739 Cephaëlis yapoensis*	np	X	X
740 Chassalia afzelii*	Lmp	X	X
741 Chassalia corallifera*	np	X	X
742 Chassalia elongata**	np	X	X
743 Chassalia kolly	np		X
744 Chassalia subherbacea	np	X	X
745 Coffea ebracteolata	np	X	X
746 Coffea humilis**	np	X	X
747 Coffea liberica	mp		X
748 Corynanthe pachyceras	mP	X	X
749 Craterispermum caudatum	mp	X	X
750 Cremaspora triflora	Lmp	X	
751 Cuviera acutiflora	mp	X	
752 Cuviera macroura	mp		X
753 Cuviera nigrescens	mp		X
754 Dictyandra arborescens	mp		X
755 Diodia scandens	Lnp	X	X
756 Gaertnera cooperi**	mp	X	

	Familles / Noms d'espèces Families/Species names	Types biologiques Biological types	Haute Dodo	Cavally
757	*Gardenia nitida*	np		X
758	*Geophila afzelii*	Ch	X	X
759	*Geophila obvallata*	Ch	X	X
760	*Geophila repens*	Ch		X
761	*Heinsia crinita*	mp	X	
762	*Hutchinsonia barbata***	np	X	
763	*Hymenocoleus hirsutus*	Ch	X	X
764	*Hymenocoleus libericus*	Ch	X	
765	*Hymenocoleus neurodictyon*	Ch		X
766	*Hymenocoleus rotundifolius*	Ch	X	
767	*Ixora aggregata***	np	X	
768	*Ixora hiernii*	np		X
769	*Keetia leucantha*	Lmp	X	X
770	*Keetia mannii*	Lmp	X	
771	*Keetia multiflora*	Lmp	X	X
772	*Keetia rubens**	LmP	X	X
773	*Keetia rufivillosa***	LmP	X	
774	*Keetia setosa*	Lmp		X
775	*Lasianthus batangensis*	np	X	
776	*Leptactina densiflora*	Lmp	X	
777	*Massularia acuminata*	mp	X	X
778	*Mitragyna ledermannii*	mP	X	
779	*Morinda geminata**	mp	X	
780	*Morinda longiflora*	Lmp	X	X
781	*Morinda lucida*	mp		X
782	*Morinda morindoides*	Lmp	X	X
783	*Mussaenda afzelii*	Lmp	X	
784	*Mussaenda chippii**	Lmp	X	X
785	*Mussaenda elegans*	Lmp		X
786	*Mussaenda erythrophylla*	Lmp (mp)		X
787	*Mussaenda grandiflora**	Lmp	X	
788	*Mussaenda landolphioides**	Lmp	X	
789	*Mussaenda linderi***	Lmp	X	
790	*Nauclea diderrichii*	MP	X	X
791	*Nauclea gilletii*	MP	X	X
792	*Nauclea pobeguinii*	mP		X
793	*Oldenlandia lancifolia*	Th	X	X
794	*Oxyanthus formosus*	mp	X	
795	*Oxyanthus pallidus*	mp	X	X
796	*Oxyanthus speciosus*	mp	X	
797	*Oxyanthus subpunctatus*	np		X
798	*Oxyanthus unilocularis*	mp	X	
799	*Parapentas setigera*	Ch	X	X
800	*Pauridiantha afzelii*	mp	X	X
801	*Pauridiantha hirtella*	mp	X	
802	*Pausinystalia lane-poolei**	mP	X	
803	*Pavetta micheliana**	mp		X
804	*Pavetta owariensis*	mp	X	
805	*Pentodon pentandrus*	Th		X

Une Évaluation Biologique de Deux Forêts Classées du Sud-ouest de la Côte d'Ivoire
A Rapid Biological Assessment of Two Classified Forests in South-Western Côte d'Ivoire

143

	Familles / Noms d'espèces Families/Species names	Types biologiques Biological types	Haute Dodo	Cavally
806	*Polycoryne fernandensis*	Lmp	X	
807	*Psilanthus mannii*	np	X	
808	*Psychotria brachyantha*	np	X	
809	*Psychotria dorotheae*	np		X
810	*Psychotria elongato-sepala*	Lmp		X
811	*Psychotria fernandopoensis*	np	X	
812	*Psychotria psychotrioides*	mp	X	
813	*Psychotria sciadephora*	np		X
814	*Psychotria sp.*	np	X	
815	*Psychotria subglabra***	np	X	
816	*Psychotya subobliqua*	np	X	
817	*Psychotria vogeliana*	np		X
818	*Psydrax acutiflora*	mp	X	
819	*Psydrax henriquesiana*	mp	X	
820	*Psydrax parviflora*	mp		X
821	*Psydrax subcordata*	mp	X	X
822	*Rothmannia hispida*	mp	X	X
823	*Rothmannia longiflora*	mp	X	X
824	*Rothmannia whitfieldii*	mp	X	X
825	*Rutidea membranacea*	Lmp		X
826	*Rutidea parviflora*	Lmp	X	X
827	*Rytigynia canthioides*	mp	X	X
828	*Sabicea discolor**	Lmp	X	
829	*Sabicea ferruginea**	Lmp	X	X
830	*Sabicea rosea*	Lmp	X	
831	*Schizocolea linderi***	np	X	
832	*Sericanthe toupetou** GCi	mp	X	
833	*Sherbournia bignoniiflora*	Lmp	X	
834	*Stelecantha ziamaeana***	mp	X	
835	*Stipularia africana*	np	X	
836	*Tarenna nitidula**	mp	X	
837	*Tricalysia pallens*	mp		X
838	*Tricalysia reflexa*	mp		X
839	*Tricalysia sp.*	mp		X
840	*Trichostahys aurea*	Ch	X	
841	*Uncaria africana*	LmP	X	X
842	*Uncaria talbotii*	LmP	X	X
843	*Vangueriella glabrescens*	mp (LmP)		X
844	*Vangueriella orthacantha*	mp	X	
845	*Vangueriopsis vanguerioides**	mp	X	X
846	*Virectaria procumbens*	np (Th)	X	X
	Rutaceae			
847	*Araliopsis tabouensis*	mP	X	
848	*Fagara atchoum** GCi	Lmp		X
849	*Fagara macrophylla*	mP	X	X
850	*Fagara parvifoliola*	mp		X
851	*Oricia suaveolens*	mp	X	
	Sapindaceae			

	Familles / Noms d'espèces Families/Species names	Types biologiques Biological types	Haute Dodo	Cavally
852	*Allophylus africanus*	mp	X	
853	*Allophylus talbotii*	mp		X
854	*Aphania senegalensis*	mp		X
855	*Aporrhiza urophylla*	mp	X	X
856	*Blighia sapida*	mP	X	X
857	*Blighia unijugata*	mp		X
858	*Blighia welwitschii*	mP	X	
859	*Chytranthus angustifolius*	mp		X
860	*Chytranthus atroviolaceus*	mp		X
861	*Chytranthus carneus*	mp	X	X
862	*Chytranthus cauliflorus*	mp	X	
863	*Chytranthus setesus*	np		X
864	*Deinbollia cuneifolia**	np	X	
865	*Deinbollia pinnata*	mp		X
866	*Eriocoelum pungens**	mp	X	X
867	*Lecaniodiscus cupanioides*	mp		X
868	*Lychnodiscus dananensis*	mp		X
869	*Paullinia pinnata*	Lmp		X
870	*Placodiscus attenuatus**	mp	X	X
871	*Placodiscus pseudostipularis**	mp	X	
872	*Placodiscus splendidus***	mp	X	
	Sapotaceae			
873	*Chrysophyllum beguei*	mP		X
874	*Chrysophyllum perpulchrum*	mP		X
875	*Chrysophyllum pruniforme*	mP	X	X
876	*Chrysophyllum subnudum*	mP	X	
877	*Chrysophyllum taiense*** GCi	mP		X
878	*Delpydora gracilis***	np	X	
879	*Englerophytum magalismontanum*	mP		X
880	*Omphalocarpum ahia**	mP	X	
881	*Omphalocarpum pachysteloides*	mp		X
882	*Pouteria aningeri*	MP		X
883	*Synsepalum afzelii*	mP	X	X
884	*Synsepalum brevipes*	mp		X
885	*Tieghemella heckelii*	MP	X	
	Schizaeaceae			
886	*Lygodium smithianum*	LmP	X	X
	Scrophulariaceae			
887	*Lindernia crustacea*	Th (Ch)	X	X
888	*Lindernia diffusa*	Th (Ch)		X
889	*Lindernia senegalensis**	Ch	X	
890	*Lindernia vogelii*	Ch	X	X
891	*Torenia dinklagei*	Th	X	
892	*Torenia thouarsii*	Th	X	
	Scytopetalaceae			
893	*Scytopetalum tieghemii**	mP	X	X
	Selaginellaceae			
894	*Selaginella cathedrifolia*	Th	X	
895	*Selaginella molliceps*	Th	X	

Une Évaluation Biologique de Deux Forêts Classées du Sud-ouest de la Côte d'Ivoire
A Rapid Biological Assessment of Two Classified Forests in South Western Côte d'Ivoire

145

	Familles / Noms d'espèces Families/Species names	Types biologiques Biological types	Haute Dodo	Cavally
896	*Selaginella myosurus*	Th (Lnp)		X
897	*Selaginella versicolor*	Th	X	X
898	*Selaginella vogelii*	np	X	X
	Simaroubaceae			
899	*Gymnostemon zaizou** GCi*	MP	X	X
900	*Hannoa klaineana*	mP	X	
901	*Harrisonia abyssinica*	mp		X
	Smilacaceae			
902	*Smilax kraussiana*	Lmp	X	
	Solanaceae			
903	*Solanum anomalum*	np		X
904	*Solanum rugosum*	mp		X
905	*Solanum torvum*	np		X
	Sterculiaceae			
906	*Cola buntingii***	mp	X	X
907	*Cola caricaefolia**	mp	X	X
908	*Cola chlamydantha*	mp	X	
909	*Cola gabonensis*	mp	X	
910	*Cola lateritia* var. *maclaudi*	mp	X	X
911	*Cola nitida*	mP	X	X
912	*Eribroma oblongum*	MP	X	X
913	*Melochia melissifolia*	Th(np)	X	
914	*Nesogordonia papaverifera*	MP		X
915	*Pterygota bequaertii*	MP		X
916	*Scaphopetalum amoenum**	mp	X	
917	*Sterculia tragacantha*	mP		X
918	*Tarrietia utilis**	mP	X	X
919	*Triplochiton scleroxylon*	MP		X
	Thelyptediaceae			
920	*Cyclosorus dentatus*	H		X
921	*Cyclosorus striatus*	rh	X	
	Thymelaeaceae			
922	*Craterosiphon scandens*	Lmp	X	
923	*Dicranolepis persei**	np	X	X
	'Tiliaceae			
924	*Christiana africana*	mp		X
925	*Clappertonia ficifolia*	np	X	
926	*Clappertonia minor**	np	X	
927	*Desplatsia chrysochlamys*	mp	X	X
928	*Desplatsia dewevrei*	mp	X	X
929	*Desplatsia subericarpa*	mp	X	X
930	*Duboscia viridiflora*	mP		X
931	*Glyphaea brevis*	mp		X
932	*Grewia barombiensis*	LmP	X	X
933	*Grewia malacocarpa*	Lmp	X	X
934	*Triumfetta cordifolia*	np	X	
	Ulmaceae			
935	*Celtis adolfi-fridericii*	MP		X
936	*Celtis mildbraedii*	mP		X

	Familles / Noms d'espèces Families/Species names	Types biologiques Biological types	Haute Dodo	Cavally
937	Trema guineensis	mp	X	X
	Urticaceae			
938	Urera cameroonensis	Ep		X
939	Urera oblongifolia*	Ep	X	
940	Urera obovata*	Ep	X	X
941	Urera robusta*	Ep	X	
	Verbenaceae			
942	Clerodendrum buchholzii	np	X	X
943	Clerodendrum capitatum	np	X	X
944	Clerodendrum formicarum	Lmp	X	X
945	Clerodendrum sassandrense** GCi	np	X	
946	Clerodendrum splendens	Lmp	X	X
947	Clerodendrum umbellatum	Lmp		X
948	Premna grandifolia** GCi	np	X	X
949	Vitex grandifolia	mp		X
950	Vitex fosteri	mp	X	X
951	Vitex micrantha*	mp	X	X
952	Vitex phaeotricha*	mp	X	
	Violaceae			
953	Decorsella paradoxa*	mp	X	X
954	Hybanthus ennaespermus	Ch	X	
955	Renorea longicuspis	mp	X	
956	Rinorea brachypetala	np	X	
957	Rinorea ilicifolia	np		X
958	Rinorea rubrotincta*	mp	X	
959	Rinorea subintegrifolia	np	X	
	Vitaceae			
960	Ampelocissus leonensis	Lmp	X	X
961	Cissus aralioides	Lmp	X	
962	Cissus cymosa	Lmp (Th)		X
963	Cissus diffusiflora	Lmp	X	X
964	Cissus glaucophylla	Lmp	X	X
965	Cissus polyantha	Lmp	X	X
966	Cissus producta	Lmp	X	
	Zingiberaceae			
967	Aframommum sceptrum	np		X
968	Aframomum angustifolium	np	X	
969	Aframomum cordifolium	np	X	X
970	Aframomum daniellii	np	X	
971	Aframomum longiscapum**	np	X	
972	Aframomum melegueta	np	X	
973	Aframomum sulcatum*	np	X	X
974	Costus afer	np	X	X
975	Costus deistelii**	np	X	
976	Costus dubius	np	X	
977	Costus schlechteri	np	X	X
978	Renealmia longifolia**	np	X	
979	Renealmia maculata*	np	X	
			716	639

Une Évaluation Biologique de Deux Forêts Classées du Sud-ouest de la Côte d'Ivoire
A Rapid Biological Assessment of Two Classified Forests in South-Western Côte d'Ivoire

147

Abréviations / Abbreviations

Ch: Chaméphyte; plante de 0-25m de hauteur / Chamaephyte: plant with height between 0-25 m

Ep: Epiphyte

G: Géophyte / Geophyte

Gr: Géophyte rhizomateux / Rhizomatous geophyte

H: Hémicryptophyte; plante ayant son bourgeon au ras du sol / Hemicryptophyte: plant with perennating tissue at the soil surface

Hyd: Hydrophyte

L: Liane / Liana

mp: Microphanérophyte: plante de 2-8m de hauteur / Microphanerophyte: plant with height between 2 to 8 meters

mP: Mésophanérophyte: plante atteignant de 15-30m de hauteur / Mesophanerophyte: plant with height reaching 15 to 30 meters

MP: Mégaphanérophyte: plante atteignant plus de 30m de hauteur / Megaphanerophyte: plant reaching above 30 meters

np: Nanophanérophyte: plante ligneuse de 2-25m de hauteur/ Nanophanerophyte: woody plant with height between 2 to 25 meters.

Par: Parasite, plante parasite/ Parasitic plant

R: Rhizomateux / Rhizomatous

Rheo: Rhéophyte: plante poussant sur les rochers dans les rapides des fleuves / Rheophyte: plant growing on rocks in fast-flowing waters.

Se-Ep: Semi-épiphyte /Semi-epiphyte

Th: Thérophyte: plante annuelle / Therophyte : annual plant

Symboles / Symbols

*   Espèces endémiques ouest-africaines non "sassandriennes" / Non-sassandrian west-african endemic species

**   Espèces endémiques ouest-africaines "sassandriennes" / Sassandrian west-african endemic species

GCi   Espèces endémiques ivoiriennes / Species endemic to Côte d'Ivoire

Pour mémoire, l'expression "ouest-africaines" s'applique aux espèces du bloc forestier s'étendant de la Sierra Léone jusqu'à l'ouest du Togo

Note that the term "west-african" refers to species from the forest block lying from Sierra Leone to the western part of Togo.

Annexe/Appendix 2

Liste des insectes récoltés dans les forêts de la Haute Dodo et du Cavally, selon les méthodes d'échantillonnages aléatoires (non standardisées)

List of insects collected in the Haute Dodo and Cavally forests using general sampling methods (non-standardized methods)

Souleymane Konaté, Kolo Yeo, Lucie Yoboué, et Kouassi Kouassi

X=espèce présente, 0=espèce non présente

ORDRES / ORDERS	FAMILLES / FAMILIES	ESPECES / SPECIES	Haute Dodo	Cavally
Coleoptera	Apionidae	sp 1	0	X
Coleoptera	Brentidae	sp 1	0	X
Coleoptera	Brentidae	sp 2	0	X
Coleoptera	Brentidae	sp 3	0	X
Coleoptera	Carabidae	*Calosoma* sp	X	0
Coleoptera	Cerambycidae	*Aromia* sp 1	0	X
Coleoptera	Cerambycidae	*Aromia* sp 2	0	X
Coleoptera	Cerambycidae	*Tragosoma* sp	0	X
Coleoptera	Cerambycidae	*Prionien* sp	0	X
Coleoptera	Chrysomelidae	sp 1	0	X
Coleoptera	Coccinellidae	sp 1	0	X
Coleoptera	Coccinellidae	sp 2	0	X
Coleoptera	Curculionidae	*Pissodes* sp	0	X
Coleoptera	Curculionidae	sp 2	0	X
Coleoptera	Curculionidae	sp 3	0	X
Coleoptera	Curculionidae	sp 4	0	X
Coleoptera	Elateridae	*Adelocera* sp	X	0
Coleoptera	Endomychidae	*Lycoperdina* sp	0	X
Coleoptera	Histeridae	sp 1	0	X
Coleoptera	Lagriidae	sp 1	0	X
Coleoptera	Lycidae	sp 1	X	0
Coleoptera	Scarabeidae	S/F *Sericinae* sp 1	0	X
Dictyoptera	Mantidae	*Amorphoscelys* sp	0	X
Diptera	Muscidae	sp 1	0	X
Heteroptera	Cynidae	sp 1	0	X
Heteroptera	Pentatomidae	sp 1	0	X
Heteroptera	Pentatomidae	sp 2	0	X
Heteroptera	Plataspidae	*Libyaspis* sp	0	X
Heteroptera	Pyrrhocoridae	*Dysdercus* sp	0	X
Heteroptera	Reduviidae	*Centraspis insignis* SCHOUTEDEN	X	0
Heteroptera	Reduviidae	*Ectrichodia* sp	0	0
Heteroptera	Reduviidae	*Microstemma* sp	X	X
Heteroptera	Reduviidae	*Rhinocoris nitidulis* FABRICIUS	X	X
Heteroptera	Reduviidae	*Rhinocoris obtusus* BEAUVOIS	X	0
Hymenoptera	Vespidae	sp 1	X	0
Lepidoptera	Acraeidae	sp 1	0	X

ORDRES / ORDERS	FAMILLES / FAMILIES	ESPECES / SPECIES	Haute Dodo	Cavally
Lepidoptera	Arctiidae	sp 1	X	X
Lepidoptera	Arctiidae	sp 2	0	X
Lepidoptera	Hesperidae	sp 1	0	X
Lepidoptera	Hesperidae	*Pyrrhochalcya iphis*	0	X
Lepidoptera	Hesperidae	sp 3	0	X
Lepidoptera	Limacodidae	sp 1	0	X
Lepidoptera	Lycenidae	sp 1	X	0
Lepidoptera	Lycenidae	sp 2	X	0
Lepidoptera	Lycenidae	sp 3	X	0
Lepidoptera	Lycenidae	sp 4	X	0
Lepidoptera	Lycenidae	sp 5	0	X
Lepidoptera	Lycenidae	sp 6	0	X
Lepidoptera	Lycenidae	sp 7	0	X
Lepidoptera	Lycenidae	sp 8	0	X
Lepidoptera	Lycenidae	sp 9	0	X
Lepidoptera	Lymantridae	sp 1	X	0
Lepidoptera	Noctuidae	sp 1	X	0
Lepidoptera	Nymphalidae	*Euphaedra* sp 1	X	0
Lepidoptera	Nymphalidae	*Euphaedra* sp 2	X	X
Lepidoptera	Nymphalidae	*Charaxes* sp	X	0
Lepidoptera	Nymphalidae	*Catuna* sp	X	X
Lepidoptera	Nymphalidae	sp 5	X	0
Lepidoptera	Nymphalidae	sp 6	X	0
Lepidoptera	Nymphalidae	*Cymothoe* sp	X	0
Lepidoptera	Nymphalidae	sp 8	0	X
Lepidoptera	Nymphalidae	sp 9	0	X
Lepidoptera	Nymphalidae	sp 10	0	X
Lepidoptera	Papillionidae	*Graphium* sp	0	X
Lepidoptera	Pieridae	*Eurema* sp	X	X
Lepidoptera	Pieridae	sp 2	X	X
Lepidoptera	Pieridae	sp 3	X	X
Lepidoptera	Pieridae	sp 4	0	X
Lepidoptera	Pieridae	sp 5	0	X
Lepidoptera	Pterophoridae	sp 1	0	X
Lepidoptera	Pyralidae	sp 1	X	0
Lepidoptera	Pyralidae	sp 2	X	0
Lepidoptera	Pyralidae	sp 3	X	0
Lepidoptera	Pyralidae	sp 4	0	X
Lepidoptera	Pyralidae	sp 5	0	X
Lepidoptera	Satyridae	sp 1	X	0
Lepidoptera	Uranidae	sp 1	X	0
Odonata	Coenagriidae	sp 1	X	0
Odonata	Libellulidae	sp 1	X	0
Odonata	Libellulidae	sp 2	X	0
Odonata	Libellulidae	sp 3	X	X
Orthoptera	Acrididae	sp 1	X	0
Orthoptera	Acrididae	sp 2	X	0
Orthoptera	Acrididae	sp 3	X	0
Orthoptera	Acrididae	sp 4	X	0

Liste des insectes récoltés dans les forêts de la Haute Dodo et du Cavally,
selon les méthodes d'échantillonnages aléatoires (non standardisées)
List of insects collected in the Haute Dodo and Cavally forests using general
sampling methods (non-standardized methods)

ORDRES / ORDERS	FAMILLES / FAMILIES	ESPECES / SPECIES	Haute Dodo	Cavally
Orthoptera	Acrididae	sp 5	X	0
Orthoptera	Acrididae	sp 6	X	0
Orthoptera	Acrididae	sp 7	X	0
Orthoptera	Acrididae	sp 8	X	0
Orthoptera	Acrididae	sp 9	X	0
Orthoptera	Acrididae	sp 10	X	0
Orthoptera	Acrididae	sp 11	0	X
Orthoptera	Acrididae	sp 12	0	X
Orthoptera	Gryllidae	sp 1	0	X
Orthoptera	Gryllidae	sp 2	0	X
Orthoptera	Tettigoniidae	sp 1	X	0
Orthoptera	Tettigoniidae	sp 2	X	0
Orthoptera	Tettigoniidae	sp 3	0	X
Orthoptera	Tettigoniidae	sp 4	0	X
Orthoptera	Tettigoniidae	sp 5	0	X
Orthoptera	Tettigoniidae	sp 6	0	X
Phasmoptera	Phasmidae	sp 1	X	0
TOTAL #			**47**	**63**

Une Évaluation Biologique de Deux Forêts Classées du Sud-ouest de la Côte d'Ivoire
A Rapid Biological Assessment of Two Classified Forests in South-Western Côte d'Ivoire

151

Annexe/Appendix 3

Nombres d'espèces de fourmis collectées dans les forêts de la Haute Dodo et du Cavally, le long d'un transect selon une méthode d'échantillonnage standardisée

Numbers of ant species collected in the Haute Dodo and Cavally forests along a transect following a standardized sampling method

Souleymane Konaté, Kolo Yeo, Lucie Yoboué, Leeanne E. Alonso et Kouassi Kouassi

Espèces / Species	Haute Dodo		Cavally	
	Winkler	Pitfall	Winkler	Pitfall
CERAPACHYINAE				
Cerapachys sp.	1	0	0	0
DOLICHODERINAE				
Tapinoma sp.1	1	0	0	0
Tapinoma sp.2	1	0	0	
Technomyrmex sp.	0	0	0	1
DORYLINAE				
Dorylus sp.	0	1	0	0
FORMICINAE				
Acropyga sp.	1	0	0	0
Camponotus sp.	0	0	0	1
Oecophylla sp.	2	0	0	0
Paratrechina sp.	0	0	1	0
Plagiolepis sp.1	1	2	8	0
Plagiolepis sp.2	0	0	1	1
Plagiolepis sp.3	0	0	2	0
Phasmomyrmex sp.	0	0	1	0
Pseudolasius sp.	0	0	1	0
MYRMICINAE				
Calyptomyrmex sp.	4	0	0	0
Crematogaster sp.1	1	0	3	2
Crematogaster sp.2	1	0	2	1
Crematogaster sp.3	1	0	0	1
Crematogaster sp.4	1	0	0	0
Crematogaster sp.5	1	0	0	0
Crematogaster sp.6	0	0	1	0
Decamorium sp.1	2	0	3	0
Decamorium sp.2	0	0	1	0
Leptothorax sp.	1	0	0	0
Meranoplus sp.	5	0	0	0
Microdaceton tibialis	1	0	1	0
Monomorium sp.	1	0	0	0
Pheidole sp.1	6	6	6	4
Pheidole sp.2	3	0	0	0
Pheidole sp.3	4	2	0	0

Espèces / Species	Haute Dodo		Cavally	
	Winkler	Pitfall	Winkler	Pitfall
Pheidole sp.4	1	0	7	0
Pheidole sp.5	1	0	4	1
Pheidole sp.6	1	6	1	1
Pristomyrmex sp.	2	0	0	0
Pyramica lujae	1	0	2	0
Pyramica minkara	1	0	1	0
Pyramica tetragnata	0	0	1	0
Pyramica sp.4	1	0	0	0
Strumigenys rufobrunea	4	0	4	0
Strumigenys sp.2	2	0	3	0
Terataner sp.	1	1	0	0
Tetramorium sp.1	7	4	3	3
Tetramorium sp.2	2	0	0	0
Tetramorium sp.3	1	0	0	0
Tetramorium sp.4	1	4	1	0
Tetramorium sp.5	1	1	0	0
Tetramorium sp.6	0	0	1	2
PONERINAE				
Amblyopone sp.	0	0	1	0
Anochetus sp.1	1	0	0	0
Anochetus sp.2	0	0	3	0
Anochetus sp.3	0	0	1	0
Hypoponera sp.1	0	0	1	0
Hypoponera sp.2	0	0	1	0
Hypoponera sp.3	0	0	1	0
Hypoponera sp.4	0	0	1	0
Hypoponera sp.5	0	0	1	0
Leptogenys sp.1	2	1	1	0
Leptogenys sp.2	0	1	0	0
Loboponera sp.	1	0	0	0
Odontomachus sp.	1	0	0	0
Pachycondyla sp.1	1	1	8	0
Pachycondyla sp.2	1	5	0	0
Pachycondyla sp.3	1	0	4	0
Pachycondyla sp.4	1	0	0	0
Pachycondyla sp.5	0	7	4	11
Pachycondyla sp.6	0	0	1	0
Pachycondyla sp.7	0	0	1	0
Probolomyrmex sp.1	0	0	1	0
Probolomyrmex sp.2	0	0	1	0
- sp.	2	0	1	0
Non déterminé (proche de *Prionopelta* Unknown(close to *Prionopelta*)	0	0	1	0
Total # espèces (71) **Total species # (71)**	**44**	**14**	**42**	**12**

Une Évaluation Biologique de Deux Forêts Classées du Sud-ouest de la Côte d'Ivoire
A Rapid Biological Assessment of Two Classified Forests in South-Western Côte d'Ivoire

153

Annexe/Appendix 4

Localisation des habitats étudiés
d'amphibiens et de reptiles dans les
Forêts Classées de la Haute Dodo et
du Cavally

Locality list of amphibian and reptile
habitats examined in Haute Dodo (HD)
and Cavally (CA) classified forests

Mark-Oliver Rödel et William R. Branch

Code	Latitude	Longitude	Description
HD1	04°54'03"N	07°18'57"W	Tronc d'arbre creux en pourriture avec une mare d'eau stagnante (40 x 50 cm) sur le sol d'une forêt primaire / hollow rotting log containing pool (40 x 50 cm) of stagnant water on floor of primary forest
HD2	04°53'54.4"N	07°18'38"W	Petite mare temporaire près d'une route d'exploitation forestière avec de la végétation en surplomb / small temporary pool next to logging road with overhanging vegetation
HD3	04°53'54.4N	07°18'19"W	Petit ruisseau avec des palmiers *Raphia* dans la forêt primaire près du camp / small stream with *Raphia* palms in primary forest near camp
HD4	04°54'08"N	07°18'58"W	Ensemble de pièges à deux bras près d'un petit cours d'eau forestier dans une forêt humide à canopée fermée / 2 arm trap array beside small forest stream in closed canopy damp forest
HD5	04°54'10"N	07°18'58"W	Ensemble de pièges à trois bras près d'un petit cours d'eau forestier dans une forêt dégradée à canopée semi-fermée / 3 arm trap array beside small forest stream in degraded forest with semi-open canopy
HD6	04°54'09"N	07°18'24"W	Marécage avec des arbres morts près d'une route d'exploitation forestière dans une forêt dégradée / swamp with dead trees next to logging road in degraded forest
HD7	04°59'14"N	07°19'30"W	Sentier en forêt primaire / track through primary forest
HD8	04°59'14"N	07°19'39"W	Rivière en forêt primaire à fonds rocheux et quelques bandes rocheuses, avec des plantes aquatiques ; exploitation forestière récente / river in primary forest with stony bottom and few rock bands and with water plants; recently logged
HD9	04°53'35"N	07°18'38"W	Couverture de litière dans une forêt dégradée à 1,5 km au SE du camp / leaf litter cover in degraded forest, 1.5 km SE of camp
HD10	04°53'28"N	07°18'30"W	Clairière et sentier dans une forêt dégradée vers une plantation de cacao / clearing and trail through degraded forest to cacao plantation
HD11	04°53'25"N	07°22'28"W	Petite rivière forestière dans un milieu de forêt dégradée / small forest river in degraded forest
HD12	04°53'39"N	07°20'57"W	Flaques sur une piste / puddles on dirt road
HD13	04°53'35"N	07°22'10"W	Route d'exploitation forestière traversant une forêt dégradée / logging road through degraded forest
HD14	04°53'41"N	07°19'35"W	Route forestière, petite rivière, camp forestier avec une canopée ouverte / forest road, small river, logging camp with open canopy
HD15	04°54'01"N	07°18'57"W	Camp principal, vaste clairière au sommet d'une colline / main camp; large clearing on hill top
HD17	04°52'55"N	07°17'03"W	Route traversant une forêt dégradée / road through degraded forest
HD18	04°53'33"N	07°21'47"W	Petite plantation de cacao en bordure d'une réserve forestière / small cocoa plantation on border of forest reserve
HD19	04°54'29"N	07°19'52"W	Serpent pris en photo près d'une route d'exploitation forestière, habitat non déterminé / snake photographed beside logging road; habitat unknown

Localisation des habitats étudiés d'amphibiens et de reptiles dans les
Forêts Classées de la Haute Dodo et du Cavally.
Locality list of amphibian and reptile habitats examined in Haute
Dodo (HD) and Cavally (CA) classified forests.

Code	Latitude	Longitude	Description
HD20			*Kinixys* collecté à limite de la réserve, la localité exacte n'est pas déterminée / *Kinixys* collected on edge of reserve, no exact locality known
HD21	04°54'29"N	07°19'52"W	Route traversant une forêt dégradée / road through degraded forest
HD22	04°53'33"N	07°21'47"W	Caméléon collecté sur la route, habitat non déterminé / chameleon collected by road; habitat unknown
HD23	04°53'24"N	07°19'59"W	Gecko collecté sur le sentier, habitat non déterminé / gecko collected on track; habitat unknown
HD24	04°54'09"N	07°18'24"W	Route traversant une forêt dégradée / road through degraded forest
CACamp	06°10'26"N	07°46'16"W	Défrichement par l'exploitation dans la forêt / logged clearing in forest
CA1	06°10'42"N	07°47'33"W	Forêt dégradée le long d'une route d'exploitation forestière, flaques, zone marécageuse / degraded forest along logging road, puddles, swampy area
CA2	06°10'19"N	07°47'26"W	Affluent de la rivière Dibo, à 500m au S du camp, s'écoulant dans une forêt dégradée / tributary of river Dibo, 500 m S of Camp; running through disturbed forest
CA3	06°10'08"N	07°47'28"W	Escarpement forestier, près d'une route d'exploitation forestière avec un fossé dans la vallée / slope in forest, close to logging road, ditch in valley
CA4	06°10'02"N	07°47'18"W	Clairière dans une forêt fortement dégradée / clearing in heavily degraded forest
CA5	06°06'19"N	07°48'17"W	Petits ruisseaux dans une forêt basse primaire / small brooks in low primary forest
CA6	06°05'53"N	07°48'17"W	Rivière à écoulement lent, à fond rocheux et sableux, grand trou dans un arbre massif / slow flowing river, rocky and sandy ground, large tree hole in buttress tree
CA8	06°10'38"N	07°49'39"W	Forêt plus sèche en bon état, canopée basse / good drier forest, low canopy
CA9	06°09'11"N	07°48'36"W	Clairière forestière fortement dégradée à cause d'une exploitation récente, flaques de tailles variables / heavily damaged forest clearing due to recent logging, puddles of various sizes
CA10	06°08'57"N	07°48'46"W	Ruisseau endigué, profond sans végétation ; forêt dégradée / dammed brook, deep without vegetation, degraded forest
CA11	06°10'58"N	07°49'40"W	Rivière Dibo près de la confluence le fleuve Cavally, traversant une forêt non dégradée, fonds rocheux / river Dibo near confluence with river Cavally; running through undisturbed forest, rocky bottom
CA13	06°09'24"N	07°48'17"W	Début d'une longue ligne de pièges dans la forêt sèche à canopée fermée / start of long trapline in dry closed canopy forest
CA14	06°09'20"N	07°48'18"W	Fin d'une longue ligne de pièges dans la forêt sèche à canopée fermée / end of long trapline in dry closed canopy forest
CA15	06°12'01"N	07°41'41"W	Digue sur la rivière Dibo, à l'entrée de la Forêt Classée de Goindébé, nénuphars et végétation marginale / dam on river Dibo, at entrance to Goindébé Classified Forest; lily pads and marginal vegetation
CA16	06°07'44"N	07°46'51"W	Rivière Dibo, remblai en terre près d'une route d'exploitation forestière dans un milieu de forêt dégradée / river Dibo, earth embankment beside logging road in degraded forest

Annexe/Appendix 5

Présence, distribution, habitats respectifs et statut de la conservation des amphibiens des régions de la Haute Dodo et du Cavally

Presence, distribution, habitat association and conservation status of the amphibians of the Haute Dodo and Cavally regions

Mark-Oliver Rödel et William R. Branch

Les chiffres indiquent la quantité des individus relevés.
Numbers indicate number of individuals recorded.

TAXONS / TAXA	Haute Dodo	Cavally	Restreint à / restricted to			Habitat		
			SSA	WA	UG	F	S	FB
Amphibia - Anura								
Arthroleptidae								
Arthroleptis sp. 1	14	143	0	0	1	1	0	1
Arthroleptis sp. 2	1	3	0	0	1	1	0	1
Cardioglossa leucomystax	5	5	1	0	0	1	0	0
Astylosternidae								
Astylosternus occidentalis	2	0	0	0	1	1	0	0
Bufonidae								
Bufo maculatus	11	8	1	0	0	0	1	1
Bufo togoensis	2	6	0	1	0	1	0	0
Hyperoliidae								
Acanthixalus sonjae	1	1	0	0	1	1	0	0
Afrixalus dorsalis	11	3	1	0	0	0	0	1
Afrixalus nigeriensis	1	2	0	1	0	1	0	0
Afrixalus vibekae	1	0	0	0	1	1	0	0
Hyperolius chlorosteus	7	7	0	0	1	1	0	0
Hyperolius concolor	4	2	1	0	0	0	1	1
Hyperolius fusciventris	4	1	0	1	0	1	0	1
Hyperolius guttulatus	3	1	1	0	0	0	0	1
Hyperolius picturatus	8	4	0	0	1	0	0	1
Hyperolius sylvaticus	3	0	1	0	0	1	0	0
Kassina lamottei	0	1	0	0	1	1	0	0
Leptopelis hyloides	16	7	0	1	0	1	0	1
Leptopelis macrotis	3	4	0	0	1	1	0	0
Leptopelis occidentalis	7	8	0	0	1	1	0	0
Phlyctimantis boulengeri	13	2	1	0	0	1	0	1
Pipidae								
Silurana tropicalis	11	1	0	1	0	1	0	1
Ranidae								
Amnirana albolabris	10	4	1	0	0	1	0	1
Amnirana occidentalis	1	0	0	0	1	1	0	0
Conraua sp.	8	0	0	0	1	1	0	0
Hoplobatrachus occipitalis	4	7	1	0	0	0	1	1

Présence, distribution, habitats respectifs et statut de la conservation des amphibiens des régions de la Haute Dodo et du Cavally
Presence, distribution, habitat association and conservation status
of the amphibians of the Haute Dodo and Cavally regions

TAXONS / TAXA	Haute Dodo	Cavally	Restreint à / restricted to			Habitat		
			SSA	WA	UG	F	S	FB
Ptychadena aequiplicata	1	3	1	0	0	1	0	0
Ptychadena bibroni	7	1	1	0	0	0	1	1
Ptychadena longirostris	19	13	0	1	0	1	0	1
Ptychadena mascareniensis	0	1	1	0	0	0	1	1
Ptychadena sp.	0	3	0	0	1	1	0	0
Petropedetidae								
Phrynobatrachus accraensis	1	4	0	1	0	0	1	1
Phrynobatrachus alleni	6	11	0	1	0	1	0	0
Phrynobatrachus tokba	11	11	0	0	1	1	0	1
Phrynobatrachus guineensis	5	1	0	0	1	1	0	0
Phrynobatrachus gutturosus	0	3	0	1	0	1	0	1
Phrynobatrachus liberiensis	15	3	0	0	1	1	0	1
Phrynobatrachus phyllophilus	0	2	0	0	1	1	0	0
Phrynobatrachus plicatus	12	14	0	1	0	1	0	1
Phrynobatrachus villiersi	3	2	0	0	1	1	0	0
Rhacophoridae								
Chiromantis rufescens	6	5	1	0	0	1	0	1
Amphibia - Gymnophiona								
Caecilidae								
Geotrypetes seraphini occidentalis	1	0	0	0	1	1	0	0
Total	**37**	**36**	**13**	**9**	**19**	**33**	**6**	**22**

SSA = Afrique sub-saharienne / SubSaharan Africa; WA = Afrique de l'Ouest / West Africa; UG = Haute Guinée / Upper Guinea;
F = Forêt /forest; S= savane /savannah; FB = Friches agricoles / farmbush

Annexe/Appendix 6

Présence, distribution, habitats respectifs
et statut de la conservation des reptiles des
regions de la Haute Dodo et du Cavally

Presence, distribution, habitat association
and conservation status of the reptiles of
the Haute Dodo and Cavally regions

Mark-Oliver Rödel et William R. Branch

Les chiffres indiquent le nombre d'individus relevés.
Numbers indicate number of individuals recorded.

TAXONS / TAXA	Haute Dodo	Cavally	Restreint à / restricted to			Habitat			Liste Rouge et CITES / CITES & Red List
			SSA	WA	UG	F	S	FB	
Reptilia – Sauria									
Agamidae									
Agama agama	4	3	1	0	0	0	1	1	
Chamaeleonidae									
Chamaeleo gracilis	1	1	0	1?	0	0	1	1	App 2
Gekkonidae									
Hemidactylus fasciatus	0	1	1	0	0	1	0	0	
Hemidactylus muriceus	2	1	1	0	0	1	0	0	
Scincidae									
Cophoscincopus durus	5	0	0	1	1	1	0	0	
Mabuya affinis	7	7	0	1	0	1	0	1	
Mabuya polytropis paucisquamis	0	2	0	0	1	1	0	0	
Varanidae									
Varanus ornatus	1	0	1	0	0	1	0	0	App 2
Reptilia – Serpentes									
Typhlopidae									
Typhlops liberiensis	1	0	0	0	1	1	0	1	
Boidae									
Python sebae	2	0	1	0	0	1	1	1	App 2
Atractaspidae									
Polemon acanthias	1	0	1	0	0	1	0	0	
Colubridae									
Bothrophthalmus lineatus	0	1	1	0	0	1	0	0	
Grayia smythii	0	1	1	0	0	1	1	1	
Natriciteres variegata	1	0	1	0	0	1	1	1	
Hapsidrophys lineatus	1	0	1	0	0	1	0	0	
Boiga pulverulenta	0	1	1	0	0	1	0	0	
Rhamnophis aethiopissa	1	0	1	0	0	1	0	1	
Thelotornis kirtlandii	1	0	1	0	0	1	0	1	
Elapidae									
Naja melanoleuca	2	0	1	0	0	1	0	1	

TAXONS / TAXA	Haute Dodo	Cavally	Restreint à / restricted to			Habitat			Liste Rouge et CITES / CITES& Red List
Viperidae									
Causus maculatus	1	0	1	0	0	1	1	1	
Atheris chlorechis	0	1	0	1	0	1	0	0	
Crocodylidae									
Crocodylus cataphractus	0	1	1	0	0	1	0	0	App 1, Vul
Osteolaemus tetraspis	2	0	1	0	0	1	0	0	App 1, Vul
Testudinidae									
Kinixys erosa	1	0	1	0	0	1	0	0	App 2
Total	**17**	**11**	**18**	**3**	**3**	**22**	**6**	**11**	**6**

SSA = Afrique sub-saharienne/SubSaharan Africa;

WA = Afrique de l'Ouest/West Africa;

UG = Haute Guinée/Upper Guinea;

F = Forêt/forest;

S= savane/savannah;

FB = Friches agricoles/farmbush

Annexe/Appendix 7

Inventaires des amphibiens en Afrique de l'Ouest et Afrique Centrale. Seules les régions ouest-africaines avec un enregistrement d'au moins 10 espèces ont été incluses

West and Central African amphibian inventories. Only those West African areas where at least 10 species have been recorded are included

Mark-Oliver Rödel et William R. Branch

Pays / Country	Localité / Locality	Habitat principal / Main habitat	#Espèces / #Species	Source
Sénégal/ Senegal	Nikola-Koba	Savane/ savanna	24	Lamotte 1969, Joger & Lambert in press
Sierra Leone	Mts. Loma	Montagne, forêt / mountain, forest	38	Schiøtz 1967, Lamotte 1971
Sierra Leone	Freetown	Friches, forêt / farmbush, forest	11	Schiøtz 1967
Sierra Leone	Kamakwie	Savane /savanna	10	Schiøtz 1967
Sierra Leone	Gola	Forêt /forest	15	Schiøtz 1967
Sierra Leone	Kassewe	Forêt, friches/ forest, farmbush	18	Schiøtz 1967
Sierra Leone	Kenema	Forêt, friches/ forest, farmbush	15	Schiøtz 1967
Guinée / Guinea	Ziama	Forêt, friches/ forest, farmbush	32	Böhme 1994 a,b, Rödel et al. in press
Guinée / Guinea	Déré	Forêt, friches/ forest, farmbush	30	Rödel & Bangoura in press; Rödel et al. in press
Guinée / Guinea	Diécké	Forêt, friches/ forest, farmbush	48	Rödel et al. in press
Guinée / Guinea	Mt. Béro	Forêt, friches, savane/ forest, farmbush, savanna	29	Rödel et al. in press
Guinée / Guinea	Pic de Fon	Zones herbeuses de montagne, forêt, savane/ mountain grassland, forest, savanna	57	Rödel et al. in press
Liberia, Guinée / Guinea, Côte d'Ivoire	Mt. Nimba	Zones herbeuses de montagne, forêt, savane/ mountain grassland, forest, savanna	58	Guibé & Lamotte 1958, 1963; Schiøtz 1967, Rödel et al. in press
Côte d'Ivoire	Mt. Sangbé	Forêt, montagne, savane/ forest, mountain, savanna	45	Rödel 2003
Côte d'Ivoire	Mt. Péko	Forêt, friches/ forest, farmbush	33	Rödel & Ernst 2003

Inventaires des amphibiens en Afrique de l'Ouest et Afrique Centrale. Seules les régions ouest-africaines avec un enregistrement d'au moins 10 espèces ont été incluses
West and Central African amphibian inventories. Only those West African areas where at least 10 species have been recorded are included

Pays / Country	Localité / Locality	Habitat principal / Main habitat	#Espèces / #Species	Source
Côte d'Ivoire	Taï	Forêt/ forest	56	Rödel 2000b, Rödel & Ernst 2004
Côte d'Ivoire	Haute Dodo	Forêt degradée/ degraded forest	37	Rödel & Branch 2002, voir ce rapport /this report
Côte d'Ivoire	Cavally	Forêt degradée/ degraded forest	36	Rödel & Branch 2002, voir ce rapport / this report
Côte d'Ivoire	Marahoué	Forêt, savane/ forest, savanna	33	Rödel & Ernst 2003
Côte d'Ivoire	Lamto	Forêt, savane/ forest savanna	39	Lamotte 1967
Côte d'Ivoire	Comoé	Savane/ savanna	34	Rödel 2000a, Rödel & Spieler 2000
Ghana	Kakum	Forêt/ forest	11	Schiøtz 1967
Ghana	Kumasi	Forêt/ forest	10	Schiøtz 1967
Ghana	Muni	Lagune/ lagoon	13	Raxworthy & Attuquayefia 2000
Ghana	Bobiri	Forêt/ forest	20	Schiøtz 1967
Ghana	Achimota	Savane/savanna	11	Schiøtz 1967
Ghana	Biakpa	Friches/ farmbush	12	Schiøtz 1967
Ghana	Wli	Forêt, friches/ forest, farmbush	20	Rödel & Agyei 2003
Ghana	Apesokubi	Friches, savane/ farmbush, savanna	16	Rödel & Agyei 2003
Ghana	Kyabobo	Forêt, savane/ forest, savanna	22	Rödel & Agyei 2003
Ghana	Bolgatanga	Savane/ savanna	10	Schiøtz 1967
Ghana	Walewale	Savane/ savanna	12	Schiøtz 1967
Nigeria	Ibadan	Forêt, savane/ forest, savanna	23	Schiøtz 1967
Nigeria	Oyo	Savane/savanna	13	Schiøtz 1967
Nigeria	Iperin	Forêt, friches/ forest, farmbush	18	Schiøtz 1967
Nigeria	Osomba	Forêt, friches/ forest, farmbush	30	Schiøtz 1967
Nigeria	Obudu	Montagne, forêt/ mountain, forest	12	Schiøtz 1967
Cameroun/ Cameroon	Korup	Montagne, forêt, friches/ mountain, forest, farmbush	88*	Lawson 1993; *y compris plusieurs relevés dont la taxinomie n'est pas certaine/ *including several records of doubtful taxonomic status
Cameroun/ Cameroon	Mt. Kupe	Montagne, forêt, friches/ mountain, forest, farmbush	31	Euskirchen et al. 1999; Hofer et al. 1999, 2000; Schmitz et al. 1999
Congo	Kouilou	Forêt, friches/ forest, farmbush	37	Largen & Dowsett-Lemaire 1991
Guinée Equatoriale/ Equatorial Guinea	Mt. Alen	Forêt, friches/ forest, farmbush	48	Riva 1994

Une Évaluation Biologique de Deux Forêts Classées du Sud-ouest de la Côte d'Ivoire
A Rapid Biological Assessment of Two Classified Forests in South-Western Côte d'Ivoire

161

Annexe/Appendix 8

Liste des espèces d'oiseaux observées dans les
Forêts Classées de la Haute Dodo et du Cavally

List of bird species recorded in the Haute Dodo
and Cavally classified forests

Ron Demey et Hugo Rainey

Espèces/ Species	Haute Dodo Abondance/ Abundance	Reproduc. Breeding	Cavally Abondance/ Abundance	Reprod. Breeding	Statut/ Status	Endém. Endem.	Biome	Habitat
Anhingidae (1)								
Anhinga rufa			R					e
Ardeidae (2)								
Ixobrychus sturmii	R							e
Tigriornis leucolopha			R		ID		GC	i, e
Threskiornithidae (2)								
Bostrychia hagedash			U					e
Bostrychia olivacea			U					e
Anatidae (1)								
Pteronetta hartlaubii			R		qm		GC	e
Accipitridae (9)								
Pernis apivorus			R					c
Gypohierax angolensis	C		C					c, m, i
Dryotriorchis spectabilis	R						GC	m
Polyboroides typus	F		U					c
Accipiter tachiro	U		U					c
Accipiter melanoleucus	R							c
Urotriorchis macrourus	U						GC	m, i
Lophaetus occipitalis	R							a
Stephanoaetus coronatus	F		U					c, a
Phasianidae (1)								
Francolinus lathami	C		F				GC	i
Numididae (2)								
Agelastes meleagrides	R		F		VU	UG	GC	i
Guttera pucherani	R		R					i
Rallidae (3)								
Himantornis haematopus	U		F				GC	i, e
Canirallus oculeus	R		R				GC	e
Sarothrura pulchra	C		C				GC	e
Heliornithidae (1)								
Podica senegalensis			R					e
Glareolidae (1)								
Glareola nuchalis			R					e

Liste des espèces d'oiseaux observées dans les Forêts Classées de la Haute
Dodo et du Cavally
List of bird species observed in the Haute Dodo and Cavally classified forests

Espèces/ Species	Haute Dodo		Cavally		Statut/ Status	Endém. Endem.	Biome	Habitat
	Abondance/ Abundance	Reproduc. Breeding	Abondance/ Abundance	Reprod. Breeding				
Charadriidae (1)								
Vanellus albiceps			R					e
Columbidae (4)								
Treron calvus	C		C					c
Turtur brehmeri	C		C	b			GC	m, i
Columba iriditorques	U		U				GC	c
Columba unicincta	F		C				GC	c
Psittacidae (1)								
Psittacus erithacus	C		U				GC	a
Musophagidae (2)								
Corythaeola cristata	C		C					c, m
Tauraco macrorhynchus	C		C				GC	m
Cuculidae (8)								
Cuculus solitarius			C					c
Cuculus clamosus	R		F					c?
Cercococcyx mechowi	U		R				GC	m?
Cercococcyx olivinus	U		C				GC	m
Chrysococcyx cupreus	R		F					c
Chrysococcyx klaas			F					c
Ceuthmochares aereus	F		C					m
Centropus leucogaster	F		F				GC	i
Strigidae (5)								
Otus icterorhynchus			R				GC	m?
Bubo poensis	R		R				GC	m?
Bubo leucostictus	R						GC	m?
Glaucidium tephronotum	U		U				GC	m
Strix woodfordii	U							m
Caprimulgidae (1)								
Caprimulgus binotatus	R		U				GC	c
Apodidae (4)								
Rhaphidura sabini	C		F				GC	a
Neafrapus cassini	R		R				GC	a
Cypsiurus parvus	R							a
Apus apus	C		C					a
Trogonidae (1)								
Apaloderma narina	U		C					m
Alcedinidae (4)								
Halcyon badia	F		C				GC	m
Halcyon malimbica	R		C					c, m
Alcedo leucogaster	F		F				GC	i, e
Alcedo quadribrachys	R							e
Meropidae (3)								
Merops muelleri	R		R				GC	m
Merops gularis	R		U				GC	c, m
Merops albicollis	C		C					c, a
Coraciidae (2)								
Eurystomus gularis	F		U				GC	c, a

Espèces/ Species	Haute Dodo		Cavally		Statut/ Status	Endém. Endem.	Biome	Habitat
	Abondance/ Abundance	Reproduc. Breeding	Abondance/ Abundance	Reprod. Breeding				
Eurystomus glaucurus	F							c, a
Phoeniculidae (2)								
Phoeniculus castaneiceps	F		R				GC	c, m
Phoeniculus bollei	U	b						c, m
Bucerotidae (9)								
Tropicranus albocristatus	F		F				GC	m
Tockus hartlaubi	R		U	b			GC	m
Tockus camurus	C		C				GC	m
Tockus fasciatus	F		C				GC	c, m
Bycanistes fistulator			R				x	c
Bycanistes subcylindricus			R				GC	c
Bycanistes cylindricus	U		C		qm	UG	GC	c
Ceratogymna atrata	U		C				GC	c
Ceratogymna elata	U		C		qm		GC	c
Capitonidae (8)								
Gymnobucco peli			R				GC	c
Gymnobucco calvus	C	b	F				GC	c, m
Pogoniulus scolopaceus	F		C				GC	m, i
Pogoniulus atroflavus	R						GC	m
Pogoniulus subsulphureus	C		C				GC	c, m
Buccanodon duchaillui	C		C				GC	c, m
Tricholaema hirsuta	C		C				GC	c, m
Trachylaemus purpuratus	U		U				GC	m, i
Indicatoridae (4)								
Melignomon eisentrauti			R		ID		GC	m
Melichneutes robustus			U				GC	c?
Indicator maculatus			U				GC	m
Indicator conirostris			R					m, i
Picidae (5)								
Campethera maculosa	U		F				GC	m
Campethera nivosa			U				GC	i
Campethera caroli	U		U				GC	m, i
Dendropicos gabonensis	U		U				GC	m
Dendropicos pyrrhogaster	F		F				GC	c, m
Eurylaimidae (1)								
Smithornis rufolateralis	R		F				GC	m, i
Hirundinidae (3)								
Psalidoprocne nitens	C		C				GC	c, a
Hirundo nigrita			R				GC	e
Hirundo rustica	F		U					a
Campephagidae (3)								
Campephaga quiscalina	R	b						c, m
Lobotos lobatus	U			,	VU	UG	GC	c, m
Coracina azurea	C		C	b			GC	c, m
Pycnonotidae (18)								
Andropadus virens			R					l
Andropadus gracilis	U		R				GC	l

Espèces/ Species	Haute Dodo Abondance/ Abundance	Reproduc. Breeding	Cavally Abondance/ Abundance	Reprod. Breeding	Statut/ Status	Endém. Endem.	Biome	Habitat
Andropadus ansorgei	C		C				GC	c, m
Andropadus curvirostris	U		F				GC	i
Andropadus gracilirostris	C		C					c, m
Andropadus latirostris	C	b	F	b				i
Calyptocichla serina	F		U				GC	c, m
Baeopogon indicator	U		U				GC	c, m
Ixonotus guttatus			F				GC	c
Thescelocichla leucopleura	C		F				GC	m
Phyllastrephus icterinus	C		C				GC	m, i
Bleda syndactylus	U		F				GC	i
Bleda eximius			R		VU	UG	GC	i
Bleda canicapillus	C		C				GC	i
Criniger barbatus	F		C				GC	i
Criniger calurus	F		F				GC	m, i
Criniger olivaceus	R		R		VU	UG	GC	i
Nicator chloris	C		C				GC	c, m, i
Turdidae (4)								
Stiphrornis erythrothorax	F		C				GC	i
Alethe diademata	C	b	C	b			GC	i
Neocossyphus poensis	C		C				GC	i
Stizorhina finschi	C		C				GC	m, i
Sylviidae (10)								
Apalis nigriceps	C		R				GC	c
Apalis sharpii	C	b	C			UG	GC	c, m
Camaroptera superciliaris	F		F				GC	i
Camaroptera chloronota	F		C				GC	i
Macrosphenus concolor	C		C				GC	m, i
Eremomela badiceps	C	b	U				GC	c
Sylvietta denti			U				GC	c, m
Phylloscopus sibilatrix			U					c
Hyliota violacea	R						GC	c
Hylia prasina	C		C				GC	m, i
Muscicapidae (8)								
Fraseria ocreata	F	b	F				GC	c, m
Fraseria cinerascens			U				GC	e
Melaenornis annamarulae	U				VU	UG	GC	c
Muscicapa cassini			R				GC	e
Muscicapa epulata			R				GC	c, m
Muscicapa comitata	U	b					GC	i
Muscicapa ussheri	F		U				GC	c
Myioparus griseigularis	R						GC	i
Monarchidae (3)								
Erythrocercus mccallii	F						GC	c
Trochocercus nitens	C		C				GC	i
Terpsiphone rufiventer	U	b	F				GC	m, i
Platysteiridae (3)								
Megabyas flammulatus	F		F				GC	c

Une Évaluation Biologique de Deux Forêts Classées du Sud-ouest de la Côte d'Ivoire
A Rapid Biological Assessment of Two Classified Forests in South-Western Côte d'Ivoire

165

Espèces/ Species	Haute Dodo		Cavally		Statut/ Status	Endém. Endem.	Biome	Habitat
	Abondance/ Abundance	Reproduc. Breeding	Abondance/ Abundance	Reprod. Breeding				
Dyaphorophyia castanea	C	b	C	b			GC	m, i
Dyaphorophyia concreta			R					i
Timaliidae (4)								
Illadopsis rufipennis	R		U					i
Illadopsis fulvescens	C		C				GC	i
Illadopsis cleaveri	C		C				GC	i
Illadopsis rufescens	R		U		qm	UG	GC	i
Remizidae (2)								
Anthoscopus flavifrons	R						GC	c
Pholidornis rushiae	U		R				GC	c, m
Nectariniidae (10)								
Anthreptes rectirostris	U		R				GC	c
Anthreptes seimundi	U		R				GC	c
Deleornis fraseri	F	b	C	b			GC	m, i
Cyanomitra cyanolaema	C		C				GC	c
Cyanomitra obscura	C		C					m, i
Chalcomitra adelberti	F						GC	c
Hedydipna collaris	C	b	C	b				c, m, i
Cinnyris chloropygius	U							i
Cinnyris minullus	?		U	b			GC	m, i
Cinnyris johannae	F		U				GC	c
Malaconotidae (2)								
Malaconotus multicolor	F		C					c, m
Dryoscopus sabini	C		C				GC	c, m
Prionopidae (1)								
Prionops caniceps	F		U	b			GC	m
Oriolidae (2)								
Oriolus nigripennis	F		R				GC	c, m
Oriolus brachyrhynchus	C	b	C	b			GC	c, m
Dicruridae (2)								
Dicrurus atripennis	F		U				GC	m
Dricurus modestus	C	b	C					c, m
Sturnidae (3)								
Poeoptera lugubris	R						GC	c
Onychognathus fulgidus	R		U				GC	c
Lamprotornis cupreocauda	F		F		qm	UG	GC	c
Ploceidae (7)								
Ploceus tricolor	U		F				GC	c, m
Ploceus albinucha	U		F				GC	c, m
Ploceus preussi	R						GC	c
Malimbus nitens	C	b	C	b			GC	m, i
Malimbus malimbicus	C		C				GC	m
Malimbus scutatus	C		C	b			GC	c
Malimbus rubricollis	C		C				GC	c, m
Estrilididae (6)								
Parmoptila rubrifrons	R						GC	m
Nigrita canicapillus	C		C					c, m

Liste des espèces d'oiseaux observées dans les Forêts Classées de la Haute
Dodo et du Cavally
List of bird species observed in the Haute Dodo and Cavally classified forests

Espèces/ Species	Haute Dodo		Cavally		Statut/ Status	Endém. Endem.	Biome	Habitat
	Abondance/ Abundance	Reproduc. Breeding	Abondance/ Abundance	Reprod. Breeding				
Nigrita luteifrons	R						GC	c
Nigrita bicolor	U		F	b			GC	c, m
Nigrita fusconotus			R				GC	c
Spermophaga haematina	R		U	b			GC	i
Total Espèces / Total Species	**147**		**153**					

Abondance / Abundance

C - Commune : espèce observée quotidiennement, seule ou en nombre consequent/ Common: encountered daily, singly or in significant numbers

F - Assez commune: observée presque chaque jour / Fairly common: encountered on most days

U - Peu commune : observée irrégulièrement et pas tous les jours / Uncommon : irregularly encountered and not on the majority of days

R - Rare : rarement observée; une ou deux observations d'individus solitaires / Rare: rarely encountered, one or two observations of single individuals

Reproduction / Breeding

b - preuve de reproduction observée / proof of breeding observed

Statut de conservation / Threat status

ID - Insuffisamment documenté / Data Deficient
VU - Vulnérable /Vulnerable
qm - Quasi-menacé /Near Threatened

Endémisme / Endemism

UG - endémique au bloc forestier de Haute Guinée / endemic to the Upper Guinea forest block

Biome

GC - confinée au biome des forêts guinéo-congolaises / confined to the Congo-Guinean Forest biome

Habitat

c – canopée /forest canopy
m - strate moyenne de la forêt / mid forest storey
i - strate inférieure de la forêt et sol /lower forest storey and forest floor

l – lisière / forest edge
e - cours d'eau et mares / rivers, streams and ponds
a - dans les airs et survolant le site / aerial and flying overhead